非线性动力学模型及应用

郑 列 著

科学出版社

北 京

内 容 简 介

本书主要对复杂系统所表现出的非线性动力学特性进行建模和分析。全书分六章：第1章系统地叙述了非线性系统数学建模分析方法，并对这些方法进行了较深入的应用分析；第2章和第3章对粒子反应系统的非线性动力学演化模型进行了分析研究；第4章对战争系统的非线性动力学演化模型进行了分析研究；第5章和第6章对交通运输系统的非线性动力学演化模型进行了分析研究。

本书可作为高等院校应用数学、信息与计算科学、系统工程、应用统计学、计算机科学和高分子材料等专业师生的参考书，也可供相关领域科研工作者阅读。

图书在版编目(CIP)数据

非线性动力学模型及应用 / 郑列著. -- 北京 : 科学出版社，2024. 9. -- ISBN 978-7-03-079518-2

Ⅰ. O322

中国国家版本馆 CIP 数据核字第 2024SA1133 号

责任编辑：任　静 / 责任校对：胡小洁
责任印制：赵　博 / 封面设计：蓝正设计

科 学 出 版 社 出版
北京东黄城根北街 16 号
邮政编码：100717
http://www.sciencep.com
固安县铭成印刷有限公司印刷
科学出版社发行　各地新华书店经销
*
2024 年 9 月第　一　版　　开本：720×1 000　1/16
2025 年 1 月第二次印刷　印张：17 1/2
字数：353 000
定价：158.00 元
(如有印装质量问题，我社负责调换)

作 者 简 介

 　　郑列，男，湖北英山县人，二级教授，博士研究生导师，湖北名师，国家公费留学回国人员。2004 年至 2014 年任湖北工业大学理学院副院长，现任湖北工业大学理学院教授委员会主任，湖北省计算数学学会常务理事，湖北工业大学教师发展专家委员会主任，湖北工业大学学术委员会委员。主要研究方向为应用数学、应用统计与计算机应用技术。近年来主持并完成教育部人文社会科学研究规划基金项目、人力资源和社会保障部留学回国人员科技活动择优资助项目、湖北省自然科学基金等省部级纵向科研课题 6 项；在数学专业核心期刊和 SCI 源刊上公开发表独撰学术论文 20 余篇，其中 6 篇学术论文分别获得湖北省自然科学优秀学术论文二、三等奖；出版学术专著 3 部，主编大学数学教材三部；担任"湖北省数学名师工作室"主持人、湖北省精品资源共享课"高等数学"课程负责人以及湖北工业大学"数学分析"精品课程负责人。在数学基础理论研究、应用数学建模以及计算机应用技术等方面取得了一系列成果，曾获得湖北省自然科学三等奖，湖北省高等学校教学成果二等奖。

前　言

今天的数学已经不仅仅是纯粹的理论，同时又是工程技术实施与发展的基础。一般来说，当实际问题需要我们对所研究的现实对象提供分析、预报、决策、控制等方面的定量结果时，往往都离不开数学的应用。而在数学向现代技术转化的链条上，数学建模和在建模基础上进行的计算与模拟，处于中心环节。

高聚物工程中粒子反应系统的动力学理论一直是应用数学和高分子材料等学科领域研究的重点问题，近年来吸引了国内外众多学者的关注。欧洲工业与应用数学学会专门成立了"高聚物中的数学"研究小组(Special Interest Group on Mathematics of Polymers)。本书主要研究了粒子增长动力学的数学模型，这一模型刻画了一类粒子反应系统中各种粒子密度随时间变化的规律，本书所建立的数学模型中，未知函数有可数无穷多个分量，在方程中以"二次非线性"的方式出现，这一数学结构属于重要的新类型。当前可以称为"二次非线性时代"，二次非线性包含极其丰富的动力学行为，从高度稳定的守恒的可积系统到高度紊乱的混沌系统，尽在其中。这种刻画粒子增长动力学的数学模型在一系列领域中，包括胶体化学、高分子物理化学、天体物理、生物学以及二相合金相变动力学等领域，都有极其广泛的实际应用，意义非同一般。此外，书中最后三章分别对战争系统和交通运输系统的非线性动力学演化模型进行了分析研究，参加本书这三章专题研究和书稿撰写工作的有湖北工业大学理学院刘星博士(第4章)和青年教师蒋慧峰副教授(第5章和第6章)。

粒子反应系统、战争系统和交通运输系统是三类非常重要的非线性系统，这三类系统虽然有很多不同的地方，但也有非常多的共性，刻画这三类系统动力学行为的工具都是微分方程，理论上对这三类系统的研究就是对相应微分方程的研究。

作者感谢人力资源和社会保障部留学回国人员科研启动基金《一类非线性薛定谔方程半经典态的研究》(人社部函〔2013〕277号)的资助，也感谢教育部人文社会科学研究规划基金《基于马尔可夫链-蒙特卡洛(MCMC)方法的高维复杂纵向数据建模及应用》(项目编号：17YJA790098)的资助以及湖北省教育厅自然科学类重点科研项目《偏微分方程在高聚物工程中的应用研究》(项目编号：D201614001)的资助，还要特别感谢国家留学基金委的资助，使我有幸在波兰华沙大学数学力学系公费留学，书中很多内容取材于这些基金资助的成果。作者也特别感谢导师、波兰华沙大学数学力学系 Dariusz Wrzosek 教授，因为书中的许多成果是在他的悉心指导下完成的。作者还要感谢波兰华沙大学数学力学系 M.Lachowicz 教授和 Ph.Laurensot

教授所提供的帮助。此外，湖北工业大学闵捷副教授参与了有益的讨论，湖北工业大学理学院研究生张彦、宋艺、陈俊宇、胡逾航、穆新宇、张梦妮、石霞、李旺泽、田媛、王曜等同学在本书的文字整理和校对等方面提供了支持和帮助。

　　由于水平有限，书中不足之处在所难免，恳请读者指正。

郑列

2024 年 8 月于湖北工业大学

目　　录

第 1 章　非线性系统数学建模方法

1.1　微分方程方法

在应用数学方法处理非线性系统时，要直接导出变量之间的函数关系往往较为困难，但要导出包含未知函数的导数或微分的关系式却较为容易，在这种情况下，就需要我们建立微分方程模型来研究。事实上，微分方程是研究函数变化规律的有力工具，在物理、工程技术、经济管理、军事、社会、生态、环境、人口、交通等各个领域中有着广泛的应用。下面就介绍如何应用微分方程模型来解决非线性系统问题。

利用微分方程解决的问题通常可以分为两类：一类问题要求把未知变量直接表示为已知量的函数，这时，有些问题可以求出未知函数的解析表达式，在很多情况下只能利用数值解法；另一类问题只要求知道未知函数的某些性质，或它的变化趋势，这时可以直接根据微分方程定性理论来研究。

1.1.1　微分方程的一般理论

1.1.1.1　微分方程简介

所谓微分方程就是表示未知函数、未知函数的导数与自变量之间的关系的方程。未知函数是一元函数的微分方程，叫作常微分方程；而未知函数是多元函数的微分方程，叫作偏微分方程。例如

$$y^{(4)} - 4y''' + 10y'' - 12y' + 5y = \sin 2x \tag{1.1.1}$$

$$x^2 y'' - 12xy' + 5y = 0 \tag{1.1.2}$$

$$(y')^2 + xy = 0 \tag{1.1.3}$$

$$2y''y' + xy = 0 \tag{1.1.4}$$

$$y^{(n)} + 1 = 0 \tag{1.1.5}$$

$$u_t = a^2 u_{xx} \tag{1.1.6}$$

其中，方程(1.1.6)是偏微分方程，其他都是常微分方程。

　　微分方程中所出现的未知函数的最高阶导数的阶数，叫作微分方程的阶。例如，方程(1.1.1)是四阶微分方程，方程(1.1.3)是一阶微分方程。一般 n 阶微分方程具有形式

$$F(x, y, y', \cdots, y^{(n)}) = 0$$

或

$$y^{(n)} = f(x, y, y', \cdots, y^{(n-1)})$$

必须指出， $y^{(n)}$ 是必须出现的，而 $x, y, y', \cdots, y^{(n-1)}$ 等变量则可以不出现，如方程 (1.1.5)。

　　若 $F(x, y, y', \cdots, y^{(n)})$ 是关于 y 及其各阶导数的线性函数，则称此方程是线性的，否则，称为非线性的。例如，方程(1.1.1)、方程(1.1.2)是线性微分方程，方程(1.1.3)是非线性微分方程。

　　线性微分方程可以分为常系数和变系数两大类，常系数线性微分方程中未知函数及其导数的系数均为常数，而变系数线性微分方程中未知函数及其导数的系数不完全是常数。例如，方程(1.1.1)、方程(1.1.5)是常系数线性微分方程，而方程(1.1.2)是变系数线性微分方程。

　　满足微分方程的函数(也就是把函数代入微分方程能使该方程成为恒等式)叫作该微分方程的解。确切地说，设函数 $y = \varphi(x)$ 在区间 I 上有 n 阶连续导数，如果在区间 I 上：

$$F[x, \varphi(x), \varphi'(x), \cdots, \varphi^{(n)}(x)] = 0$$

那么函数 $y = \varphi(x)$ 就叫作微分方程 $F(x, y, y', \cdots, y^{(n)}) = 0$ 在区间 I 上的解。

　　如果微分方程的解中含有任意常数，且任意常数的个数与微分方程的阶数相同，这样的解叫作微分方程的通解。以显函数形式给出的解，称为显式解，以隐函数形式给出的解，就称为隐式解。

　　为了确定微分方程的一个特定的解，我们通常给出这个解所必须满足的条件，这就是所谓的定解条件。常见的定解条件是初始条件，用于确定通解中任意常数的条件，称为初始条件。如

$$x = x_0 \text{ 时}, \qquad y = y_0, y' = y'_0$$

一般写成

$$y\big|_{x=x_0} = y_0, y'\big|_{x=x_0} = y'_0$$

　　求微分方程满足初始条件的特解这样一个问题，叫作微分方程的初值问题，例如求微分方程 $y' = f(x, y)$ 满足初始条件 $y\big|_{x=x_0} = y_0$ 的解的问题，记为

$$\begin{cases} y' = f(x, y) \\ y|_{x=x_0} = y_0 \end{cases}$$

微分方程的解的图形是一条曲线，叫作微分方程的积分曲线。

1.1.1.2　微分方程初值问题的适定性

在实际问题中，由于自然界本身就给出了问题唯一的答案，所以一个初值问题提得是否符合实际情况，从数学角度来看，可以从三个方面加以检验：

(1)解的存在性，即初值问题是否有解。

(2)解的唯一性，即初值问题的解是否只有一个。

(3)解的稳定性，即当初值条件有微小变动时，解是否相应地只有微小的变动。

一个初值问题的解如果满足存在性、唯一性和稳定性，则称此初值问题是适定的。微分方程的初值问题解的适定性具有重要的实际意义，微分方程模型通常用来描述确定性现象，对于一个由实际问题所建立的微分方程模型，如果其初值问题的解不存在，或解不唯一，这样的模型本身就是不合理的，是没有实际意义的，因为在一定的条件下实际问题到最后总会有确定的结果，这反映在模型上，就是定解问题有唯一解。而解的稳定性更是具有重要的实际应用背景，由于由实际问题导出初值问题时，总要经过一些简化、近似的过程以及一些附加的假设，并且在测量初始条件的值和测量方程中各项系数(或参数)等的值时，不可避免地会出现测量误差，从而致使我们得到的微分方程模型，通常只能是近似地描述所讨论的实际问题，难免存在误差。

当测量的数据出现微小的误差时，相应模型的"解"是否也只有微小的误差？如果回答是肯定的，我们就说这个模型的解(在某种意义下)是稳定的，否则，就说这个模型的解是不稳定的。显然，只有"稳定的"解才具有可靠性，只有"稳定的"解才会有使用价值。相反，"不稳定的"解是不会有任何使用价值的。因为初值、参数等的微小误差或干扰将导致"差之毫厘，谬以千里"的严重后果。同时，稳定性也是计算机利用数值方法求解的前提和保证。

1.1.2　微分方程的平衡点及稳定性

一个微分方程即使存在解，也有可能解不出。事实上，我们在学习高等数学的时候就知道，能用初等的方法求出解的微分方程只是极少数。更多的情况下，是没有初等解法的，这一事实为法国数学家刘维尔(Liouville)在 1841 年所证明。如果一个微分方程的解不是一个初等函数，由于我们不能将方程的解函数像初等函数一样地将它表示出来，也就可能出现方程解不出的情况。既然初等积分法有着不可克服的局限性，那么是否可以不求微分方程的解，而是从微分方程本身来推断其解的性质呢？定性理论和稳定性理论正是在这种背景下发展起来的。前者由法国数学家庞加莱(Poincaré，1854—1912)在 19 世纪 80 年代所创立，后者由俄国数学家李雅普洛夫(Liapunov，1857—1918)在同年代所创立。它们共同的特点就是在不求出方程的解的情况下，直接根据微分方程本身的结构和特点，来研究其解的性质。由于这种方法的有效性，近一百多年以来它们已经成为常微分方程发展的主流，并且在实际中有大量的应用。比如，在研究许多实际问题时，其变量的变化率仅与平衡状态有关而与时间并无直接的联系，或者人们最为关心的并非系统与时间有关的变化状态，而是系统最终(时间充分大之后)的发展趋势。例如，在研究某濒危种群时，虽然我们也想了解它当前或今后的数量，但我们更为关心的却是它最终是否会绝灭，用什么办法可以拯救这一种群，使之免于绝种等问题。要解决这类问题，就需要用到微分方程或微分方程组的稳定性理论。本小节对定性理论和稳定性理论的一些基本概念和基本方法作一简单介绍。

1.1.2.1　一阶方程的平衡点及稳定性

函数的变化率只和函数本身有关而与自变量无关的微分方程或微分方程组被称为自治系统，也称为动力系统。

通常，一阶微分方程可写成 $\dfrac{\mathrm{d}x}{\mathrm{d}t}=f(t,x)$，而自治系统则可写成 $\dfrac{\mathrm{d}x}{\mathrm{d}t}=f(x)$，即右端不显含自变量 t。

方程 $f(x)=0$ 的实根 $x=x_0$ 称为自治系统 $\dfrac{\mathrm{d}x}{\mathrm{d}t}=f(x)$ 的平衡点(或奇点)。显然，根据平衡点的定义，$x=x_0$ 也是自治系统的一个解（奇解），即微分方程不变化的解，也就是常数解。

如果对任意给定的 $\varepsilon>0$，存在 $\delta>0$（δ 一般与 ε 和 t_0 有关），使得只要初始条件 $x(t_0)$ 满足 $\|x(t_0)-x_0\|<\delta$ 时，自治系统 $\dfrac{\mathrm{d}x}{\mathrm{d}t}=f(x)$ 的解 $x(t)$ 均满足

$$\|x(t)-x_0\|<\varepsilon \quad (对所有的 \ t\geqslant t_0)$$

则称自治系统 $\dfrac{\mathrm{d}x}{\mathrm{d}t}=f(x)$ 的平衡点 x_0 是（在李雅普洛夫意义下）稳定的。

如果自治系统 $\dfrac{\mathrm{d}x}{\mathrm{d}t}=f(x)$ 的平衡点 x_0 稳定，且存在这样的 $\delta_0>0$ 使当 $\|x(t_0)-x_0\|<\delta_0\leqslant\delta$ 时，自治系统的解 $x(t)$ 都满足

$$\lim_{t\to\infty}x(t)=x_0$$

则称平衡点 x_0 是(在李雅普洛夫意义下)渐近稳定的；否则，称 x_0 是不稳定的。特别的，如果从所有可能的初始条件出发，都是渐近稳定的，则称平衡点 x_0 是全局渐近

稳定的。我们在这里讨论的稳定性都是指渐近稳定性。

判断平衡点 x_0 是否稳定通常有两种方法：

(1)间接法。求出自治系统 $\dfrac{dx}{dt} = f(x)$ 的解 $x(t)$，利用上述稳定性的定义判断。

(2)直接法。不求自治系统 $\dfrac{dx}{dt} = f(x)$ 的解 $x(t)$，按线性近似判定稳定性，即利用 $f(x)$ 在 $x = x_0$ 处的泰勒展开式，只取一次项，$f(x) \approx f'(x)(x - x_0)$，则方程 $\dfrac{dx}{dt} = f(x)$ 近似为

$$\frac{dx}{dt} = f'(x)(x - x_0) \tag{1.1.7}$$

方程(1.1.7)称为方程 $\dfrac{dx}{dt} = f(x)$ 的近似线性方程。显然，$x = x_0$ 也是近似线性方程(1.1.7)的平衡点。

因为方程(1.1.7)的通解为

$$x(t) = c e^{f'(x_0)t} + x_0 \tag{1.1.8}$$

其中 c 是由初始条件决定的常数。由稳定性的定义很容易证明：

若 $f'(x_0) < 0$，则 x_0 是方程(1.1.7)的稳定的平衡点；

若 $f'(x_0) > 0$，则 x_0 是方程(1.1.7)的不稳定的平衡点。

同样，根据李雅普洛夫理论，对于自治系统 $\dfrac{dx}{dt} = f(x)$，若 $f'(x_0) < 0$，则 x_0 是稳定的平衡点；若 $f'(x_0) > 0$，则 x_0 是不稳定的平衡点。

例 1.1.1　讨论微分方程 $\dfrac{dy}{dt} = y^2 - y$ 的平衡点稳定性。

解　(1)间接法：易知，方程 $f(y) = y^2 - y = 0$ 有两个常数解

$$y_1(t) = 0 \text{ 和 } y_2(t) = 1$$

这也是原微分方程的两个平衡点。

当 $y \neq 0$ 和 $y \neq 1$ 时，原方程可写成

$$\frac{dy}{y(y-1)} = dt$$

解得

$$\ln|y| - \ln|y - 1| = -t + c$$

即原方程的通解为

$$y = \frac{1}{1 - ce^t}$$

若有初始条件 $y(0) = y_0 (y_0 \neq 0, 1)$，求得

$$c = 1 - \frac{1}{y_0}$$

那么所给初值问题的解是

$$y = \frac{1}{1 - \left(1 - \dfrac{1}{y_0}\right)e^t}$$

易知

$$\lim_{t \to \infty} y(t) = \lim_{t \to \infty} \frac{1}{1 - \left(1 - \dfrac{1}{y_0}\right)e^t} = 0$$

根据稳定性定义，$x = 0$ 是稳定的平衡点，$x = 1$ 是不稳定的平衡点。

(2) 直接法：由于

$$f'(y) = 2y - 1$$

$f'(0) = -1 < 0, f'(1) = 1 > 0$，从而，$x = 0$ 是稳定的平衡点，$x = 1$ 是不稳定的平衡点。

在微分方程模型中，微分方程解的这种特性对许多实际问题的讨论是非常重要的。例如，研究对象为某温度控制系统。我们有一个理想温度 x 和一个实际温度 y，x 和 y 都是时间 t 的函数，而 x，y 满足某个微分方程，假如我们能够设定一个控制器，使得 x 和 y 的关系更接近我们的需求，那么保证这个控制器稳定就是一个非常重要的前提。我们以空调为例，假设室内温度为 y，空调的设定温度为 x，x 和 y 都是时间 t 的函数，并且满足某个微分方程，现在我们要控制空调的制冷和加热系统，让 y 在更短的时间内更快地接近 x 或者空调最节能，首先就要保证这个控制系统稳定。特别是对于这种带时滞的系统，不稳定的情形往往是这样：假如室内温度是 32 度，设定温度是 26 度，模型不稳定的话有可能会过制冷一直到 23 度，然后又会加热到 30 度，接着又制冷到 23 度，再加热到 30 度，无限工作下去，这就是临界稳定，甚至在绝对不稳定的情况下，温度波动会距 26 度的平衡位置越来越远。

1.1.2.2　二阶(平面)方程的平衡点和稳定性

二阶方程的一般形式可用两个一阶方程表示为

$$
\begin{cases}
\dfrac{\mathrm{d}x_1(t)}{\mathrm{d}t} = f(x_1, x_2) \\[2mm]
\dfrac{\mathrm{d}x_2(t)}{\mathrm{d}t} = g(x_1, x_2)
\end{cases}
\tag{1.1.9}
$$

右端不显含 t，这也是一个自治系统。

方程组

$$
\begin{cases}
f(x_1, x_2) = 0 \\
g(x_1, x_2) = 0
\end{cases}
\tag{1.1.10}
$$

的实根 (x_1^0, x_2^0) 称为自治系统 (1.1.9) 的平衡点，记为 $P_0(x_1^0, x_2^0)$。

如果从所有可能的初始条件出发，自治系统 (1.1.9) 的解 $x_1(t), x_2(t)$ 都满足

$$
\lim_{t \to \infty} x_1(t) = x_1^0 \qquad \lim_{t \to \infty} x_2(t) = x_2^0
\tag{1.1.11}
$$

则称平衡点 $P_0(x_1^0, x_2^0)$ 是稳定的 (渐近稳定的)；否则，称 P_0 是不稳定的。

我们仍然用直接法讨论自治系统 (1.1.9) 的平衡点的稳定性，先做线性近似。考虑线性常系数方程

$$
\begin{cases}
\dfrac{\mathrm{d}x_1(t)}{\mathrm{d}t} = a_{11}x_1 + a_{12}x_2 \\[2mm]
\dfrac{\mathrm{d}x_2(t)}{\mathrm{d}t} = a_{21}x_1 + a_{22}x_2
\end{cases}
\tag{1.1.12}
$$

系数矩阵记为

$$
A = \begin{bmatrix} a_{11} & a_{12} \\ a_{21} & a_{22} \end{bmatrix}
$$

并假定 $\det(A) \neq 0$，则原点 $P_0(0,0)$ 是方程组 (1.1.12) 的唯一平衡点，它的稳定性由特征方程

$$
\det(\lambda I - A) = 0
$$

的根 λ（A 的特征根）决定，特征方程 $\det(\lambda I - A) = 0$ 可以改写成下列形式

$$
\begin{cases}
\lambda^2 + p\lambda + q = 0 \\
p = -(a_{11} + a_{22}) \\
q = \det(A)
\end{cases}
$$

则特征根

$$
\lambda_{1,2} = \frac{1}{2}\left(-p \pm \sqrt{p^2 - 4q}\right)
$$

方程组 (1.1.12) 的解一般形式为 $c_1 \mathrm{e}^{\lambda_1 t} + c_2 \mathrm{e}^{\lambda_2 t} (\lambda_1 \neq \lambda_2)$ 或 $(c_1 + c_2 t) \mathrm{e}^{\lambda_1 t} (\lambda_1 = \lambda_2)$，其中 c_1, c_2 为任意实数。由平衡点稳定性的定义式 (1.1.11) 可知，当 λ_1, λ_2 全为负数或有负实部时，$P_0(0,0)$ 是稳定的平衡点，反之，当 λ_1, λ_2 有一个为正数或有正实部时，$P_0(0,0)$ 是不稳定的平衡点。

微分方程稳定性理论将平衡点分为结点、焦点、鞍点、中心等类型，完全由特征根 λ_1, λ_2 或相应的 p, q 取值决定，表 1.1.1 简明地给出了这些结果。

表 1.1.1　平衡点的类型和稳定性

λ_1, λ_2	p, q	平衡点类型	稳定性
$\lambda_1 < \lambda_2 < 0$	$p>0, q>0, p^2>4q$	稳定结点	稳定
$\lambda_1 > \lambda_2 > 0$	$P<0, q>0, p^2>4q$	不稳定结点	不稳定
$\lambda_1 < 0 < \lambda_2$	$q<0$	鞍点	不稳定
$\lambda_1 = \lambda_2 < 0$	$p>0, q>0, p^2=4q$	稳定退化结点或稳定临界结点	稳定
$\lambda_1 = \lambda_2 > 0$	$p<0, q>0, p^2=4q$	不稳定退化结点或不稳定临界结点	不稳定
$\lambda_{1,2} = \alpha \pm \beta \mathrm{i}, \alpha < 0$	$p>0, q>0, p^2<4q$	稳定焦点	稳定
$\lambda_{1,2} = \alpha \pm \beta \mathrm{i}, \alpha > 0$	$p<0, q>0, p^2<4q$	不稳定焦点	不稳定
$\lambda_{1,2} = \alpha \pm \beta \mathrm{i}, \alpha = 0$	$p=0, q>0$	中心	不稳定

由表 1.1.1 可以看出，根据特征方程的系数 p, q 的正负很容易判断平衡点的稳定性，准则如下：若 $p>0, q>0$，则平衡点稳定；若 $p<0$ 或 $q<0$，则平衡点不稳定。

以上是对线性方程组 (1.1.12) 的平衡点 $P_0(0,0)$ 稳定性的结论，根据李雅普洛夫理论，对于一般的非线性自治系统 (1.1.9)，可以用近似线性方程来判断其平衡点 $P_0(x_1^0, x_2^0)$ 的稳定性，即

$$\begin{cases} \dfrac{\mathrm{d} x_1(t)}{\mathrm{d} t} = f_{x_1}(x_1^0, x_2^0)(x_1 - x_1^0) + f_{x_2}(x_1^0, x_2^0)(x_2 - x_2^0) \\ \dfrac{\mathrm{d} x_2(t)}{\mathrm{d} t} = g_{x_1}(x_1^0, x_2^0)(x_1 - x_1^0) + g_{x_2}(x_1^0, x_2^0)(x_2 - x_2^0) \end{cases} \tag{1.1.13}$$

系数矩阵

$$A = \begin{bmatrix} f_{x_1} & f_{x_2} \\ g_{x_1} & g_{x_2} \end{bmatrix}_{P_0(x_1^0, x_2^0)}$$

特征方程系数为

$$p = -(f_{x_1} + g_{x_2})\big|_{P_0(x_1^0, x_2^0)}, \quad q = \det(A)$$

显然，$P_0(x_1^0, x_2^0)$ 点对于方程 (1.1.13) 的稳定性可以由表 1.1.1 或特征方程

的系数 p,q 的正负判定，同样方法可以判定 $P_0(x_1^0,x_2^0)$ 是否是自治系统 (1.1.9) 的稳定点。

1.1.3　非线性微分方程的摄动方法

本小节将要介绍的摄动法，是一种很重要的近似方法，它不同于数值解。数值解一般只能得到数值的结果，而摄动法获得的是解的渐近幂级数或渐近展开式。这种方法早在 19 世纪，庞加莱 (H.Poincaré) 研究天体力学中的三体问题时就采用了，近几十年来发展更为迅速，并已被公认是研究非线性微分方程的一个基本方法。

定义 1.1.1　设对任意固定的非负整数 n，有

$$f(t,\varepsilon) = \sum_{m=0}^{n} u_m(t)\varepsilon^m + R_n(t,\varepsilon)$$

且当 $\varepsilon \to 0$ 时，对于 $t \in (a,b)$ 一致地有

$$\left| R_n(t,\varepsilon) \right| = O\left(\left|\varepsilon\right|^{n+1}\right)$$

则称

$$u_0(t) + u_1(t)\varepsilon + \cdots + u_n(t)\varepsilon^n + \cdots$$

为 $f(t,\varepsilon)$ 当 $\varepsilon \to 0$ 时在区间 (a,b) 上的一致渐近幂级数，记为

$$f(t,\varepsilon) \sim u_0(t) + u_1(t)\varepsilon + \cdots + u_n(t)\varepsilon^n + \cdots$$

并称 $u_0(t) + u_1(t)\varepsilon + \cdots + u_n(t)\varepsilon^n$ 为 $f(t,\varepsilon)$ 当 $\varepsilon \to 0$ 时在区间 (a,b) 上一致有效的 n 阶渐近近似式。

推广定义 1.1.1，引入下述定义。

定义 1.1.2　设 ε 的函数序列

$$\delta_0(\varepsilon) \equiv 1, \ \delta_1(\varepsilon), \ \delta_2(\varepsilon), \cdots, \delta_n(\varepsilon), \cdots$$

对于任意固定的正整数 n，满足

(i) $\lim\limits_{\varepsilon \to 0} \delta_n(\varepsilon) = 0$ ；

(ii) $\lim\limits_{\varepsilon \to 0} \dfrac{\delta_{n+1}(\varepsilon)}{\delta_n(\varepsilon)} = 0$ ；

又设对于任意固定的非负整数 n，

$$f(t,\varepsilon) = \sum_{m=0}^{n} u_m(t)\delta_m(\varepsilon) + R_n(t,\varepsilon),$$

且当 $\varepsilon \to 0$ 时，对于 $t \in (a,b)$ 一致地有

$$\left| R_n(t,\varepsilon) \right| = O(\delta_{n+1}(\varepsilon))$$

则称 $u_0(t) + u_1(t)\delta_1(\varepsilon) + \cdots + u_n(t)\delta_n(\varepsilon) + \cdots$ 为 $f(t,\varepsilon)$ 当 $\varepsilon \to 0$ 时在区间 (a,b) 上的一致渐近展开式，记为

$$f(t,\varepsilon) \sim u_0(t) + u_1(t)\delta_1(\varepsilon) + \cdots + u_n(t)\delta_n(\varepsilon) + \cdots$$

并称 $u_0(t) + u_1(t)\delta_1(\varepsilon) + \cdots + u_n(t)\delta_n(\varepsilon)$ 为 $f(t,\varepsilon)$ 当 $\varepsilon \to 0$ 时在区间 (a,b) 上一致有效的 n 阶渐近近似式。

上述两定义中的"一致"是对 $t \in (a,b)$ 而言的。

现在考虑含小参数 ε 的微分方程。在工程中常见的这类方程及初值条件有如下形式

$$\frac{\mathrm{d}^2 u}{\mathrm{d}t^2} + \omega^2 u = f(t) + \varepsilon F\left(t, u, \frac{\mathrm{d}u}{\mathrm{d}t}, \varepsilon\right) \tag{1.1.14}_\varepsilon$$

$$u(t_0) = c_0(\varepsilon), \ u'(t_0) = c_1(\varepsilon) \tag{1.1.15}_\varepsilon$$

$$t \in (a,b), \ t_0 \in (a,b)$$

这里区间 (a,b) 可以是闭区间，也可以是无穷区间，ε 是参数，$0 < |\varepsilon| < 1$。初值条件 $(1.1.15)_\varepsilon$ 中的部分或全部有时可由别的条件（例如要求周期解等）来代替。我们假设函数 $f(t)$ 连续，并设对 t 连续的函数 $F\left(t, u, \frac{\mathrm{d}u}{\mathrm{d}t}, \varepsilon\right)$ 对其他变量在某范围内解析，则称上述初值问题为问题 P_ε，称 $\varepsilon = 0$ 时的问题 P_0 为退化问题。

设 $u_0(t)$ 是退化问题 P_0 的解

$$\frac{\mathrm{d}^2 u}{\mathrm{d}t^2} + \omega^2 u = f(t) \tag{1.1.14}_0$$

$$u(t_0) = c_0(0), \quad u'(t_0) = c_1(0) \tag{1.1.15}_0$$

摄动法的思想是，将问题 P_ε 的解 $u(t,\varepsilon)$ 写成

$$u(t,\varepsilon) = u_0(t) + \sum_{m=1}^{\infty} u_m(t)\varepsilon^m$$

进而求出 $u_m(t)(m=1,2,\cdots)$，并且证明 $u(t,\varepsilon)$ 当 $\varepsilon \to 0$ 时，在区间 (a,b) 上一致地有渐近幂级数

$$u(t,\varepsilon) \sim u_0(t) + \sum_{m=1}^{\infty} u_m(t)\varepsilon^m \tag{1.1.16}$$

即

$$u(t,\varepsilon) = u_0(t) + \sum_{m=1}^{n} u_m(t)\varepsilon^m + R_n(t,\varepsilon)$$

其中

$$\left| R_n(t,\varepsilon) \right| = O\left(\left| \varepsilon \right|^{n+1} \right)$$

对 $t \in (a,b)$ 一致成立。

如果问题 P_ε 的解 $u(t,\varepsilon)$ 当 $\varepsilon \to 0$ 时，在区间 (a,b) 上一致地有渐近幂级数 (1.1.16)，则称 P_ε 在区间 (a,b) 上是正则摄动，否则称为奇摄动。

对于一般的系统

$$\frac{\mathrm{d}^2 u}{\mathrm{d}t^2} + \omega^2 u = f(t) + \varepsilon F\left(t, u, \frac{\mathrm{d}u}{\mathrm{d}t}, \varepsilon \right)$$

我们有下述定理。

定理 1.1.1　设 $(1.1.14)_\varepsilon$ 中的函数 $f(t)$ 是 t 的 2π 周期连续函数，但不是常数，并设函数 $F\left(t, u, \dfrac{\mathrm{d}u}{\mathrm{d}t}, \varepsilon \right)$ 是 t 的 2π 周期对 t 连续的函数，对其他变量在某范围内解析，$\omega \neq$ 整数。则对于充分小的 $|\varepsilon|$，系统 $(1.1.14)_\varepsilon$ 存在唯一的 2π 周期解 $u(t,\varepsilon)$，当 $|\varepsilon|$ 充分小时，它可以展开成关于 ε 的收敛幂级数。

证明从略，有兴趣的读者可参阅艾利斯哥尔兹著《微分方程》第二章(高等教育出版社)。

为了更好地了解正则摄动法，我们研究一个自治系统问题，考察达芬 (Duffing) 方程的初值问题

$$\frac{\mathrm{d}^2 u}{\mathrm{d}t^2} + u = -\varepsilon u^3 \quad (0 \leqslant t < \infty) \tag{1.1.17}$$

$$u(0) = 1, u'(0) = 0 \tag{1.1.18}$$

假设它的解 $u(t,\varepsilon)$ 可写成

$$u(t,\varepsilon) = \sum_{m=0}^{\infty} u_m(t)\varepsilon^m$$

代入式 (1.1.17) 和式 (1.1.18)，整理以后，再命 ε 的各次幂的系数为零，即得到关于 $u_n(t)(n = 0,1,\cdots)$ 的递推方程和初值条件

$$u_0'' + u_0 = 0, \; u_0(0) = 1, \; u_0'(0) = 0 \tag{1.1.19}_0$$

$$u_n'' + u_n = -u_{n-1}^3(t), \; u_n(0) = 0, \; u_n'(0) = 0, \; n = 1,2\cdots \tag{1.1.19}_n$$

从式$(1.1.19)_0$解得

$$u_0(t) = \cos t$$

这是初值问题$(1.1.17)$，$(1.1.18)$的退化问题的解。把它代入式$(1.1.19)_1$，解得

$$u_1(t) = -\frac{3}{8}t\sin t + \frac{1}{32}(\cos 3t - \cos t)$$

所以

$$u(t,\varepsilon) = \cos t + \varepsilon\left[-\frac{3}{8}t\sin t + \frac{1}{32}(\cos 3t - \cos t)\right] + \cdots$$

注意到上式中出现了$t\sin t$项。当$\varepsilon \to 0$时$\varepsilon t \sin t$在区间$0 \leqslant t < \infty$上不是一致地等于$O(\varepsilon)$，即$(\varepsilon t \sin t)/\varepsilon$在区间$0 \leqslant t < \infty$上并非有界，所以初值问题$(1.1.17)$，$(1.1.18)$是奇摄动问题。这里出现的项$t\sin t$称为长期项(secular term)，它是使正则摄动法失效的一个原因。为了解决初值问题$(1.1.17)$，$(1.1.18)$，可以使用奇摄动方法，有兴趣的读者可以参阅蔡燧林编《常微分方程》第四章（浙江大学出版社）。

一般，对于自治系统

$$\frac{\mathrm{d}^2 u}{\mathrm{d}t^2} + u = \varepsilon F\left(u, \frac{\mathrm{d}u}{\mathrm{d}t}, \varepsilon\right) \tag{1.1.20}$$

庞加莱已经证明，在一定条件下，当$|\varepsilon| < 1$时，式$(1.1.20)$存在周期解，且可按林特斯底特(Lindstedt)方法求得此解的一致渐近展开式，故后人称这个方法为林特斯底特-庞加莱方法，简称LP方法。

LP方法是为数众多的奇摄动方法的一种，是由天文学家林特斯底特（Lindstedt）于1882年引入，后经庞加莱完善的。前者在研究行星轨道的摄动问题时，为了求轨道方程的近似解，引进了一个新的自变量τ，以防止长期项的出现，他是把自变量t作微小的变形，即令

$$t = (1 + a_1\varepsilon + a_2\varepsilon^2 + \cdots)\tau$$

然后代入所给的方程，使得解的形式展开式中不再出现长期项，以此来确定常数$a_1, a_2, \cdots$，限于篇幅，本书不做深入的介绍，有兴趣的读者仍然可以参阅蔡燧林编《常微分方程》第四章(浙江大学出版社)，或其他相关专著。

各种各样的奇摄动法都是随着工程技术(特别是力学)的需要发展起来的。有的已从理论上证明了它的一致有效性，有的还仅是在使用，尚未得到理论上的证明，由于篇幅限制，本书只简单介绍了摄动法的基本概念以及正则摄动法，有兴趣的读者可以阅读相关著作，以便作更深入的了解。

1.1.4　微分方程模型

建立微分方程模型，一般有三种方法：

一是应用已知规律直接列方程建模。在数学、力学、物理、化学等学科中已有许多经过实践检验的规律和定律，如牛顿运动定律、曲线的切线的性质等，这些都涉及某些函数的变化率。由于本身就是微分方程形式，我们就可以根据相应的规律直接列出方程，从而建立数学模型。

二是用微元法建模。用微元法建立常微分方程模型，实际上是寻求微元之间的关系式。在建立这些关系式时也要用到已知的规律和定理。与第一种方法不同之处在于，这里不是直接对未知函数及其导数应用规律和定理来求关系式，而是对某些微元来应用规律，从而建立相关模型。

三是用模拟近似法建模。在社会科学、生物学、医学、经济学等学科的实践中，常常要用模拟近似法来建立微分方程模型。在这些领域中的一些现象的规律性我们还不是很清楚，即使有所了解也通常极其复杂，因此，在实际应用中，总要经过一些简化、近似的过程，并在不同的假设下建立微分方程，从数学上求解或分析解的性质，再同实际情况作对比，观察这个模型能否模拟、近似某些实际现象。

这三种方法中，我们在学习微分方程时做的应用题就属于第一种，这种方法相对比较简单，在这里，我们主要介绍用后两种方法来建微分方程模型。

在实际的微分方程建模过程中，往往都是上述三种方法的综合应用。不论应用哪种方法，通常都要根据实际情况，作出一定的假设与简化，并且要把模型的理论或计算结果与实际情况进行对照验证，以修改模型使之更准确地描述实际问题并进而达到预测预报的目的。

1.1.4.1　体重问题模型

1. 问题

研究人的体重随时间的变化规律。人的体重变化的过程是一个非常复杂的过程。这里，我们进行了简化，只考虑饮食和活动这两个主要因素与体重的关系。比如，研究减肥者、运动员的体重等。

2. 基本假定

(1)对于一个成年人来说体重主要由三部分组成：骨骼、水和脂肪。骨骼和水大体上可以认为是不变的，我们不妨以人体脂肪的重量作为体重的标志。而人体的脂肪是存储和提供能量的主要方式，体重的变化就是能量的摄取和消耗的过程。已知脂肪的能量转换率为100%，每千克脂肪可以转换为41868焦耳的能量。

(2)人体的体重仅仅看成是时间 t 的函数 $w(t)$，而与其他因素无关，这意味着在研究体重变化的过程中，我们忽略了个体间的差异(年龄、性别、健康状况等)对体重的影响。

(3)体重的变化是一个渐变的过程，因此，可以认为$W(t)$随时间是连续变化的，即$W(t)$是连续函数且充分光滑，也就是说，我们认为能量的摄取和消耗是随时发生的。

(4)不同的活动对能量的消耗是不同的，例如：体重分别为50千克和100千克的人都跑1000米，所消耗的能量显然是不同的。可见，活动对能量的消耗也不是一个简单的问题，我们假设研究对象会为自己制订一个合理且相对稳定的活动计划，我们可以假设在单位时间(1日)内人体活动所消耗的能量与其体重成正比。

(5)假设研究对象用于基本新陈代谢(即自动消耗)的能量是一定的。

(6)假设研究对象对自己的饮食有相对严格的控制，在本问题中，为简单计，我们可以假设人体每天摄入的能量(即食量)是一定的。

(7)根据能量的平衡原理，任何时间段内由于体重的改变所引起的人体内能量的变化应该等于这段时间内摄入的能量与消耗的能量的差。即体重的变化等于输入与输出之差，其中输入是指扣除了基本新陈代谢之后的净食量吸收；输出就是活动时的消耗。

为此，我们采集了某运动员的相关数据，食量是10467(焦/天)，其中5038(焦/天)用于基本的新陈代谢(即自动消耗)。在健身训练中，他所消耗的热量大约是69(焦/公斤·天)乘以他的体重(千克)。试研究此人的体重随时间变化的规律。

3. 建模分析与量化

问题并没有直接给出有关"导数"的概念，但是，体重是时间的连续函数，就表示我们用"变化"观察来考察问题。

量化：W_0为第一天开始时的体重，t指时间，以天为单位。则

$$每天体重量的变化 = 输入 - 输出$$
$$输入 = 总热量 - 基本新陈代谢热量 = 净热量吸收$$
$$= 10467焦 - 5038焦 = 5429焦$$
$$输出 = 训练时消耗热量 = 69\,W焦$$

4. 建立模型

$$\lim_{\Delta t \to 0} \frac{\Delta W}{\Delta t} = \frac{dW}{dt}$$

即

$$\begin{cases} \dfrac{(10467 - 5038) - 69W}{41868} = \dfrac{dW}{dt} \\ W|_{t=0} = W_0 \end{cases}$$

5. 模型求解

应用分离变量法，有

$$\frac{\mathrm{d}W}{1296-16W}=\frac{\mathrm{d}t}{10000}$$

解得

$$W=\frac{1296}{16}-\frac{(1296-16W_0)}{16}\exp(-16t/10000)$$

这就是此人体重随时间的变化规律。

6. 模型讨论

现在我们再来考虑一下：此人的体重会达到平衡吗？若能，那么，这个人的体重达到平衡时是多少千克？事实上，从 $W(t)$ 的表达式可知，当 $t\to\infty$ 时，$W(t)\to 81$，因此，平衡时，体重为 81 千克。

当然，如果我们需要知道的仅仅是这个平衡值，由稳定性理论可知，就是要求微分方程的平衡点。在平衡状态下，$W(t)$ 是不发生变化的，所以 $\frac{\mathrm{d}W}{\mathrm{d}t}=\frac{(10467-5038)-69W}{41868}=0$，直接求得 $W_{平衡}=81$。

7. 模型改进

我们在这里只是简单的讨论了基本新陈代谢(即自动消耗)、饮食和活动取固定值时的规律，进一步，还可以考虑饮食量和活动量改变时的情况，还有基本新陈代谢随体重变化的情况，等等。在此，我们就不作讨论了。

1.1.4.2 捕鱼业的持续收获模型

渔业资源是一种再生资源，要保持可持续发展，就要适度开发，在捕捞时，应在持续稳产的前提下再追求产量或最优经济效益。

考察一个渔场，其中的鱼量在天然环境下按一定规律增长，如果捕捞量恰好等于增长量，那么渔场鱼量将保持不变，这个捕捞量就可以持续，在这里，我们要建立在捕捞情况下渔场鱼量要遵从的数学模型(即微分方程)，分析渔场鱼量稳定的条件，并且在稳定的条件下讨论如何控制捕捞强度，使持续产量或经济效益达到最大，以及研究捕捞过度的问题。

我们从产量和效益着手建立模型，鱼量的自然增长是无法控制的，分析如何控制捕捞强度实现产量最大或效益最高。由于渔场有其自身的限制，所以我们假设其有最大容量，并认为它与人口的增长模型相似，这样便于模型的假设和建立。

1. 产量模型

模型一

1)问题

研究在捕捞情况下渔场鱼量要遵从的规律，并讨论在可持续捕捞的条件下如何控制捕捞强度，使续产量达到最大。

2) 基本假定

记时刻 t 渔场中鱼量为 $x(t)$，关于 $x(t)$ 的自然增长和人工捕捞作如下假设：

(1) 在无捕捞条件下 $x(t)$ 的增长服从冈珀茨（Gompertz）规律，即

$$x'(t) = f(x) = rx\ln\frac{N}{x}$$

其中，r 是固有增长率，N 是环境容许的最大鱼量，$f(x)$ 表示单位时间的增长量。

(2) 单位时间的捕捞量（即产量）与渔场鱼量 $x(t)$ 成正比，比例常数 k 表示单位时间的捕捞率，k 可进一步分解成 $k = qE$，E 称为捕捞强度，用可以控制的参数如出海渔船数量、渔船的规模、渔网的规格等来度量；q 称为捕捞系数，表示单位强度下的捕捞率。为方便起见，可以选择合适的捕捞强度单位，使 $q = 1$。

3) 建模分析

$$单位时间内渔场鱼量的变化=自然增长量-捕捞量$$

要使渔场鱼量保持不变，就必须满足

$$捕捞量=增长量$$

由假设可知，单位时间的捕捞量为

$$h(x) = kx = Ex$$

单位时间内渔场鱼量的变化为

$$F(x) = f(x) - h(x)$$

4) 建立模型

由上面的分析，可知

$$\lim_{\Delta t \to 0}\frac{\Delta x}{\Delta t} = \frac{\mathrm{d}x}{\mathrm{d}t} = F(x)$$

即在捕捞情况下渔场鱼量满足方程

$$x'(t) = F(x) = f(x) - h(x) = rx\ln\frac{N}{x} - Ex$$

5) 模型求解

我们并不关心渔场鱼量随时间变化的详细过程，所以不需要解上述方程以得到 $x(t)$ 的动态变化过程，而只希望知道渔场的稳定鱼量与保持稳定的条件，即时间 t 足够长以后渔场鱼量 $x(t)$ 的趋向，并由此确定最大持续产量。为此可以直接求方程的平衡点并分析其稳定性。

令

$$F(x) = f(x) - h(x) = rx\ln\frac{N}{x} - Ex = 0$$

得到一个平衡点

$$x_0 = Ne^{-\frac{E}{r}}$$

又 $F'(x_0) = -r < 0$，x_0 点稳定，即 x_0 为稳定的平衡点。

由于模型的建立是在不破坏鱼群的基础上，所以易知 $E \leqslant r$，这表明，只要捕捞适度 $(E \leqslant r)$，就可使渔场鱼量稳定在 x_0，从而获得持续产量 $h(x_0) = Ex_0$；而当捕捞过度时 $(E > r)$，渔场鱼量将减至 $x_1 = 0$，当然谈不上获得持续产量了。

进一步讨论渔场鱼量稳定在 x_0 的前提下，如何控制捕捞强度 E 使持续产量最大的问题。

根据前面分析，当捕捞量等于自然增长量时，可得最大产量。要使产量最大，就要使自然增长量达到最大，由

$$f'(x) = r\ln\frac{N}{x} - r = 0$$

得到获得最大持续产量时，稳定平衡点为

$$x_0^* = \frac{N}{e}$$

且单位时间的最大持续产量为

$$h_m = f(x_0^*) = \frac{Nr}{e}$$

不难算出保持渔场鱼量稳定在 x_0^* 的捕捞强度为

$$E^* = \frac{h_m}{x_0^*} = r$$

由上面分析可知，此模型将捕捞强度控制在 E^*，或者说使捕捞率等于增长率时，可以获得最大持续产量。

模型二

1）问题

同模型一。

2）基本假定

模型的假设与模型一相似，只是增长规律不同。假设在无捕捞条件下 $x(t)$ 的增长服从罗基斯蒂克（Logistic）规律，即：

$$x'(t) = f(x) = rx\left(1 - \frac{x}{N}\right)$$

3）建模分析

与模型一相同。

4）建立模型

此时，在捕捞情况下渔场鱼量满足的方程为

$$x'(t) = F(x) = rx\left(1 - \frac{x}{N}\right) - Ex$$

5）模型求解

同样，我们并不关心渔场鱼量随时间变化的详细过程，而只关心渔场的稳定鱼量与保持稳定的条件，并由此确定最大持续产量。为此可以直接求方程的平衡点并分析其稳定性。

令

$$F(x) = rx\left(1 - \frac{x}{N}\right) - Ex = 0$$

得到两个平衡点

$$x_0 = N\left(1 - \frac{E}{r}\right), \quad x_1 = 0$$

从而

$$F'(x_0) = E - r, \quad F'(x_1) = r - E$$

所以，若 $E < r$（即捕捞率小于固有增长率），则有

$$F'(x_0) < 0, x_0 \text{是稳定点}; \quad F'(x_1) > 0, x_1 \text{是不稳定点}。$$

若 $E > r$（即捕捞率大于固有增长率），则结论正好相反。

由于 E 是捕捞率（此时 $k = E$），r 是固有增长率，上述分析表明，只要捕捞适度（$E < r$），就可使渔场鱼量稳定在 x_0，从而获得持续产量 $h(x_0) = Ex_0$；而当捕捞过度时（$E > r$），渔场鱼量将减至 $x_1 = 0$，当然谈不上获得持续产量了。

进一步讨论渔场鱼量稳定在 x_0 的前提下，如何控制捕捞强度 E 使持续产量达到最大的问题。

根据前面分析，当捕捞量等于自然增长量时，可得最大产量。要使产量最大，就要使自然增长量达到最大，由

$$f'(x) = r - \frac{2r}{N}x = 0$$

得到获得最大持续产量时，稳定平衡点为

$$x_0^* = \frac{N}{2}$$

且单位时间的最大持续产量为

$$h_m = f(x_0^*) = \frac{rN}{4}$$

不难算出保持渔场鱼量稳定在 x_0^* 的捕捞强度为

$$E^* = \frac{h_m}{x_0^*} = \frac{r}{2}$$

综合上述,产量模型的结论是将捕捞强度控制在 E^*,或者说使渔场鱼量保持在最大鱼量 N 的一半时,可以获得最大持续产量。

6)模型讨论

事实上,我们讨论的模型还是非常简化的。比如,捕捞系数会随着捕捞强度的增大而减少,而我们认为是常数,这并不符合事实,特别是渔场较小的时候,更是如此。还有,通常各个国家每年都有禁渔期和捕捞期,并且对渔网的大小也有规定,这是为了保护幼鱼,防止捕捞过度造成资源枯竭,等等,这些都会使捕捞系数难以估计。同时,由于渔场的边界难以控制,最大容量也就难以测得。而且在限定容量里鱼群的数量增多,则鱼的死亡率就会增大,这些都造成渔场鱼量的估计也很困难。通过对这些因素的讨论,可以得到更完善的一些模型,这也是进一步研究的方向。

2. 效益模型

1)问题

研究在捕捞情况下渔场鱼量要遵从的规律,并讨论在可持续捕捞的条件下如何控制捕捞强度,使持续经济效益达到最佳。

2)基本假定

如果经济效益用从捕捞所得的收入中扣除开支后的利润来衡量,并且简单地假设:鱼的销售单价为常数 p,单位捕捞强度(如每条出海渔船)的费用为常数 C。其他假设同产量模型二的假设。

3)建模分析

$$单位时间的利润=收入-支出$$

那么单位时间的收入 T 和支出 S 分别为

$$T = ph(x) = pEx$$

$$S = CE$$

4)建立模型

单位时间的利润为

$$R = T - S = pEx - CE$$

在稳定条件下 $(x = x_0)$，

$$R(E) = T(E) - S(E) = pNE\left(1 - \frac{E}{r}\right) - CE$$

5) 模型求解

令

$$\frac{\mathrm{d}R}{\mathrm{d}E} = pN\left(1 - \frac{2}{r}E\right) - C = 0$$

容易求出使利润 R 达到最大的捕捞强度为：

$$E_R = \frac{r}{2}\left(1 - \frac{C}{pN}\right)$$

在最大利润下的渔场稳定鱼量 x_R 及单位时间的持续产量 h_R 为：

$$x_R = N\left(1 - \frac{E_R}{r}\right) = \frac{N}{2} + \frac{C}{2p}$$

$$h_R = E_R x_R = \frac{rN}{4}\left(1 - \frac{C^2}{p^2 N^2}\right)$$

将 E_R, x_R, h_R 与产量模型中的 E^*, x_0^*, h_m 相比较，可以看出，在最大经济效益原则下捕捞强度和持续产量均有所减少，而渔场稳定鱼量有所增加，并且减少或增加的比例随着捕捞成本 C 的增长而变大，随着销售价格 p 的增长而变小，这显然是符合实际情况的。

3. 捕捞过度模型

过度开发造成资源枯竭是可再生资源面临的严重问题，人们盲目地追求自己眼前的利益，在很大程度上破坏了生态平衡，为了长久的利益，以及生态环境的平衡，我们有必要研究一下捕鱼过度的问题，以及如何防止这种现象的发生。

1) 问题

研究在捕捞情况下渔场鱼量要遵从的规律，并讨论盲目捕捞下捕鱼过度的问题，以及如何防止这种现象的发生。

2) 基本假定

上面的效益模型是以计划捕捞（或称封闭式捕捞）为基础的，即渔场单独的经营者有计划地捕捞，可以追求最大利润，但是如果有众多盲目的捕捞者，即使有微薄的利润，经营者也会去捕捞，这种情况称为盲目捕捞。这种情况下，随着鱼的价格和捕捞成本的变动，鱼量将会迅速减少，出现捕捞过度，甚至导致鱼群种类的灭绝。同时，我们假设：鱼的销价单价为常数 p，单位捕捞强度（如每条出海渔船）的费用

为常数 C。其他假设如产量模型二的假设。

3）建模分析

只要利润 $R(E)>0$，盲目的经营者会加大捕捞强度；一旦利润 $R(E)<0$，他们当然就会减小捕捞强度。所以 $R(E)=0$ 是盲目捕捞下的临界点。

类似效益模型，单位时间的收入 T 和支出 S 分别为

$$T=ph(x)=pEx$$

$$S=CE$$

4）建立模型

单位时间的利润为

$$R=T-S=pEx-CE$$

在稳定条件下 $(x=x_0)$，

$$R(E)=T(E)-S(E)=pNE\left(1-\frac{E}{r}\right)-CE$$

5）模型求解

令 $R(E)=0$ 的解为 E_S，则

$$E_S=r\left(1-\frac{C}{pN}\right)$$

当 $E<E_S$ 时，利润 $R(E)>0$，盲目的经营者会加大捕捞强度；当 $E>E_S$ 时，利润 $R(E)<0$，他们会减小捕捞强度。所以 E_S 是盲目捕捞下的临界捕捞强度。

E_S 也可以用图解法得到。容易知道 E_S 存在的必要条件是

$$p>\frac{C}{N}$$

即销价大于（相对于总量而言）成本价。由 $E_S=r\left(1-\frac{C}{pN}\right)$ 可知成本价越低，售价越高，则 E_S 越大。

在盲目捕捞下的渔场稳定鱼量为

$$x_S=N\left(1-\frac{E}{r}\right)=\frac{C}{p}$$

x_S 完全由成本–价格比决定，随着价格的上升和成本的下降，x_S 将迅速减少，出现捕捞过度。

比较效益模型和捕捞过度模型，可知 $E_S=2E_R$。即盲目捕捞强度比最大效益下捕捞强度大一倍。

从 E_S 表达式还可以看出，当 $\dfrac{c}{N} < p < 2\dfrac{c}{N}$ 时，$(E_R <)E_S < E^*$，称经济学捕捞过度；当 $p > 2\dfrac{c}{N}$ 时，$E_S > E^*$，称生态学捕捞过度。

1.1.5　应用分析

1．问题的提出

SARS(非典型肺炎)是 21 世纪第一个在世界范围内传播的传染病。SARS 的暴发和蔓延给我国的经济发展和人民生活带来了很大影响，我们从中得到了许多重要的经验和教训，认识到定量地研究传染病的传播规律、为预测和控制传染病蔓延创造条件的重要性。本小节对 SARS 的传播建立数学模型，并对相关问题进行讨论。

2．模型假设

(1)假设所考察人群的总数恒定，忽略迁移的影响，忽略自然死亡。

(2)将所考察人群分为患者、治愈者、死亡者、正常人四类。

(3)假设患者治愈恢复后具有免疫能力，不考虑其再感染。

(4)假设所有患者均为"他人感染型"患者，即不考虑人群个体自身发病。

(5)假设各类人群在人群总体中分布均匀。

(6)假设已被隔离的人群之间不会发生交叉感染。

3．符号说明

$X(t)$——患者数；　　　　　　　　T——采取强制措施的时间；

$Y(t)$——累计病人数；　　　　　　L_1——病人的死亡率；

$R(t)$——累计治愈人数；　　　　　L_2——病人的治愈率；

$D(t)$——累计死亡人数；　　　　　p——采取控制措施后的隔离强度；

$r(t)$——未被隔离的病人平均每人每天感染的人数；　　$H(t)$——正常人数

4．问题分析

该问题是一个比较典型的传染病模型问题。由于 SARS 的传播受社会、经济、文化、风俗习惯等因素的影响，而影响疫情发展趋势最直接的因素是：感染者的数量、传播形式以及病毒本身的传播能力、隔离强度、入院时间等，我们在建立模型时不可能也没有必要考虑所有因素，只能抓住关键因素，进行合理的假设和建模。

在这里，我们把考察人群分为四类：正常人、患者、治愈者和死亡者，分别用 $H(t)$、$X(t)$、$R(t)$ 和 $D(t)$ 表示。

在 SARS 暴发初期，由于整个社会对 SARS 病毒传播的速度和危害程度认识不够，公众对其重视不足，没有采取任何有效的隔离控制措施。当疫情蔓延后，政府与社会开始采取强制措施，对 SARS 进行预防和控制。因此 SARS 的传播规律可分为"控前"和"控后"两个阶段。控前模型为近似于自然传播时的 SIR 模型，控后模型为介入隔离强度后的微分方程模型。

为了建立 SIR 和微分方程模型，在这里，我们先作一些数据上的准备。

SARS 的死亡率和治愈率两个参数，一般只能通过医学界对治病机理的进一步研究加以控制，在短期内不会发生变化。根据北京市疫情统计数据（见官网 http://www.mcm.edu.cn）所给的累计病人数、累计死亡人数、累计治愈人数，我们可以对 L_1 和 L_2 作最小平方误差估计。

$$死亡率\ L_1 = \frac{累计死亡人数}{累计病人数}, \quad 治愈率\ L_2 = \frac{累计治愈人数}{累计病人数}$$

用 SAS 软件对其作线性回归，得到

$$L_1 = 0.0530, L_2 = 0.0695$$

5. 模型的建立

基于以上的分析，我们对"控制前"和"控制后"分别进行建模。设 T 为实施强力控制的时间（以天为单位）。当 $t<T$ 时，适用于"控前模型"，$t \geqslant T$ 时，适用于"控后模型"。

1）控前模型

假设某地区产生第一例 SARS 病人的时间为 T_0，在 (T_0, T) 时段，是近乎于自由传播的时段，隔离强度为 0，每个病人每天感染人数 r 为一常数。

我们现在来考虑在 t 到 $t+\Delta t$ 这段时间内几类人群的变化情况。并通过分析各类人群的状态转化关系，建立微分方程，得到病毒传播的动力学模型。经过分析，可知

患者数的变化＝新增病人数（死亡人数＋治愈人数）

死亡累计人数的变化＝新增死亡人数

治愈累计人数的变化＝新增治愈人数

累计病人数＝患者数＋累计死亡人数＋累计治愈人数。

于是有

$$\begin{cases} \dfrac{X(t+\Delta t) - X(t)}{\Delta t} = rX(t) - (L_1 + L_2)X(t) \\[2mm] \dfrac{D(t+\Delta t) - D(t)}{\Delta t} = L_1 X(t) \\[2mm] \dfrac{R(t+\Delta t) - R(t)}{\Delta t} = L_2 X(t) \\[2mm] Y(t) = X(t) + D(t) + R(t) \end{cases}$$

当 $\Delta t \to 0$ 时，我们得到了 SARS 传播的控前模型

$$\begin{cases} \dfrac{dX(t)}{dt} = rX(t) - (L_1 + L_2)X(t) \\[2mm] \dfrac{dD(t)}{dt} = L_1 X(t) \\[2mm] \dfrac{dR(t)}{dt} = L_2 X(t) \\[2mm] Y(t) = X(t) + D(t) + R(t) \end{cases}$$

其中，初始值

$$\begin{cases} X(0) = 1 \\ Y(0) = 1 \\ D(0) = 0 \\ R(0) = 0 \end{cases}$$

2) 控后模型

控后隔离强度从控前的 0 变为 p。未被隔离的病人平均每人每天感染的人数 r 随时间逐渐变化，它从初始的最大值 $a+b$ 逐渐减小至最小值 a。a、b 的值客观存在，可从中国科学院遥感与数字地球研究所(原中国科学院遥感应用研究所)SARS 课题攻关组《SARS 传播时空模型研究简报》中查到。设每个未被隔离的病人每天感染的人数

$$r(t) = a + be^{-\lambda(t-T)}$$

其中，λ 用来反映 $r(t)$ 的变化快慢，可以用北京市疫情统计数据估计出它的大小。

类似于控前模型的分析，我们来考虑在 t 到 $t+\Delta t$ 时段内各类人群的变化情况。类似分析，可得

$$\begin{cases} \dfrac{X(t+\Delta t) - X(t)}{\Delta t} = (1-p)r(t)X(t) - (L_1 + L_2)X(t) \\[2mm] \dfrac{D(t+\Delta t) - D(t)}{\Delta t} = L_1 X(t) \\[2mm] \dfrac{R(t+\Delta t) - R(t)}{\Delta t} = L_2 X(t) \\[2mm] Y(t) = X(t) + D(t) + R(t) \end{cases}$$

当 $\Delta t \to 0$ 时，我们得到了 SARS 传播的控后模型

$$\begin{cases} \dfrac{dX(t)}{dt} = (1-p)r(t)X(t) - (L_1 + L_2)X(t) \\[2mm] \dfrac{dD(t)}{dt} = L_1 X(t) \\[2mm] \dfrac{dR(t)}{dt} = L_2 X(t) \\[2mm] Y(t) = X(t) + D(t) + R(t) \end{cases}, \quad t \geqslant T$$

其中,

$$
\begin{cases}
r(t) = a + b\mathrm{e}^{-\lambda t} \\
a \approx 0.245 \\
b \approx 0.6
\end{cases}
$$

初始值 $X(T)$ 取控前模型的最后一个值。

6. 模型的求解

1)控前模型的求解

对于患者数 $X(t)$,我们可以根据 SARS 传播的控前方程,求得它的解析解为

$$
X(t) = X(0)\mathrm{e}^{(r-L_1-L_2)t}, \quad t \le T
$$

其中,

$$
\begin{cases}
r = 0.55 \\
L_1 = 0.053 \\
L_2 = 0.0695 \\
X(0) = 1
\end{cases}
$$

再将 $X(t)$ 分别代入 SARS 传播的控后方程,就可以给出 $D(t)$、$R(t)$ 以及 $Y(t)$ 的数值解。

2)控后模型的求解

同理,我们求得患者数的解析解

$$
X(t) = X(T)\mathrm{e}^{[(1-p)a-L_1-L_2](t-T)+\frac{(1-P)b(1-\mathrm{e}^{-\lambda(t-T)})}{\lambda}}, \quad t \ge T
$$

其中,

$$
\begin{cases}
a = 0.245 \\
b = 0.6 \\
T = 47
\end{cases}
$$

由于 2003 年 3 月 5 日第一例 SARS 进入北京,是我们记时的起点;4 月 20 日即为 $T=47$ 的情况。

p 和 λ 为待估计的参数,现在来估计 p 和 λ。

根据北京市疫情统计数据,将各时刻累计病人数减去累计治愈人数再减去死亡人数,可得到患者数,估计 p 和 λ 的值。估计时我们按均方最小误差原则,用 SAS 软件计算出其估计值分别为

$$
P = 65\%, \quad \lambda = 0.02
$$

我们根据以上求出的解,作出了患者数、累计死亡人数、累计治愈人数、累计

病人数的曲线图，与实际公布数据进行对照(略)。可以看出，方程的解与实际数据吻合得很好，说明我们的参数和模型都是正确可靠的。

7. 模型结果分析与改进方向

1)灵敏度分析

根据所建的模型，卫生部门通常可以采取两种方案对疫情进行有效控制。一是改变控制时间点 T；二是改变控制强度 p。现在我们分别考察它们对模型的影响。

由表 1.1.2 可以看出：隔离强度 p 对疫情的传播具有极大的敏感度和相关性。

表 1.1.2　隔离强度 p 对模型的影响

隔离强度 p	累计病人数
55%	6996
65%	2827
75%	1339

由表 1.1.3 可以看出：控制时间的提前或延后，对累计病人数影响显著。说明控制时间 T 对疫情的传播具有极大的敏感度和相关性。

表 1.1.3　控制时间 T 对模型的影响

控制时间 T	累计病人数
延后 5 天	5382
延后 4 天	4729
延后 2 天	3733
4 月 20 日	2879
提前 2 天	2764
提前 4 天	1576
提前 5 天	1621

2)收敛性讨论

针对该模型，我们要判别控后模型方程组解的收敛性，$X(t)$ 的取值至关重要，$D(t)$、$R(t)$ 以及 $Y(t)$ 的收敛性都直接依赖于 $X(t)$ 是否收敛到 0。

将控后模型中 $X(t)$ 的解析解取极限得

$$\lim_{t\to\infty} X(t) = X(T)\lim_{t\to\infty} e^{[(1-p)a-L_1-L_2](t-T)+\frac{(1-P)b}{\lambda}}$$

该式为 t 的指数函数，其收敛性取决于自变量的系数。

当 $(1-p)a-L_1-L_2 < 0$ 时，$\lim\limits_{t\to\infty} X(t) = 0$，模型收敛，疫情能够得到控制。

当 $(1-p)a-L_1-L_2 \geq 0$ 时，$\lim\limits_{t\to\infty} X(t) \neq 0$，模型发散，疫情难以控制。

分析发现，模型收敛的条件为

$$p > 1 - \frac{L_1 + L_2}{a}$$

其中，

$$a = 0.245, \quad L_1 = 0.053, \quad L_2 = 0.0695$$

所以，要使疫情得到控制，必须使隔离强度 $p > 50\%$。

3）计算机模拟检验

为了检验模型求解结果的正确性，可以进行仿真模拟（此处从略）。从模拟结果来看：计算机模拟结果与模型计算结果有着良好的一致性。本模型是可以信赖的SARS 传播模型。

1.2　差分方程方法

在非线性系统中，许多事物所研究的变量都是离散的形式，所建立的数学模型也是离散的，比如政治、经济和社会等领域中的实际问题。很多时候，即使所建立的数学模型是连续形式，例如常见的微分方程模型、积分方程模型等，但是往往因为不能求解析解，而需要用计算机求数值解。这要求将连续变量在一定的条件下进行离散化，从而将连续模型转化为离散模型，最后归结为求解离散形式的差分方程的问题。关于差分方程研究和求解方法在建立数学模型、解决非线性系统实际问题的过程中起着重要的作用。

1.2.1　差分方程和常系数线性差分方程

1.2.1.1　差分和差分方程的概念

定义 1.2.1　设函数 $y = f(x)$，记为 y_x。当 x 取遍所有的非负整数时，函数值可以排成一个数列：$y_0, y_1, y_2, \cdots, y_x, \cdots$。则差 $y_{x+1} - y_x$ 称为函数 y_x 的差分，也称为一阶差分，记为 Δy_x，即 $\Delta y_x = y_{x+1} - y_x$。

容易验证差分具有如下性质：

（1）$\Delta(cy_x) = c\Delta y_x$；

（2）$\Delta(y_x + z_x) = \Delta y_x + \Delta z_x$。

又

$$\Delta(\Delta y_x) = \Delta y_{x+1} - \Delta y_x = (y_{x+2} - y_{x+1}) - (y_{x+1} - y_x)$$
$$= y_{x+2} - 2y_{x+1} + y_x = \Delta^2 y_x$$

称为函数 y_x 的二阶差分，类似地，可以定义三阶、四阶差分等。

定义 1.2.2　含有未知函数差分或表示未知函数几个时期值的符号的方程称为差分方程，如

$$F(x, y_x, y_{x+1}, y_{x+2}, \cdots, y_{x+n}) = 0$$
$$G(x, y_x, y_{x-1}, y_{x-2}, \cdots, y_{x-n}) = 0$$
$$H(x, y_x, \Delta y_x, \Delta^2 y_x, \cdots, \Delta^n y_x) = 0$$

差分方程中所含未知函数差分的最高阶数称为此差分方程的阶。如果差分方程中关于未知函数及未知函数的各阶差分都是线性函数，就称此方程为线性的；否则称此方程为非线性的。如果一个函数代入差分方程后，方程恒成立，则这个函数称为该差分方程的解。

1.2.1.2　常系数齐次线性差分方程

考虑常系数 k 阶线性差分方程

$$y_n + a_1 y_{n-1} + a_2 y_{n-2} + \cdots + a_k y_{n-k} = 0 \tag{1.2.1}$$

称代数方程

$$\lambda^k + a_1 \lambda^{k-1} + \cdots + a_{k-1} \lambda + a_k = 0 \tag{1.2.2}$$

为方程(1.2.1)的特征方程，特征方程的根称为特征根。

常系数线性差分方程的解可根据相应的特征根的情况给出。下面分别由特征根为单根、重根和复根的情况写出差分方程的解的情况。

1. 单根的情况

设特征方程(1.2.2)有 k 个相异的特征根 $\lambda_1, \lambda_2, \cdots, \lambda_k$，则差分方程 (1.2.1) 的通解为

$$y_n = c_1 \lambda_1{}^n + c_2 \lambda_2{}^n + \cdots + c_k \lambda_k{}^n$$

其中，$c_1, c_2, \cdots, c_k$ 为任意的常数。

2. 重根的情况

设特征方程(1.2.2)有 l 个相异重根 $\lambda_1, \lambda_2, \cdots, \lambda_l (1 \leqslant l < k)$，它们的重数分别为 $m_1, m_2, \cdots, m_l$，$\displaystyle\sum_{i=1}^{l} m_i = k$。则差分方程(1.2.1)的通解为

$$y_n = \sum_{i=1}^{m_1} c_{1i} n^{i-1} \lambda_1{}^n + \sum_{i=1}^{m_2} c_{2i} n^{i-1} \lambda_2{}^n + \cdots + \sum_{i=1}^{m_l} c_{li} n^{i-1} \lambda_l{}^n$$

3. 单复根的情况

设 $\lambda_{1,2} = \alpha \pm i\beta$ 为特征方程的一对单复根，它对应的差分方程的解为

$$c_1\rho^n\cos n\theta + c_2\rho^n\sin n\theta \left(\rho = \sqrt{\alpha^2 + \beta^2}, \theta = \arctan\frac{\beta}{\alpha}\right)$$

特别地，一阶、二阶线性齐次差分方程的通解情况如下：

(1) 一阶差分方程 $y_{n+1} - ay_n = 0$ 的通解为

$$y_n = ca^n$$

(2) 对于二阶线性差分方程 $y_{n+2} + ay_{n+1} + by_n = 0$，设其特征方程

$$\lambda^2 + a\lambda + b = 0$$

的特征根为 λ_1, λ_2。

当 $a^2 - 4b > 0, \lambda_1 \neq \lambda_2, \lambda_1, \lambda_2 \in \mathbf{R}$ 时，通解为 $y_n = c_1\lambda_1{}^n + c_2\lambda_2{}^n$；

当 $a^2 - 4b = 0, \lambda_{1,2} = -\dfrac{a}{2}$ 时，通解为 $y_n = (c_1 + c_2 n)\left(-\dfrac{a}{2}\right)^n$；

当 $a^2 - 4b < 0, \lambda_{1,2} = \alpha \pm \mathrm{i}\beta$ 时，通解为 $y_n = \rho^n(c_1\cos n\theta + c_2\sin n\theta)$（其中 $\rho = \sqrt{\alpha^2 + \beta^2}, \theta = \arctan\dfrac{\beta}{\alpha}$）。

1.2.1.3　常系数非齐次线性差分方程

对于常系数非齐次线性差分方程

$$y_n + a_1 y_{n-1} + a_2 y_{n-2} + \cdots + a_k y_{n-k} = f(n) \tag{1.2.3}$$

其通解为 $y_n = Y_n + y_n^*$，在这里 Y_n 为相应的齐次方程的通解，y_n^* 为方程(1.2.3)的一个特解。

下面我们给出几个关于一阶、二阶差分方程解的例子。

(1) $y_{n+1} - ay_n = b$

通解为 $y_n = bn + A$（其中 $a = 1, A$ 为任意常数），或 $y_n = \dfrac{b}{1-a} + Aa^n (a \neq 1)$。

(2) $y_{n+1} - ay_n = cb^n (c, b \neq 1)$

当 $b \neq a$ 时，通解为 $y_n = \dfrac{c}{1-a}b^n + Aa^n$；当 $b = a$ 时，通解为 $y_n = cnb^{n-1} + Aa^n$。

(3) $y_{n+1} - ay_n = cn^m$

可设方程有特解 $y_n^* = n^s(B_0 + B_1 n + \cdots + B_m n^m)$，其中 $B_0, B_1, \cdots, B_m$ 待定；当 $a \neq 1$ 时，$s = 0$；当 $a = 1$ 时，$s = 1$。将这个特解代入方程，比较两端同次项系数来确定 $B_i(i = 0, 1, \cdots, m)$。

(4) $y_{n+2} + ay_{n+1} + by_n = c$

(i) 当 $1 + a + b \neq 0$ 时，特解为 $y_n^* = \dfrac{c}{1 + a + b}$；

(ii) 当 $1+a+b=0$ 且 $a \neq -2$ 时，特解为 $y_n^* = \dfrac{c}{2+a}$；

(iii) 当 $1+a+b=0$ 且 $a=-2$ 时，特解为 $y_n^* = \dfrac{c}{2}n^2$。

(5) $y_{n+2} + ay_{n+1} + by_n = cq^n \ (c, q \neq 1)$

(i) 当 $q^2 + aq + b \neq 0$ 时，特解为 $y_n^* = \dfrac{cnq^n}{q^2+aq+b}$；

(ii) 当 $q^2 + aq + b = 0$ 且 $2q+a \neq 0$ 时，特解为 $y_n^* = \dfrac{cnq^{n-1}}{2q+a}$；

(iii) 当 $q^2 + aq + b = 0$ 且 $2q+a = 0$ 时，特解为 $y_n^* = \dfrac{cn^2q^{n-1}}{4q+a}$。

(6) $y_{n+2} + ay_{n+1} + by_n = cn^m$

可设方程有特解 $y_n^* = n^s(B_0 + B_1 n + \cdots + B_m n^m)$，其中 $B_0, B_1, \cdots, B_m$ 待定：当 $1+a+b \neq 0$ 时，$s=0$；当 $1+a+b=0$ 且 $a \neq -2$ 时，$s=1$；当 $1+a+b=0$ 且 $a=-2$ 时，$s=2$。将这个特解代入方程，比较两端同次项系数来确定 $B_i (i=0,1,\cdots,m)$。

1.2.2 差分方程的平衡点及其稳定性

1.2.2.1 一阶常系数线性差分方程

考虑一阶常系数线性差分方程

$$y_{n+1} + ay_n = b \tag{1.2.4}$$

当 $a \neq -1$ 时，方程 (1.2.4) 的平衡点 y^* 可由代数方程 $x+ax=b$ 求得，即 $y^* = \dfrac{b}{1+a}$。

如果 $\lim\limits_{n \to \infty} y_n = y^*$，则称平衡点 y^* 为稳定的，否则就是不稳定的。

方程 (1.2.4) 的稳定性问题可通过变换 $(x_n = y_n - y^*)$ 转化为齐次差分方程 $x_{n+1} + ax_n = 0$ 的平衡点 $x^* = 0$ 的稳定性问题。而由差分方程 $x_{n+1} + ax_n = 0$ 的解 $x_n = (-a)^n x_0$ 可知，其平衡点 $x^* = 0$ 是稳定的充要条件为 $|a| < 1$。因此，方程 (1.2.4) 的平衡点 y^* 是稳定的充要条件为 $|a| < 1$。

1.2.2.2 一阶常系数线性差分方程组

考虑一阶常系数线性齐次差分方程组

$$\boldsymbol{y}(k+1) + \boldsymbol{A}\boldsymbol{y}(k) = \boldsymbol{0}, \quad k=0,1,\cdots \tag{1.2.5}$$

其中，$\boldsymbol{y}(k)$ 为 n 维向量，$\boldsymbol{A}$ 为 $n \times n$ 阶常值方阵。它的平衡点为 $\boldsymbol{y}^* = \boldsymbol{0}$。

方程 (1.2.5) 的平衡点 $\boldsymbol{y}^* = \boldsymbol{0}$ 是稳定的充分必要条件是 $\boldsymbol{A}$ 的所有特征根的绝对值

小于 1，即 $|\lambda_i| < 1(i=1,2,\cdots,n)$。

对于一阶常系数线性非齐次差分方程组

$$\boldsymbol{y}(k+1) + \boldsymbol{A}\boldsymbol{y}(k) = \boldsymbol{B}, \quad k=0,1,\cdots$$

这里，$\boldsymbol{B}$ 为 n 维向量。其平衡点由线性方程组 $\boldsymbol{y} + \boldsymbol{A}\boldsymbol{y} = \boldsymbol{B}$ 给出，平衡点的稳定性同样为 $\boldsymbol{A}$ 的所有特征根的绝对值小于 1。

1.2.2.3　二阶常系数线性差分方程

考虑二阶常系数齐次线性差分方程

$$y_{n+2} + a_1 y_{n+1} + a_2 y_n = 0, \quad k=0,1,2,\cdots$$

其中，a_1, a_2 为常数，其平衡点 $x^* = 0$ 是稳定的充分必要条件是它的特征方程

$$\lambda^2 + a_1\lambda + a_2 = 0$$

的根满足 $|\lambda_i| < 1(i=1,2)$。

对于二阶常系数非齐次线性差分方程 $y_{n+2} + a_1 y_{n+1} + a_2 y_n = b(k=0,1,2,\cdots)$，其平衡点的稳定性有相同的结果。

1.2.2.4　一阶非线性差分方程

考虑一阶非线性差分方程

$$y_{n+1} = f(y_n) \tag{1.2.6}$$

它的平衡点 y^* 由方程 $y = f(y)$ 求得。方程 (1.2.6) 的近似线性方程为

$$y_{n+1} = f'(y^*)(y_n - y^*) + f(y^*) \tag{1.2.7}$$

由于 y^* 也是方程 (1.2.7) 的平衡点，因此它们的平衡点有相同的稳定性，即方程 (1.2.6) 的平衡点 y^* 是稳定的充要条件为 $|f'(y^*)| < 1$。

1.2.3　连续模型的差分方法

1.2.3.1　微分的差分方法

假设已知函数 $f(x)$ 在区间 $[a,b]$ 上的分点 $a = x_0 < x_1 < x_2 < \cdots < x_{n+1} = b$ 的函数值，下面我们来用差商代替该函数在区间内分点的函数微商。

（1）向前差分

$$f'(x_k) \approx \frac{f(x_{k+1}) - f(x_k)}{x_{k+1} - x_k}, k=1,2,\cdots,n$$

（2）向后差分

$$f'(x_k) \approx \frac{f(x_k) - f(x_{k-1})}{x_k - x_{k-1}}, \quad k = 1, 2, \cdots, n$$

(3) 中心差分

$$f'(x_k) \approx \frac{f(x_{k+1}) - f(x_{k-1})}{x_{k+1} - x_{k-1}}, \quad k = 1, 2, \cdots, n$$

如果把区间 $[a,b]$ 分为 n 等分，步长 $h = \dfrac{b-a}{n}$，分点 $x_k = a + kh(k = 0, 1, \cdots, n)$，我们也常常用二阶差商代替二阶微商：

$$f''(x_k) \approx \frac{f(x_{k+1}) - 2f(x_k) + f(x_{k-1})}{h^2}, \quad k = 1, 2, \cdots, n$$

1.2.3.2　定积分的差分方法

在这里，讨论定积分的近似计算问题。设函数 $f(x)$ 在区间 $[a,b]$ 上连续，把区间 $[a,b]$ 分为 n 等分，分点 $x_k = a + kh(k = 0, 1, \cdots, n)$，步长 $h = \dfrac{b-a}{n}$。在小区间 $[x_k, x_{k+1}]$ 上任取点 $\xi_k\ (k = 1, 2, \cdots, n)$，根据定积分的定义可得

$$\int_a^b f(x)\mathrm{d}x = \lim_{n \to \infty} \frac{b-a}{n} \sum_{k=1}^n f(\xi_k)$$

因此，我们有如下的求积公式。

(1) 矩形公式

$$\int_a^b f(x)\mathrm{d}x \approx \frac{b-a}{n} \sum_{k=1}^n f(x_{k-1})$$

$$\int_a^b f(x)\mathrm{d}x \approx \frac{b-a}{n} \sum_{k=1}^n f(x_k)$$

(2) 复化矩形公式

$$\int_a^b f(x)\mathrm{d}x \approx \frac{b-a}{n} \sum_{k=1}^n f\left(\frac{x_{k-1} + x_k}{2}\right)$$

(3) 梯形公式

$$\int_a^b f(x)\mathrm{d}x \approx \frac{b-a}{2n} \sum_{k=1}^n [f(x_{k-1}) + f(x_k)]$$

$$= \frac{h}{2}\left[f(a) + f(b) + \sum_{k=1}^{n-1} f(x_k)\right]$$

(4)抛物线公式

$$\int_a^b f(x)\mathrm{d}x \approx \frac{b-a}{6n}\sum_{k=0}^{n-1}\left[f(x_k)+4f\left(x_{k+\frac{1}{2}}\right)+f(x_{k+1})\right]$$

$$=\frac{h}{6}\left[f(a)+f(b)+4\sum_{k=0}^{n-1}f\left(x_{k+\frac{1}{2}}\right)+2\sum_{k=1}^{n-1}f(x_k)\right]$$

其中，$x_{k+\frac{1}{2}}=\frac{1}{2}(x_k+x_{k+1}),k=0,1,\cdots,n$。

1.2.3.3　常微分方程的差分方法

1.　一阶常微分方程

考虑一阶常微分方程的初值问题

$$\begin{cases} y'=f(x,y) \\ y(x_0)=y_0 \end{cases} \tag{1.2.8}$$

其中函数 $f(x,y)$ 连续，且关于 y 满足李普希茨(Lipschitz)条件，即保证问题(1.2.8)的解是存在且唯一的。

一阶常微分方程的初值问题的数值解通常是将区间 $[x_0,+\infty)$ 按照一定的步长 h 进行划分，分点为 $x_0,x_1,x_2,\cdots$，其中 $x_n=x_0+nh(n=0,1,2,\cdots)$，记 $y(x_n)$ 的近似值为 y_n，建立关于 y_n 的递推公式，再由问题(1.2.8)的初始条件求出 $y_1,y_2,y_3,\cdots$。

1)欧拉(Euler)法

用一阶向前差商近似地代替导数 $y'(x_n)$，有

$$y'(x_n)\approx\frac{y(x_{n+1})-y(x_n)}{x_{n+1}-x_n}=\frac{y(x_{n+1})-y(x_n)}{h}$$

用 y_n 代替 $y(x_n)$，于是问题(1.2.8)就化为差分方程的初值问题

$$\begin{cases} y_{n+1}=y_n+hf(x_n,y_n) \\ y_0=y(x_0) \end{cases}$$

这就是解一阶常微分方程的初值问题的欧拉法，其误差为 $y(x_{n+1})-y_{n+1}=\mathrm{O}(h^2)$。

2)隐式欧拉法和二步欧拉法

用一阶向后差商近似地代替导数 $y'(x_n)$，可得到隐式欧拉法公式

$$\begin{cases} y_{n+1}=y_n+hf(x_{n+1},y_{n+1}) \\ y_0=y(x_0) \end{cases}$$

在这个公式中，没有直接给出 y_{n+1} 的计算公式，而是关于 y_{n+1} 的方程，因此称为隐式欧拉法。这种方法的误差也为 $\mathrm{O}(h^2)$。

用一阶中心差商近似地代替导数 $y'(x_n)$，可得到二步欧拉法公式

$$\begin{cases} y_{n+1} = y_{n-1} + 2hf(x_n, y_n) \\ y_0 = y(x_0) \end{cases}$$

利用这个公式在计算 y_{n+1} 时，需要调用前面两步的信息 y_n 和 y_{n-1}，因此称之为二步欧拉法。这种方法的误差为 $O(h^3)$。

3）梯形公式和改进的欧拉法

将方程 $y' = f(x, y)$ 的两端从 x_n 到 x_{n+1} 积分，得

$$y(x_{n+1}) = y(x_n) + \int_{x_n}^{x_{n+1}} f(x, y(x)) \mathrm{d}x$$

利用数值积分中的梯形公式，并用 y_n 和 y_{n+1} 分别代替 $y(x_n)$ 和 $y(x_{n+1})$，于是可导出如下公式

$$y_{n+1} = y_n + \frac{h}{2} [f(x_n, y_n) + f(x_{n+1}, y_{n+1})]$$

此公式称为梯形公式，它是欧拉法和隐式欧拉法的算术平均值，这种方法的误差为 $O(h^3)$。

由于欧拉法是一个显式算法，计算量小，但精度很低。梯形公式虽然提高了精度，但是一种隐式算法，计算量大，综合使用这两种方法，先用欧拉法求得一个初步的近似值，记作 $\bar{y}_{n+1}$，称为预报值；预报值的精度不高，但用它替代梯形公式中右端的 y_{n+1}，直接计算，得到校正值 y_{n+1}。这样建立的预报-校正系统为：

预报：$\bar{y}_{n+1} = y_n + hf(x_n, y_n)$

校正：$y_{n+1} = y_n + \dfrac{h}{2} [f(x_n, y_n) + f(x_{n+1}, \bar{y}_{n+1})]$

这就是改进的欧拉法，或称为预报-校正法。这种方法也可以写成下面的平均化形式

$$\begin{cases} y_p = y_n + hf(x_n, y_n) \\ y_c = y_n + hf(x_{n+1}, y_p) \\ y_{n+1} = \dfrac{1}{2}(y_p + y_c) \end{cases}$$

这种方法的误差为 $O(h^3)$。

4）龙格-库塔（Runge-Kutta）法

（1）龙格-库塔法的基本思想

对于微分方程的初值问题（1.2.8），为了求其在 $x_0, x_1, \cdots, x_n, \cdots$ 的精确值 $y(x_0), y(x_1), \cdots, y(x_n), \cdots$，即建立关于精确值的递推关系，根据拉格朗日微分中值定理可得

$$y(x_{n+1}) = y(x_n) + hy'(\xi) = y(x_n) + hf(\xi, y(\xi)), x_n < \xi < x_{n+1}$$

记 $Y^* = f(\xi, y(\xi))$，称为区间 $[x_n, x_{n+1}]$ 上的平均变化率，则 $y(x_{n+1}) = y(x_n) + hY^*$。问题归结为寻找一个计算 Y^* 的方法。由于在实际的计算中 ξ 无法确定，从而精确的 Y^* 也就无法确定，因此总是取 Y^* 的一个近似值。例如，取 $Y^* \approx f(x_n, y_n)$，就得到了欧拉法公式；取 $Y^* \approx \frac{1}{2}[f(x_n, y_n) + f(x_{n+1}, y_{n+1})]$，就得到了改进的欧拉法公式。

现在，我们取区间 $[x_n, x_{n+1}]$ 上的 m 个点 $x_n + \alpha_i h(i = 1, 2, \cdots, m)$，相应地取 $y_n + \beta_i h(i = 1, 2, \cdots, m)$，用 f 在这 m 个点的函数值的加权平均作为 Y^* 的近似值，即

$$Y^* \approx \sum_{i=1}^{m} w_i f(x_n + \alpha_i h, y_n + \beta_i h)$$

其中 w_i 为权系数，α_i, β_i 为待定系数。于是有递推公式

$$y_{n+1} = y_n + h \sum_{i=1}^{m} w_i f(x_n + \alpha_i h, y_n + \beta_i h) \tag{1.2.9}$$

实际计算中，适当选择 α_i, β_i, w_i，可使公式 (1.2.9) 有较高的精度。这就是龙格-库塔方法的思想。

(2) 二阶龙格-库塔公式

取区间 $[x_n, x_{n+1}]$ 的中点 $x_{n+\frac{1}{2}} = x_n + \frac{1}{2}h$，又令 $w_1 = 0, w_2 = 1, \alpha = \beta = \frac{1}{2}$，代入式 (1.2.9)，得到二阶龙格-库塔公式

$$\begin{cases} y_{n+1} = y_n + hk_2, \\ k_1 = f(x_n, y_n), & n = 0, 1, 2, \cdots \\ k_2 = f\left(x_n + \dfrac{h}{2}, y_n + \dfrac{h}{2}k_1\right), \end{cases}$$

这种方法的误差为 $O(h^3)$。

(3) 三阶龙格-库塔公式

在区间 $[x_n, x_{n+1}]$ 中取两个点，可导出三阶龙格-库塔公式

$$\begin{cases} y_{n+1} = y_n + \dfrac{1}{6}(k_1 + 4k_2 + k_3), \\ k_1 = hf(x_n, y_n), & n = 0, 1, 2, \cdots \\ k_2 = hf\left(x_n + \dfrac{h}{2}, y_n + \dfrac{1}{2}k_1\right), \\ k_3 = hf\left(x_n + h, y_n - k_1 + 2k_2\right), \end{cases}$$

这种方法的误差为 $O(h^4)$。

(4) 标准四阶龙格-库塔公式 (或称为经典公式)

$$\begin{cases} y_{n+1} = y_n + \dfrac{1}{6}(k_1 + 2k_2 + 2k_3 + k_4) \\ k_1 = hf(x_n, y_n) \\ k_2 = hf\left(x_n + \dfrac{h}{2}, y_n + \dfrac{1}{2}k_1\right) \\ k_3 = hf\left(x_n + \dfrac{h}{2}, y_n + \dfrac{1}{2}k_2\right) \\ k_4 = hf(x_n + h, y_n + k_3) \end{cases}$$

这种方法的误差为 $O(h^5)$。

(5) 吉尔 (Gill) 公式

$$\begin{cases} y_{n+1} = y_n + \dfrac{1}{6}[k_1 + (2-\sqrt{2})k_2 + (2+\sqrt{2})k_3 + k_4] \\ k_1 = hf(x_n, y_n) \\ k_2 = hf\left(x_n + \dfrac{h}{2}, y_n + \dfrac{1}{2}k_1\right) \\ k_3 = hf\left(x_n + \dfrac{h}{2}, y_n + \dfrac{\sqrt{2}-1}{2}k_1 + \dfrac{2-\sqrt{2}}{2}k_2\right) \\ k_4 = hf\left(x_n + h, y_n - \dfrac{\sqrt{2}}{2}k_2 + \dfrac{2+\sqrt{2}}{2}k_3\right) \end{cases}$$

吉尔公式也是一个常用的四阶龙格-库塔公式，它的误差为 $O(h^5)$。

2. 一阶常微分方程组

将前面关于常微分方程中的变量和函数看作向量函数，相应的差分方法即可用于一阶常微分方程组的情形。

考虑两个方程的方程组

$$\begin{cases} y' = f(x, y, z), & y(x_0) = y_0 \\ z' = g(x, y, z), & z(x_0) = z_0 \end{cases}$$

令 $x_n = x_0 + nh, n = 1, 2, \cdots$，以 y_n, z_n 表示节点 x_n 上的近似值。

(1) 欧拉法的计算公式

$$y_{n+1} = y_n + hf(x_n, y_n, z_n), \quad y_0 = y(x_0)$$

$$z_{n+1} = z_n + hg(x_n, y_n, z_n), \quad z_0 = z(x_0)$$

(2) 隐式欧拉法的计算公式

$$
\begin{cases}
y_{n+1}^{(0)} = y_n + hf(x_n, y_n, z_n) \\
z_{n+1}^{(0)} = z_n + hg(x_n, y_n, z_n) \\
y_{n+1} = y_n + hf(x_{n+1}, y_{n+1}^{(0)}, z_{n+1}^{(0)}) \\
z_{n+1} = z_n + hg(x_{n+1}, y_{n+1}^{(0)}, z_{n+1}^{(0)})
\end{cases}
$$

(3) 改进的欧拉法计算公式

$$
\begin{cases}
y_{n+1}^{(0)} = y_n + hf(x_n, y_n, z_n) \\
z_{n+1}^{(0)} = z_n + hg(x_n, y_n, z_n) \\
y_{n+1} = y_n + \dfrac{h}{2}[f(x_n, y_n, z_n) + f(x_{n+1}, y_{n+1}^{(0)}, z_{n+1}^{(0)})] \\
z_{n+1} = z_n + \dfrac{h}{2}[g(x_n, y_n, z_n) + g(x_{n+1}, y_{n+1}^{(0)}, z_{n+1}^{(0)})]
\end{cases}
$$

(4) 标准四阶龙格-库塔法计算公式

$$
\begin{cases}
y_{n+1} = y_n + \dfrac{h}{6}(k_1 + 2k_2 + 2k_3 + k_4) \\
z_{n+1} = z_n + \dfrac{h}{6}(l_1 + 2l_2 + 2l_3 + l_4)
\end{cases}
$$

其中

$$
\begin{cases}
k_1 = f(x_n, y_n, z_n),\; l_1 = g(x_n, y_n, z_n) \\
k_2 = f\left(x_n + \dfrac{h}{2}, y_n + \dfrac{hk_1}{2}, z_n + \dfrac{hl_1}{2}\right),\quad l_2 = g\left(x_n + \dfrac{h}{2}, y_n + \dfrac{hk_1}{2}, z_n + \dfrac{hl_1}{2}\right) \\
k_3 = f\left(x_n + \dfrac{h}{2}, y_n + \dfrac{hk_2}{2}, z_n + \dfrac{hl_2}{2}\right),\quad l_3 = g\left(x_n + \dfrac{h}{2}, y_n + \dfrac{hk_2}{2}, z_n + \dfrac{hl_2}{2}\right) \\
k_4 = f(x_{n+1}, y_n + hk_3, z_n + hl_3),\quad l_4 = g(x_{n+1}, y_n + hk_3, z_n + hl_3)
\end{cases}
$$

3. 高阶常微分方程

对于高阶方程的初值问题，一般可通过引进新变量，化为一阶常微分方程组的情形。譬如，二阶常微分方程的初值问题

$$
\begin{cases}
y'' = f(x, y, y') \\
y(x_0) = y_0,\; y'(x_0) = y_0'
\end{cases}
$$

若令 $z = y'$，则可化为一阶常微分方程组的初值问题

$$
\begin{cases}
z' = f(x, y, z) \\
y' = z \\
y(x_0) = y_0,\; z(x_0) = y_0'
\end{cases}
$$

它的龙格-库塔公式为

$$\begin{cases} y_{n+1} = y_n + hz_n + \dfrac{h^2}{6}(L_1 + L_2 + L_3) \\ z_{n+1} = z_n + \dfrac{h}{6}(L_1 + 2L_2 + 2L_3 + L_4) \end{cases}$$

这里

$$\begin{cases} L_1 = f(x_n, y_n, z_n) \\ L_2 = f\left(x_n + \dfrac{h}{2}, y_n + \dfrac{hz_n}{2}, z_n + \dfrac{hL_1}{2}\right) \\ L_3 = f\left(x_n + \dfrac{h}{2}, y_n + \dfrac{hz_n}{2} + \dfrac{h^2 L_1}{4}, z_n + \dfrac{hL_2}{2}\right) \\ L_4 = f\left(x_{n+1}, y_n + hz_n + \dfrac{h^2 L_1}{2}, z_n + hL_3\right) \end{cases}$$

对于一般的高阶常微分方程组，也有类似的结果。

1.2.4　应用分析

本小节继续研究第 1 章 1.1 节所提出的捕鱼业的持续收获模型。

1. 问题的提出

假设鳀鱼分为四个年龄组：称 1，2，3，4 龄鱼。各年龄组每条鱼的平均重量分别为 5.07g，11.55g，17.86g，22.99g；各年龄组鱼的死亡率均为 0.8 条/年；这种鱼为季节性集中产卵繁殖，产卵孵化期为每年的后四个月，平均每条 4 龄鱼的产卵量为 1.109×10^5 个，3 龄鱼的产卵量为 4 龄鱼的一半，2 龄鱼和 1 龄鱼不产卵。卵孵化并成活即为 1 龄鱼，孵化成活率（1 龄鱼的条数与总产卵量 n 之比）为 $\dfrac{1.22 \times 10^{11}}{1.22 \times 10^{11} + n}$。

渔业部门规定，每年只允许在产卵孵化期前的 8 个月进行捕捞作业，如果每年投入的捕捞能力固定不变，即固定努力量捕捞，这时单位时间捕捞量将与各年龄组鱼群条数成正比，比例系数称为捕捞强度系数，通常使用 13mm 网眼的拉网，这种网只能捕捞 3、4 龄鱼，其两个捕捞系数之比为 0.42∶1。

需要解决的问题是：建立数学模型，分析如何实现可持续性捕捞（即每年开始捕捞时渔场中各年龄组鱼条数不变），并且在此前提下得到最高的年收获量（总质量）。

2. 模型的假设与符号说明

1）模型的假设

(1) 只考虑鱼的繁殖和捕捞的变化，不考虑鱼群迁入与迁出；

(2) 各龄鱼在一年的任何时间都会发生自然死亡；

(3) 所有鱼都在每年最后四个月内(后 1/3 年)完成产卵孵化的过程,成活的幼鱼在下一年初成为 1 龄鱼;

(4) 产卵发生于后四个月之初,产卵鱼的自然死亡发生于产卵之后;

(5) 相邻两个年龄组的鱼群在相邻两年之间的变化是连续的,即第 k 年底 i 龄鱼的条数等于第 $k+1$ 年初 $i+1$ 龄鱼的条数;

(6) 4 龄以下的鱼全部死亡;

(7) 采用固定努力量捕捞意味着捕捞的速率正比于捕捞时各龄鱼群的条数,因此比例系数即为捕捞强度系数。

2) 符号的说明

用 $x_i(t)$ 表示 t 时刻(年) i 龄鱼的条数; r 表示鱼的平均自然死亡率,即 $r = 0.8$; f_i 表示 i 龄鱼的产卵数,即 $(f_1, f_2, f_3, f_4) = \left(0, 0, \dfrac{A}{2}, A\right), A = 1.109 \times 10^5$; w_i 表示 i 龄鱼的平均质量,即 $(w_1, w_2, w_3, w_4) = (5.07, 11.55, 17.86, 22.99)$; q_i 表示对 i 龄鱼的捕捞强度系数,即 $(q_1, q_2, q_3, q_4) = (0, 0, 0.42E, E)$,其中 E 为努力捕捞量; $\tau = \dfrac{2}{3}$ 表示产卵开始的时刻; Y_i 表示对 i 龄鱼的捕捞量; c_i 表示对 i 龄鱼的捕捞系数,即 $c_i = \dfrac{Y_i}{x_i}$。

3. 模型的建立与求解

1) 无捕捞时鱼群的自然增长模型

由假设(1)、(2)得

$$\dot{x}_i = -rx_i(t), i = 1, 2, 3, 4, k \leqslant t < k+1, k = 0, 1, 2, \cdots$$

由假设(3)、(4)得

$$x_1(k+1) = \frac{1.22 \times 10^{11}}{1.22 \times 10^{11} + x_0(k+\tau)} x_0(k+\tau)$$

$$x_0(k+\tau) = \frac{A}{2} x_3(k+\tau) + A x_4(k+\tau)$$

由假设(5)、(6)得

$$x_i(0) = x_i, x_{i+1}(k+1) = x_{i+}(k+1) = \lim_{i \to k+1} x_i(t), i = 1, 2, 3, k = 0, 1, 2, \cdots$$

2) 固定努力量捕捞下鱼群的增长和捕捞模型

我们知道,捕捞期为 $k \leqslant t \leqslant k+\tau$,因此

$$\dot{x}_i = -rx_i(t) - q_i(E)x_i(t), \quad k \leqslant t < k+\tau \tag{1.2.10}$$

$$\dot{x}_i = -rx_i(t), \quad k+\tau \leqslant t < k+1 \tag{1.2.11}$$

$$x_i(0) = x_i, x_{i+1}(k+1) = x_{i+}(k+1),\ i=1,2,3 \tag{1.2.12}$$

$$x_1(k+1) = \frac{1.22 \times 10^{11}}{1.22 \times 10^{11} + x_0(k+\tau)} x_0(k+\tau) \tag{1.2.13}$$

$$x_0(k+\tau) = \frac{A}{2} x_3(k+\tau) + A x_4(k+\tau), k = 0,1,2\cdots \tag{1.2.14}$$

(1)鱼群的增长规律

解方程(1.2.10)和方程(1.2.11)，并注意到连续条件(1.2.12)，可得

$$x_{i+1}(k+1) = s l_i(E) x_i(k),\ i=1,2,3 \tag{1.2.15}$$

$$x_1(k+1) = \frac{1.22 \times 10^{11}}{1.22 \times 10^{11} + x_0(k)} x_0(k) \tag{1.2.16}$$

$$x_0(k+1) = \frac{A}{2} s^\tau l_3(E) x_3(k+\tau) + A s^\tau l_4(E) x_4(k+\tau) \tag{1.2.17}$$

其中，$s = \mathrm{e}^{-r} = 0.4493, l_1(E) = l_2(E) = 1, l_3(E) = \mathrm{e}^{-0.42\tau E}, l_4(E) = \mathrm{e}^{-\tau E}$。

(2)捕捞量

单位时间对 i 龄鱼的捕捞量(条数)为

$$y_i(t) = q_i(E) x_i(t),\quad k \leqslant t \leqslant k+\tau$$

因此，第 k 年全年(前 8 个月)对 i 龄鱼的捕捞量(条数)为

$$Y_i(k) = \int_0^\tau y_i(t)\mathrm{d}t = \int_0^\tau q_i(E) x_i(t)\mathrm{d}t = \frac{q_i(E)}{r + q_i(E)}(1 - s^\tau l_i(E)) x_i(k)$$

于是，第 k 年全年总捕捞量(质量)为

$$W(k) = w_3 Y_3(k) + w_4 Y_4(k)$$

(3)可持续性捕捞模型

可持续性捕捞，即意味着由于自然死亡和捕捞使鱼群的数量减少，但通过产卵繁殖补充，使得鱼群数量能够在每年开始捕捞时保持不变，这样的捕捞策略就可以年复一年地一直持续下去。因此，可持续捕捞的鱼群数量应是方程(1.2.15)～(1.2.17)的平衡解，即模型不依赖于时间 t 的解，记平衡解为 $x_i^*(i=0,1,2,3,4)$。于是由方程(1.2.15)～(1.2.17)，得

$$x_{i+1}^* = s l_i(E) x_i^*, i=1,2,3$$

即

$$\begin{cases} x_2^* = sx_1^*, x_3^* = sx_2^* = s^2 x_1^*, x_4^* = sl_3(E)x_3^* = s^3 l_3(E)x_1^* \\ x_1^* = \dfrac{bx_0^*}{b + x_0^*}, x_0^* = \dfrac{A}{2} s^\tau l_3(E)x_3^* + Al_4(E)x_4^* \end{cases}$$

这里，$b = 1.22 \times 10^{11}$。这实际上是一个代数方程组，易得

$$x_1^* = b\left(1 - \frac{1}{B(E)}\right)$$

$$x_2^* = sb\left(1 - \frac{1}{B(E)}\right)$$

$$x_3^* = s^2 b\left(1 - \frac{1}{B(E)}\right)$$

$$x_4^* = s^3 l_i(E)b\left(1 - \frac{1}{B(E)}\right)$$

其中，$B(E) = \left[\dfrac{1}{2} + sl_4(E)\right]As^{\frac{8}{3}}l_3(E)$。

当 $B(E) \leqslant 1$ 时，$x_1^* \leqslant 0$，这意味着捕捞过度，可致使鱼群灭绝。当 $B(E) = 1$ 时，$E = E_0 = 31.4$，称为过度捕捞努力量，因此，可以在 $E < E_0$ 的范围内寻找最优捕捞策略。

在可持续性捕捞策略的条件下，对 i 龄鱼的全年捕捞量（条数）为

$$Y_i = \frac{q_i(E)}{r + q_i(E)}(1 - s^\tau l_i(E))x_i^*, i = 3, 4$$

整个鱼群的全年捕捞量（质量）为

$$\begin{aligned} Y(E) &= w_3 Y_3 + w_4 Y_4 \\ &= \left[\frac{0.42 w_3(1 - s^\tau l_3(E))}{r + 0.42E} + \frac{w_4(1 - s^\tau l_4(E))sl_3(E)}{r + E}\right] \cdot Es^2 b\left(1 - \frac{1}{B(E)}\right) \end{aligned}$$

这就得到了年捕捞量和努力量 E 的关系，由计算机求解可得，在可持续性捕捞策略的前提下有最大收获捕捞量的捕捞努力量为 $E^* \approx 17.36$，最大年捕捞量为 $Y^* = Y^*(E) \approx 38.87$ 万吨。

各龄鱼的数量（条数）为

$$x_1^* = 119601343172, x_2^* = 53740347635, x_3^* = 24147094734, x_4^* = 84025418$$

各龄鱼的捕捞率 $\left(c_i = \dfrac{Y_i}{x_i^*}\right)$ 为

$$c_1 = c_2 = 0, \ c_3 = 89.70\%, \ c_4 = 95.59\%$$

4. 模型的结果分析

(1) 如果没有假设(6)，或改为 4 龄鱼以上仍为 4 龄鱼，则(1.2.12)应改为

$$x_4(k+1) = x_{3+}(k+1) + x_{4+}(k+1)$$

其讨论类似，但要复杂一些。

(2) 假设(4)关于产卵时间的分布问题，由于未给出这方面的信息，因此所作的假设完全是为了简化问题。如果假设产卵是在后 4 个月内均匀分布，则问题会复杂一些，而且不太符合实际。

1.3 灰色系统分析方法

现代科学技术在高度分化的基础上又显现了高度综合的大趋势，导致了具有方法论意义的系统科学学科群的出现。系统科学揭示了事物之间更为深刻、更具本质性的内在联系，大大促进了科学技术的整体化进程；许多科学领域中长期难以解决的复杂问题随着系统科学新学科的出现迎刃而解；人们对自然界和客观事物演化规律的认识也由于系统科学新学科的出现而逐步深化。20 世纪 40 年代末诞生的系统论、信息论、控制论，产生于 20 世纪 60 年代末、70 年代初的耗散结构理论、协同学、突变论、分形理论以及 70 年代中后期相继出现的超循环理论、动力系统理论、泛系理论等都是具有横向性、交叉性的系统科学新学科。

在非线性系统研究中，由于内外扰动的存在和认识水平的局限，人们所得到的信息往往带有某种不确定性。随着科学技术的发展和人类社会的进步，人们对各类系统不确定性的认识逐步深化，不确定性系统的研究也日益深入。20 世纪后半叶，在系统科学和系统工程领域，各种不确定性系统理论和方法的不断涌现形成一大景观。如扎德(Zadeh)教授于 20 世纪 60 年代创立的模糊数学，帕拉克(Pawlak)教授于 80 年代创立的粗糙集理论(Rough Sets Theory)和王光远教授于 90 年代创立的未确知数学等，都是不确定性系统研究的重要成果。这些成果从不同角度、不同侧面论述了描述和处理各类不确定性信息的理论和方法。

1982 年，《Communications on System and Control》杂志刊载了我国学者邓聚龙教授的第一篇灰色系统论文"灰色系统的控制问题"；同年，《华中工学院学报》刊载了他的第一篇中文灰色系统论文《灰色控制系统》。这两篇开创性论文的公开发表，标志着灰色系统理论的问世。

1.3.1 灰色系统分析的基本概念

"黑"表示信息的完全缺乏，"白"表示信息的充分与完整，而介于之间的"灰"

则表示信息不完全、不充分与非唯一。具有灰特征的信息称为灰信息，而具有灰信息的系统称为灰色系统。一个系统的信息不完全有下列四种情况：①系统的元素，或者参数方面的信息不完全；②系统的结构或关系的信息不完全；③系统的运行或功能结果的信息不完全；④系统与环境边界的信息不完全。1996 年，邓聚龙教授指出："灰色系统以研究'少数据不确定'（即由于数据-信息少而导致不确定）为己任。它不同于研究'大样本不确定'的概率论与数理统计，也不同于研究'认知不确定'的模糊集理论"。

定义 1.3.1　系统是客观世界普遍存在的一种物质运动形式，它和运动性一样，是物质存在的一种根本属性。

定义 1.3.2　灰色系统是指"部分信息已知，部分信息未知"的"小样本"，"贫信息"的不确定系统，它通过对"部分"已知信息的生成、开发去了解、认识世界，实现对系统运行行为和演化规律的正确把握和描述。

灰色系统模型的特点是对试验观测数据及其分布没有特殊的要求和限制，是一种十分简便的新理论，具有十分宽广的应用领域。

灰色系统理论认为：尽管客观系统表象复杂，数据离乱，但它总是有整体功能的，总是有序的，对原始数据作累加处理后，便出现了明显的指数规律。这是由于大多数系统是广义的能量系统，而指数规律便是能量变化的一种规律。

灰色系统理论认为任何随机过程都是一定幅度值范围、一定时区内变化的灰色量，所以随机过程是一个灰色过程。在处理手法上，灰色过程是通过对原始数据的整理来寻找数的规律，这被称为数的生成。

1.3.2　灰色生成

将原始数据列中的数据，按某种要求作数据处理称为生成。客观世界尽管复杂，表述其行为的数据可能是杂乱无章的，然而它必然是有序的，都存在着某种内在规律，不过这些规律被纷繁复杂的现象所掩盖，人们很难直接从原始数据中找到某种内在的规律。对原始数据的生成就是企图从杂乱无章的现象中去发现内在规律。

常用的灰色系统生成方式有：累加生成、累减生成、均值生成、级比生成等，下面对这几种生成做简单介绍。

1）累加生成

累加生成，即通过数列间各时刻数据的依次累加以得到新的数据与数列。累加前的数列称原始数列，累加后的数列称为生成数列。累加生成是使灰色过程由灰变白的一种方法，它在灰色系统理论中占有极其重要的地位，通过累加生成可以看出灰量积累过程的发展态势，使离乱的原始数据中蕴含的积分特性或规律加以显化。累加生成能使任意非负数列、摆动的与非摆动的，转化为非减的、递增的数列，是对原始数据列中各时刻的数据依次累加，从而生成新的序列的一种手段。

设有如下非负数据序列 $x^{(0)} = [x^{(0)}(1), x^{(0)}(2), \cdots, x^{(0)}(n)]$ 为原始序列，记生成数为 $x^{(1)} = [x^{(1)}(1), x^{(1)}(2), \cdots, x^{(1)}(n)]$，如果 $x^{(0)}, x^{(1)}$ 满足如下关系：$x^{(1)}(k) = \sum_{i=1}^{k} x^{(0)}(i)$，这里 $k = 1, 2, \cdots, n$，则称为一次累加生成，记为 $1-\text{AGO}$。

进一步，r 次累加生成有下述关系：$x^{(r)}(k) = \sum_{i=1}^{k} x^{(r-1)}(i) = x^{(r-1)}(k-1) + x^{(r-1)}(k)$。

2）累减生成

累减生成，即对数列求相邻两数据的差，累减生成是累加生成的逆运算，常简记为 IAGO，累减生成可将累加生成还原为非生成数列，在建模过程中用来获得增量信息，运算符号为 Δ。

令 $x^{(r)}$ 为 r 次生成数列，对 $x^{(r)}$ 作 i 次累减生成记为 $\Delta^{(i)}$，其基本关系式为

$$\Delta^{(0)}[x^{(r)}(k)] = x^{(r)}(k)$$

$$\Delta^{(1)}[x^{(r)}(k)] = \Delta^{(0)}[x^{(r)}(k)] - \Delta^{(0)}[x^{(r)}(k-1)]$$

$$\Delta^{(2)}[x^{(r)}(k)] = \Delta^{(1)}[x^{(r)}(k)] - \Delta^{(1)}[x^{(r)}(k-1)]$$

$$\cdots$$

$$\Delta^{(i)}[x^{(r)}(k)] = \Delta^{(i-1)}[x^{(r)}(k)] - \Delta^{(i-1)}[x^{(r)}(k-1)]$$

式中，$\Delta^{(0)}(0)$ 为 0 次累减，即无累减；$\Delta^{(1)}(0)$ 为 1 次累减，即 $k-1$ 与 k 时刻两个零次累减量求差；$\Delta^{(i)}(0)$ 为 i 次累减，即 $k-1$ 与 k 时刻两个 $i-1$ 次累减量求差。

3）均值生成

均值生成分为邻均值生成与非邻均值生成两种。

所谓邻均值生成，就是对于等时距的数列用相邻数据的平均值构造新的数据。即若原始数列 $X = \{x(1), x(2), \cdots, x(n)\}$，记 k 点的生成值为 $z(k)$，且 $z(k) = 0.5x(k) + 0.5x(k-1)$，则称 $z(k)$ 为邻均值生成数，显然，这种生成是相邻值的等权生成。

所谓非邻均值生成，就是对于非等时距的数列，或虽为等时距数列，但剔除异常值之后出现空穴的数据，用空穴两边的数据求平均值构造新的数据以填补空穴，即若存在原始数据

$$X = [x(1), x(2), \cdots, \varphi(k), x(k+1), \cdots, x(n)]$$

这里 $\varphi(k)$ 为空穴数据，记 k 点的生成值为 $z(k)$，且 $z(k) = 0.5x(k-1) + 0.5x(k+1)$，则称 $z(k)$ 为非邻均值生成数，显然，这种生成是空穴前后信息的等权生成。

4）级比生成

级比生成是一种常用的填补序列端点空穴的方法。对数列端点值的生成，我们无法采用均值生成填补空缺，只能采用级比生成。级比生成在建模中可以获得较好的灰指数律。级比生成是级比 $\sigma(k)$ 与光滑比 $\rho(k)$ 生成的总称。

设序列 $X^{(0)} = [x^{(0)}(1), x^{(0)}(2), \cdots, x^{(0)}(n)]$ 为原始序列，称 $\sigma(k)$ 为级比，$\rho(k)$ 为光滑比，其表达式分别为 $\sigma(k) = x^{(0)}(k) / x^{(0)}(k-1), \rho(k) = x^{(0)}(k) / x^{(1)}(k-1)$。

设 $X^{(0)} = [\varphi(1), x^{(0)}(2), \cdots, x^{(0)}(n-1), \varphi(n)]$ 为端点是空穴的序列，若用 $\varphi(1)$ 右邻的级比生成 $x^{(0)}(1)$，用 $\varphi(n)$ 的左邻级比生成 $x^{(0)}(n)$，则称 $x^{(0)}(1)$ 和 $x^{(0)}(n)$ 为级比生成。

1.3.3　灰色模型

正如前面所述，在现实世界中，人们把信息分为三种：黑、白和灰。我们习惯用"黑"表示信息未知，用"白"表示信息完全已知，用"灰"表示部分信息已知、部分信息不明确。相应地，信息完全明确的系统称为白色系统，信息未知的系统称为黑色系统，部分信息已知、部分信息明确、部分信息不明确的系统称为灰色系统。灰色系统理论是一种研究少数据、贫信息不确定性问题的新方法。它以"部分信息已知，部分信息未知"的小样本、贫信息不确定性系统为研究对象，主要通过对部分已知信息的生成、开发和提取有价值的信息，实现对系统发展演化规律的描述与控制。而灰色系统理论中的灰色预测理论是其重要内容，它将系统看成一个随时间变化而变化的函数。在建模时，只需要少量的时间序列数据（四个数据）就能够取得较好的预测效果，达到较高的预测精度。灰色预测模型最突出的特点是在"贫"信息的情况下能获得较好的控制预测效果。在灰色系统理论中，称抽象系统的逆过程为灰色模型（Grey Model，GM）。它是根据关联度、生成数灰导数、灰微分等观点和一系列数学方法建立起连续性微分方程。

1.3.3.1　GM(1,1)模型

GM(1,1)是最常用、最简单的一种灰色模型，它是由一个只包含单变量的微分方程构成的模型。具体的建模过程如下：

设有如下非负原始数据序列 $x^{(0)} = \{x^{(0)}(1), x^{(0)}(2), \cdots, x^{(0)}(n)\}$，对序列 $x^{(0)}$ 作一次累加（1-AGO），得到如下序列 $x^{(1)} = \{x^{(1)}(1), x^{(1)}(2), \cdots, x^{(1)}(n)\}$，其中 $x^{(1)}(k) = \sum_{i=1}^{k} x^{(0)}(i)$，则 GM(1,1)微分方程为 $\dfrac{dx^{(1)}}{dt} + ax^{(1)} = b$，GM(1,1)模型白化方程也称为影子方程，公式如下：$x^{(0)}(k) + az^{(1)}(k) = b$，其中 $k = 2, 3, \cdots, n$，而 $z^{(1)}(k)$ 为 $x^{(1)}$ 的紧邻均值生成序列，也称为背景值，其计算方法为 $z^{(1)}(k+1) = \dfrac{1}{2}(x^{(1)}(k) + x^{(1)}(k+1))$，其中 $k = 1, 2, \cdots, n-1$。

具体来说：

(1)符号 GM(1,1)的含义，G(Grey)灰色，M(Model)模型，(1,1)一元一阶方程。符号 GM(1,1)完整的含义是只含一个变量的一阶灰色模型。

(2)称模型中参数 $-a$ 为发展系数，$-a$ 反映了 $\hat{x}^{(1)}$ 和 $\hat{x}^{(0)}$ 的发展态势。如果 a 为负

数，那么态势发展是增长的；如果 a 为正数，那么态势发展是衰减的。

（3）b 称为灰色作用量。作为一个系统，它的作用量应是外加的或者预先定的。而 GM(1,1) 模型是单序列模型，只与系统的行为序列有关，而无外部作用序列。作用量 b 是从背景值挖掘的数据，它反映数据变化的关系，它的内容和确切内涵是灰的。

用矩阵形式也可将影子方程表示为

$$\begin{bmatrix} x^{(0)}(2) \\ x^{(0)}(3) \\ \vdots \\ x^{(0)}(n) \end{bmatrix} = \begin{bmatrix} -z_n^{(0)}(2),1 \\ -z_n^{(0)}(3),1 \\ \vdots \\ -z_n^{(0)}(n),1 \end{bmatrix} [a,b]^\top$$

设 $y_n = [x^{(0)}(2), x^{(0)}(3), \ldots, x^{(0)}(n)]^\top$，$\mu = [a,b]^\top$，且 $B = \begin{bmatrix} -z_n^{(0)}(2),1 \\ -z_n^{(0)}(3),1 \\ \vdots \\ -z_n^{(0)}(n),1 \end{bmatrix}$，其中，$\mu$ 是

未辨识参数向量，a，b 为未辨识常数，即：$y_n = B\mu$，则未辨识参数向量由最小二乘法得到

$$\mu = (B^\top B)^{-1} B^\top y_n$$

模型的时间响应序列由下式得到

$$\hat{x}^{(1)}(k+1) = \left(x^{(0)}(1) - \frac{b}{a} \right) \mathrm{e}^{-ak} + \frac{b}{a}$$

原始数据 $x^{(0)}(k+1)$ 的预测值 $\hat{x}^{(0)}(k+1)$ 为

$$\hat{x}^{(0)}(k+1) = \hat{x}^{(1)}(k+1) - \hat{x}^{(1)}(k)$$

最后，对得到的拟合预测值进行如下相对误差检验，则

$$\varepsilon(k) = \frac{\left| x^{(0)}(k) - \hat{x}^{(0)}(k) \right|}{x^{(0)}(k)} \times 100\%$$

1.3.3.2　GM(1,N) 模型

GM(1,N) 模型是由 N 个变量组成的一阶线性动态模型，其建模过程为：

（1）设 $x_1^{(0)} = \{x_1^{(0)}(1), x_1^{(0)}(2), \cdots, x_1^{(0)}(n)\}$ 为特征序列，而

$$x_2^{(0)} = \{x_2^{(0)}(1), x_2^{(0)}(2), \cdots, x_2^{(0)}(n)\}$$
$$x_3^{(0)} = \{x_3^{(0)}(1), x_3^{(0)}(2), \cdots, x_3^{(0)}(3)\}$$
$$\cdots$$
$$x_N^{(0)} = \{x_N^{(0)}(1), x_N^{(0)}(2), \cdots, x_N^{(0)}(3)\}$$

为相关因素序列。

(2) 取 $x_i^{(1)} = \{x_i^{(1)}(1), x_i^{(1)}(2), \cdots, x_i^{(1)}(n)\}$ 为 $x_i^{(0)}$ 的 1-AGO 序列，这里 $i = 1, 2, \cdots, N$，且有表达式 $x_i^{(1)}(k) = \sum_{i=1}^{k} x_i^{(0)}(i)$。

(3) 取 $x_1^{(1)}$ 的紧邻均值生成序列 $z_1^{(1)} = \{z_1^{(1)}(2), z_1^{(1)}(3), \cdots, z_1^{(1)}(n)\}$，计算方法为 $z_1^{(1)}(k) = \frac{1}{2}(x_1^{(1)}(k) + x_1^{(1)}(k-1))$，则称 $x_1^{(0)}(k) + a z_1^{(1)}(k) = \sum_{i=2}^{N} b_i x_i^{(1)}(k)$ 为 GM $(1, N)$ 模型，其中 $k = 1, 2, \cdots, n-1$。

(4) 求解函数。取 $B = \begin{bmatrix} -z_1^{(1)}(2) & x_2^{(1)}(2) & \cdots & x_N^{(1)}(2) \\ -z_1^{(1)}(3) & x_2^{(1)}(3) & \cdots & x_N^{(1)}(3) \\ \cdots & \cdots & \cdots & \cdots \\ -z_1^{(1)}(n) & x_2^{(1)}(n) & \cdots & x_N^{(1)}(n) \end{bmatrix}$，$Y = \begin{bmatrix} x_1^{(0)}(2) \\ x_1^{(0)}(3) \\ \cdots \\ x_1^{(0)}(n) \end{bmatrix}$，那么参数序列 $[a, b_2, \cdots, b_N]^{\top} = (B^{\top} B)^{-1} BY$。而模型的时间响应序列由下式得到

$$x_1^{(1)}(k+1) = x_i^{(0)}(0) - \frac{1}{a} \sum_{i=2}^{N} b_i x_i^{(1)}(k+1) \mathrm{e}^{-ak} + \frac{1}{a} \sum_{i=2}^{N} b_i x_i^{(1)}(k+1)$$

通过累减生成得到预测值 $x_1^{(0)}(k+1) = x_1^{(1)}(k+1) - x_1^{(1)}(k)$。

1.3.4 灰色关联分析

灰色关联度分析(Grey Relational Analysis)是灰色系统理论提出的概念。对各子系统进行灰色关联度分析，就是设法通过某些方法，去寻求系统中各子系统或因素之间的数值关系。简而言之，灰色关联度分析的意义是指：在系统发展过程中，如果两个因素同步变化程度较高，即变化态势一致，那么就可以认为两者关联度较大；如果两个因素同步变化程度较低，则可认为两者关联度较小。

灰色关联度具体步骤如下：

1)指标的数列均值化

由于各原始序列的量纲往往不一致，指标值的数量级也差别很大，为了使各因素之间具有可比性，需对原始数据进行无量纲化，无数量级的处理，以便比较不同量纲和不同数量级的各个因素，可以采用数据均值化方法，即先分别求出各个指标的原始数据的平均值，再用均值去除对应指标的每个数据，便得到新的数据。标准化后各变量的平均值都为 1，标准差为原始变量的变异系数。

2)关联系数的计算

设比较序列(即子序列)为 $x_i = \{x_i(1), x_i(2), \cdots, x_i(l)\}, i = 1, 2, \cdots, n$，那么参考数据列确定的原则是：它的各项元素是从诸指标数据列里选出一个最佳者，从而组成了最

优参考数据列，即母序列 $x_0 = \{x_0(1), x_0(2), \cdots, x_0(l)\}$，其中，$x_0(l) = \max\limits_{1 \leqslant i \leqslant n} \{x_i(l)\}$，则参考数列 $x_0(k)$ 和比较数列 $x_i(k)$ 在 k 时刻的关联系数为关联系数 $\xi_{0i}(k)$，即

$$\xi_{0i}(k) = \frac{\min\limits_{i}\min\limits_{k}|x_0(k) - x_i(k)| + \xi \max\limits_{i}\max\limits_{k}|x_0(k) - x_i(k)|}{|x_0(k) - x_i(k)| + \xi \max\limits_{i}\max\limits_{k}|x_0(k) - x_i(k)|}$$

其中，ξ 称为分辨率系数，是为了削弱最大绝对差值因过大而失真的影响，以提高关联系数之间的差异显著性，它在 0 与 1 之间选取，通常取值为 0.5。

3) 关联度的计算

由于关联系数的数目很多，显得信息过于分散，不便于比较。为此，将关联系数集中为一个值，并用其平均值作为关联程度的表现。因此参考数列 $x_0(k)$ 和比较数列 $x_i(k)$ 的关联度为 $r_{0i} = \dfrac{1}{l}\sum\limits_{k=1}^{l} \xi_{0i}(k)$。

4) 权重的计算

汇总各关联度的值，根据不同指标的关联度的大小分配指标权重，各指标对应的权重为

$$\omega_i = \frac{r_{0i}}{\sum\limits_{i=1}^{n} r_{0i}}$$

5) 综合度量指标的计算

按加权平均计算模型有如下公式：$v_i = \sum\limits_{k=1}^{l} w_k x_i(k), i = 1, 2, \cdots, n$。于是得到第 i 个参评对象的综合度量指标值。

1.3.5　应用分析

2010 年上海世博会是首次在中国举办的世界博览会。从 1851 年伦敦的"万国工业博览会"开始，世博会正日益成为各国人民交流历史文化、展示科技成果、体现合作精神、展望未来发展等的重要舞台。本小节通过建立数学模型，利用互联网数据，定量评估 2010 年上海世博会的影响力。

为了评估世博会对上海经济的影响，确定了衡量经济的六个主要指标：轻工业生产总值、重工业生产总值、全社会固定资产投资总额、社会消费品零售总额、上海进出口商品总额、外商直接投资。并用灰色综合评价法对这六个指标进行综合，得到度量年度(和月度)经济整体状况的经济综合指标，并以此作为比较世博会对上海经济状况差异、衡量经济发展的主要依据。

从上海统计局网站上搜集到了 1997—2009 年的年度数据。按照灰色 GM(1,1) 模型预测法，以 1997—2004 年的数据作为样本来预测 2005—2009 年各指标的预测值。以外商直接投资这一指标为例，令 GM(1,1) 建模的原始序列为

$$X^{(0)} = [48.65, 53.60, 58.36, 63.86, 65.80, 69.98, 81.01, 95.60]$$

则累加序列为

$$X^{(1)} = [48.65, 102.25, 160.61, 224.47, 290.27, 360.25, 441.26, 536.86]$$

那么紧邻均值生成序列为

$$Z^{(1)} = [74.45, 131.43, 192.54, 257.37, 325.26, 400.75, 489.06]$$

由模型计算出发展系数与灰色作用量为 $a = -0.0942, b = 44.5433$。

最终预测结果为

$$\hat{X}^{(0)} = [48.65, 53.6, 56.61, 62.20, 68.35, 75.11, 82.53, 90.68$$
$$99.64, 110.26, 122.47, 136.66, 154.47]$$

其他几项指标可按同样的过程得到预测值。

对于预测的可靠性检验，可以采用关联度检验法。预测值与实际值的关联度越大，则说明预测越可靠。记实际的指标值序列为 $x_0 = [x_{01}, x_{02}, \cdots, x_{0n}]$。预测的指标值序列为 $x_1 = [x_{11}, x_{12}, \cdots, x_{1n}]$，则相应的关联系数的定义可以取为

$$\xi_{0i}(k) = \frac{\min\limits_{i}\min\limits_{k}|x_0(k) - x_i(k)| + \xi \max\limits_{i}\max\limits_{k}|x_0(k) - x_i(k)|}{|x_0(k) - x_i(k)| + \xi \max\limits_{i}\max\limits_{k}|x_0(k) - x_i(k)|}$$

对应的关联度可以定义为 $r_{0i} = \dfrac{1}{l}\sum\limits_{k=1}^{l}\xi_{0i}(k)$。根据经验，关联度大于 0.6 则可以认为预测是比较可靠的。事实上，数据得到的最低的关联度也达到了 0.6884，有三个关联度超过了 0.9，可以认为预测效果是非常好的。

这样，最后可以计算得出经济综合指标的预测值和实际值，并把"影响幅度"定义为

$$影响幅度 = \frac{经济真实值 - 经济预测值}{经济真实值}$$

那么就可以以"影响幅度"来度量世博会对上海经济的影响。可以看到实际指标值都高于预测值，并且随着时间推移，实际值与预测值的相差也就越大。这证明世博会的筹办对提高上海的经济综合指标的作用是显著的。

1.4　遗　传　算　法

遗传算法(Genetic Algorithm)是一类借鉴生物界的进化规律(适者生存,优胜劣汰遗传机制)演化而来的随机化搜索方法。其概念最早是由巴格利(Bagley)在1967 年提出,而开始遗传算法的理论和方法的系统性研究则是由美国的霍兰德(J.Holland)教授 1975 年首先提出,其主要特点是直接对结构对象进行操作,不存在求导和函数连续性的限定;具有内在的隐并行性和更好的全局寻优能力;采用概率化的寻优方法,能自动获取和指导优化的搜索空间,自适应地调整搜索方向,不需要确定的规则。遗传算法的这些性质,已被人们广泛地应用于组合优化、机器学习、信号处理、自适应控制和人工生命等领域,是现代有关智能计算中的关键技术。

本节从遗传算法的生物学基础谈起,介绍遗传算法的基本思想和基本原理以及遗传算法的应用领域。

1.4.1　遗传算法的生物学基础

生物在自然界中的生存繁衍,显示出了其对自然环境的自适应能力。受其启发,人们致力于对生物各种生存特性的机理研究和行为模拟,为人工自适应系统的设计和开发提供了广阔的前景。遗传算法(Genetic Algorithms,GA)就是这种生物行为的计算机模拟中令人瞩目的重要成果。基于对生物遗传和进化过程的计算机模拟,遗传算法使得各种人工系统具有优良的自适应能力和优化能力。

遗传算法所借鉴的生物学基础就是生物的遗传和进化。

1. 遗传与变异

生物的亲代能产生与自己相似的后代的现象叫作遗传(Heredity),遗传物质的基础是脱氧核糖核酸(DNA),亲代将自己的遗传物质 DNA 传递给子代,而且遗传的性状和物种保持相对的稳定性。

只是,亲代与子代之间、子代的个体之间,是绝对不会完全相同的,也就是说,总是或多或少地存在着差异,这种现象叫变异(genetic variation)。

简单地说,遗传是指亲子间的相似性,变异是指亲子间和子代个体间的差异。生物的遗传和变异是通过生殖和发育而实现的。

构成生物的基本结构和功能的单位是细胞(Cell),细胞中含有的一种微小的丝状化合物称为染色体(Chromosome),生物的所有遗传信息都包含在这个复杂而又微小的染色体中。

经过生物学家的研究,控制并决定生物遗传性状的染色体主要是由一种叫作脱氧核糖核酸(DNA)的物质所构成。DNA 在染色体中有规则地排列着,它是个大分子的有机聚合物,其基本结构单位是核苷酸,许多核苷酸通过磷酸二酯键相结合形成一个长长的链状结构,两个链状结构再通过碱基间的氢键有规律地扭合在一起,相互卷曲起来形成一种双螺旋结构。基因(Gene)就是 DNA 长链结构中有遗传效应的 DNA 片段,是控制生物性状的基本遗传单位。遗传信息是由基因(Gene)组成的,生物的各种性状由其相应的基因所控制。基因是遗传的基本单位,细胞通过分裂具有自我复制的能力,在细胞分裂的过程中,其遗传基因也同时被复制到下一代,从而其性状也被下一代所继承。

遗传基因在染色体中所占据的位置称为基因座(Locus);同一基因座可能有的全部基因称为等位基因(Allele);某种生物所特有的基因及其构成形式称为该生物的基因型(Genotype);而该生物在环境中呈现出的相应的性状称为该生物的表现型(Phenotype);一个细胞核中所有染色体所携带的遗传信息的全体称为一个基因组(Genome)。

生物的进化过程主要是通过染色体的交叉和变异来完成的,从父代 $P(t)$ 产生下一代 $P(t+1)$ 主要通过选择(复制)、交叉、变异操作来实现。选择操作根据个体的适应度决定遗传到下一代的个体;交叉操作随机搭配群体内的个体以某个概率交换他们的部分染色体,得到新的个体;变异操作就是对于群体内的每个个体,以某个概率改变基因座上的基因值为其他等位基因,从而产生新的个体。

生物的主要遗传方式是选择。遗传过程中,父代的遗传物质 DNA 被复制到子代。即细胞在分裂时,遗传物质 DNA 通过复制(Reproduction)而转移到新生的细胞中,新细胞就继承了旧细胞的基因。

有性生殖生物在繁殖下一代时,两个同源染色体之间通过交叉(Crossover)而重组,亦即在两个染色体的某一相同位置处 DNA 被切断,其前后两串分别交叉组合而形成两个新的染色体。

在进行细胞复制时,虽然概率很小,仅仅有可能产生某些复制差错,从而使 DNA 发生某种变异(Mutation),产生出新的染色体。这些新的染色体表现出新的性状。

如此这般,遗传基因或染色体在遗传的过程中由于各种各样的原因而发生变化。

2. 进化

地球上的生物,都是经过长期进化而形成的。根据达尔文的自然选择学说,地球上的生物具有很强的繁殖能力。在繁殖过程中,大多数生物通过遗传,使物种保持相似的后代;部分生物由于变异,后代具有明显差别,甚至形成新物种。正是由于生物的不断繁殖,生物数目大量增加,而自然界中生物赖以生存的资源却是有限的。因此,为了生存,生物就需要竞争。生物在生存竞争中,根据对环境的适应能力,适者生存,不适者消亡。自然界中的生物,就是根据这种优胜劣汰的原则,不断地进行进化。

生物的进化是以集团的形式共同进行的，这样的一个团体称为群体（Population），或称为种群。组成群体的单个生物称为个体（Individual），每一个个体对其生存环境都有不同的适应能力，这种适应能力称为个体的适应度（Fitness）。

3. 遗传与进化的系统观

虽然人们还未完全揭开遗传与进化的奥秘，既没有完全掌握其机制、也不完全清楚染色体编码和译码过程的细节，更不完全了解其控制方式，但遗传与进化的以下几个特点却为人们所共识：

（1）生物的所有遗传信息都包含在其染色体中，染色体决定了生物的性状；

（2）染色体是由基因及其有规律的排列所构成的，遗传和进化过程发生在染色体上；

（3）生物的繁殖过程是由其基因的复制过程来完成的；

（4）通过同源染色体之间的交叉或染色体的变异会产生新的物种，使生物呈现新的性状；

（5）对环境适应性好的基因或染色体经常比适应性差的基因或染色体有更多的机会遗传到下一代。

1.4.2　遗传算法的基本概念

遗传算法是近几年发展起来的一种崭新的全局优化算法，其基本思想是基于达尔文（Darwin）进化论和孟德尔（Mendel）的遗传学说理论。

达尔文进化论最重要的思想是适者生存原理。适者生存原理认为每一物种在发展中越来越适应环境。物种每个个体的基本特征由后代所继承，但后代又会产生一些异于父代的新变化。在环境变化时，只有那些能适应环境的个体特征方能保留下来。

孟德尔遗传学说最重要的是基因遗传原理。基因遗传原理认为遗传以密码方式存在细胞中，并以基因形式包含在染色体内。每个基因有特殊的位置并控制某种特殊性质；所以，每个基因产生的个体对环境具有某种适应性。基因突变和基因杂交可产生更适应于环境的后代。经过存优去劣的自然淘汰，适应性高的基因结构得以保存下来。

1962 年霍兰德（Holland）教授首次提出了 GA 算法的思想，它借用了仿真生物遗传学和自然选择机理，通过自然选择、遗传、变异等作用机制，实现个体的适应性的提高。从某种程度上说遗传算法是对生物进化过程进行的数学方式仿真。这一点体现了自然界中"物竞天择、适者生存"进化过程。与自然界相似，遗传算法对求解问题的本身一无所知，它所需要的仅是对算法所产生的每个染色体进行评价，把问题的解表示成染色体，并基于适应值来选择染色体，使适应性好的染色体有更多的繁殖机会，在算法中它是以二进制编码的串。在执行遗传算法之前，给出一群染色体，也就是假设解；然后，把这些假设解置于问题的"环境"中，即一个适应度函数中来评价。并按适者生存的原则，从中选择出较适应环境的染色体进行复制，淘汰低适应度的个体，再通过交叉变异过程产生更适应环境的新一代染色体群。对这个新种群进行下一轮进化，直到生成最适合环境的值。霍兰德教授所提出的 GA 通常为简单遗传算法(simple genetic algorithm，SGA)。

1. 遗传算法概要

对于一个求函数最大值的优化问题(求最小值也类同)，一般可描述为下述数学规划模型

$$\begin{cases} \min f(x) \\ \text{s.t.} x \in R \\ R \subset U \end{cases}$$

其中，$x = (x_1, x_2, \cdots, x_n)^\top$ 为决策变量，$f(x)$ 为目标函数，决策变量所满足的条件为约束条件，U 是基本空间，R 是 U 的一个子集。满足约束条件的解 x 称为可行解；集合 R 表示由所有满足约束条件的解所组成的一个集合，叫作可行解集合。

对于上述最优化问题，目标函数和约束条件种类繁多，有的是线性的，有的是非线性的；有的是连续的，有的是离散的；有的是单峰值的，有的是多峰值的。随着研究的深入，人们逐渐认识到在很多复杂情况下要想完全精确地求出其最优解既不可能，也不现实，因而求出其近似最优解或满意解是人们的主要着眼点之一。

总的来说，求最优解或近似最优解的方法主要有三种：枚举法、启发式算法和搜索算法。

随着问题种类的不同，以及问题规模的扩大，要寻求到一种能以有限的代价来解决上述最优化问题的通用方法仍是个难题。而遗传算法却为我们解决这类问题提供了一个有效的途径和通用框架，开创了一种新的全局优化搜索算法。

遗传算法中，将 n 维决策向量 $x = (x_1, x_2, \cdots, x_n)^\top$ 用 n 个记号 $x_i (i = 1, 2, \cdots, n)$ 所组成的符号串 x 来表示

$$x = x_1 x_2 \cdots x_n \rightarrow x = (x_1, x_2, \cdots, x_n)^\top$$

把每一个 x_i 看作一个遗传基因，这样 x 就可看作是由 n 个遗传基因所组成的一个染色体。这里的等位基因可以是一组整数，也可以是某一范围内的实数值，或者是纯粹的一个记号。最简单的等位基因是由 0 和 1 这两个整数组成的，相应的染色体就

可表示为一个二进制符号串。

这种编码所形成的排列形式 x 是个体的基因型,与它对应 x 值是个体的表现型。对于每一个个体 X,要按照一定的规则确定其适应度,个体的适应度与其对应的个体表现型 X 的目标函数值相关联,X 越接近于目标函数的最优点,其适应度越大;反之,其适应度越小。遗传算法中,决策变量 x 组成了问题的解空间。对问题最优解的搜索是通过对染色体 x 的搜索过程来进行的。从而所有的染色体 x 就组成了问题的搜索空间。

生物的进化是以集团为主体的。与此相对应,遗传算法的运算对象是由 M 个个体所组成的集合,称为群体(或称种群)。与生物一代一代的自然进化过程相类似,遗传算法的运算过程也是一个反复迭代过程:

第 t 代群体记做 $P(t)$,经过一代遗传和进化后,得到 $t+1$ 代群体,记做 $P(t+1)$,这个群体不断地经过遗传和进化操作,并且每次都按照优胜劣汰的规则将适应度较高的个体更多地遗传到下一代,这样最终在群体中将会得到一个优良的个体 x,它所对应的表现型 x 将达到或接近于问题的最优解 x^*。

2. 遗传算法的运算过程

遗传算法在整个进化过程中的遗传操作是随机性的,但它所呈现出的特性并不是完全随机搜索,它能有效地利用历史信息来推测下一代期望性能有所提高的寻优点集。这样一代代地不断进化,最后收敛到一个最适应环境的个体上,求得问题的最优解。

概括地讲,遗传算法的操作步骤是:

(1)确定个体的字符串的组成及长度。

(2)随机建立初始群体。

(3)计算各个体的适应度。

(4)根据遗传概率,用下述三种操作产生新群体:

(i)选择(复制),根据各个个体的适应度,按照一定的规则或方法,从第 t 代群体 $P(t)$ 中选择出一些优良的个体遗传到下一代群体 $P(t+1)$ 中;

(ii)交叉,将群体 $P(t)$ 内的各个个体随机搭配成对,对每一对个体,以某个概率(称为交叉概率)交换它们之间的部分染色体;

(iii)变异,对群体 $P(t)$ 中的每一个个体,以某一概率(称为变异概率)改变某一个或某一些基因座上的基因值为其他基因值。

(5)反复执行(3)及(4),直至达到终止条件,选择最佳个体作为遗传算法的结果。

遗传算法的基本流程如图 1.4.1 所示。

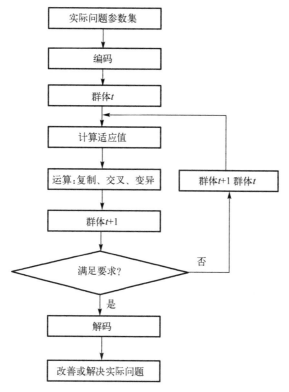

图 1.4.1 遗传算法基本流程图

3. 遗传算法中的一些基本术语

由于遗传算法是结合进化论和遗传学机理而产生的搜索算法，所以在这个算法中要用到很多生物学和遗传学的概念，下面是遗传算法中的一些基本术语。

1）串（String）

它是个体（Individual）的形式，在算法中为二进制串，并且对应于遗传学中的染色体（Chromosome）。

2）群体（Population）

个体的集合称为群体，串是群体的元素。

3）群体大小（Population Size）

在群体中个体的数量称为群体的大小。

4）基因（Gene）

基因是串中的元素，基因用于表示个体的特征。例如有一个串 $S=1011$，则其中的 1，0，1，1 这 4 个元素分别称为基因。它们的值称为等位基因（Allele）。

5）基因位置（Gene Position）

一个基因在串中的位置称为基因位置，有时也简称基因位。基因位置由串从左向右计算，例如在串 S＝1101 中，0 的基因位置是 3。基因位置对应于遗传学中的地点（Locus）。

6）基因特征值（Gene Feature）

在用串表示整数时，基因的特征值与二进制数的权一致；例如在串 S=1011 中，基因位置 3 中的 1，它的基因特征值为 2；基因位置 1 中的 1，它的基因特征值为 8。

7）串结构空间

在串中，基因任意组合所构成的串的集合称为串结构空间。基因操作是在结构空间中进行的。串结构空间对应于遗传学中的基因型（Genotype）的集合。

8）参数空间

这是串空间在物理系统中的映射，它对应于遗传学中的表现型（Phenotype）的集合。

9）非线性

非线性对应遗传学中的异位显性（Epistasis）。

10）适应度（Fitness）

适应度表示某一个体对于环境的适应程度。

遗传算法是对自然界的有趣类比，并从自然界现象中抽象出来，所以它的生物学概念与相应的生物学概念不一定等同。表 1.4.1 列出了它们之间的一些差别。

表 1.4.1　遗传算法与遗传生物学的对应关系

问题	遗传算法	遗传学
参数向量集	串数集（Array of String）	种群（Population）
参数向量	串（String）	染色体（Chromosome）
参数	子串（SubString）	等位基因（Allele）
	位（Bit）	基因（Gene）
目标函数（Objective Function）	评价（Evaluation）	适应度（Fitness）
参数优化	进化：遗传、变异	进化：遗传、变异

1.4.3　应用分析

1.4.3.1　遗传算法的应用领域

遗传算法提供了一种求解复杂系统优化问题的通用框架，它不依赖于问题的具体领域，对问题的种类有很强的鲁棒性，所以广泛应用于很多学科。下面是遗传算法的一些主要应用：

1．函数优化

函数优化是遗传算法的经典应用领域，也是对遗传算法进行性能评价的常用算例。对于一些非线性、多模型、多目标的函数优化问题，用其他优化方法较难求解，用遗传算法可以方便地得到较好的结果。

2. 组合优化

随着问题规模的增大，组合优化问题的搜索空间也急剧扩大，有时在目前的计算机上用枚举法很难或甚至不可能求出其精确最优解。对这类复杂问题，人们已意识到应把主要精力放在寻求其满意解上，而遗传算法是寻求这种满意解的最佳工具之一。实践证明，遗传算法对于组合优化中的 NP 完全问题非常有效。

例如，遗传算法已经在求解旅行商问题、背包问题、装箱问题、图形划分问题等方面得到成功的应用。

3. 生产调度问题

生产调度问题在很多情况下所建立起来的数学模型难以精确求解，即使经过一些简化之后可以进行求解，也会因简化得太多而使得求解结果与实际相差甚远。而目前在现实生产中也主要是靠一些经验来进行调度。

现在遗传算法已成为解决复杂调度问题的有效工具，在单件生产车间调度、流水线生产车间调度、生产规划、任务分配等方面遗传算法都得到了有效的应用。

4. 自动控制

在自动控制领域中很多与优化相关的问题需要求解，遗传算法已在其中得到了初步的应用，并显示出了良好的效果。

例如，用遗传算法进行航空控制系统的优化、使用遗传算法设计空间交会控制器、基于遗传算法的模糊控制器的优化设计、基于遗传算法的参数辨识、基于遗传算法的模糊控制规则的学习、利用遗传算法进行人工神经网络的结构优化设计和权值学习等，都显示出了遗传算法在这些领域中应用的可能性。

5. 机器人学

机器人是一类复杂的难以精确建模的人工系统，而遗传算法的起源就来自于对人工自适应系统的研究，所以机器人学理所当然地成为遗传算法的一个重要应用领域。

例如，遗传算法已经在移动机器人路径规划、关节机器人运动轨迹规划、机器人逆运动学求解、细胞机器人的结构优化和行为协调等方面得到研究和应用。

6. 图像处理

图像处理是计算机视觉中的一个重要研究领域。在图像处理过程中，如扫描、特征提取、图像分割等不可避免地会存在一些误差，这些误差会影响图像处理的效果。如何使这些误差最小是使计算机视觉达到实用化的重要要求。

遗传算法在这些图像处理中的优化计算方面找到了用武之地，目前已在模式识别、图像恢复、图像边缘特征提取等方面得到了应用。

7. 人工生命

人工生命是用计算机、机械等人工媒体模拟或构造出的具有自然生物系统特有行为的人造系统。自组织能力和自学习能力是人工生命的两大主要特征。人工生命与遗传算法有着密切的关系，基于遗传算法的进化模型是研究人工生命现象的重要基础理论。

虽然人工生命的研究尚处于启蒙阶段。但遗传算法已在其进化模型、学习模型、行为模型、自组织模型等方面显示出了初步的应用能力，并且必将得到更为深入的应用和发展。人工生命与遗传算法相辅相成，遗传算法为人工生命的研究提供了一个有效的工具，人工生命的研究也必将促进遗传算法的进一步发展。

8. 遗传编程

科扎（Koza）发展了遗传编程的概念，他使用了以 LISP 语言所表示的编码方法，基于对一种树型结构所进行的遗传操作来自动生成计算机程序。虽然遗传编程的理论尚未成熟，应用也有一些限制，但它已成功地应用于人工智能、机器学习等领域。

9. 机器学习

学习能力是高级自适应系统所应具备的能力之一。基于遗传算法的机器学习，特别是分类器系统，在很多领域中都得到了应用。例如，遗传算法被用于学习模糊控制规则，利用遗传算法来学习隶属度函数，从而更好地改进了模糊系统的性能；基于遗传算法的机器学习可用来调整人工神经网络的连接权，也可用于人工神经网络的网络结构优化设计；分类器系统也在学习式多机器人路径规划系统中得到了成功的应用。

1.4.3.2　遗传算法模拟计算

为更好地理解遗传算法的原理，下面通过对一个具体问题的求解来简单地模拟遗传算法的各个主要执行步骤。

求下述二元函数的最大值

$$\max f(x_1, x_2) = x_1^2 + x_2^2$$
$$\text{s.t.} \ x_1, x_2 \in \{1, 2, 3, 4, 5, 6, 7\}$$

1. 个体编码

遗传算法的运算对象是表示个体的符号串，所以必须把变量 x_1, x_2 编码为一种符号串。本问题中，用无符号二进制整数来表示，因 x_1, x_2 为 0 到 7 之间的整数，所以分别用 3 位无符号二进制整数来表示，将它们连接在一起所组成的 6 位无符号二进制数就形成了个体的基因型，表示一个可行解。

例如，基因型 $X=101110$ 所对应的表现型是：$x=[5,6]$。

通过对个体编码，个体的表现型 x 和基因型 X 之间可通过编码和解码程序相互转换。

2. 初始群体的产生

遗传算法是对群体进行的进化操作，需要给其准备一些表示起始搜索点的初始群体数据。本问题中，群体规模的大小取为 4，即群体由 4 个个体组成，每个个体可通过随机方法产生。如：011101，101011，011100，111001。

3. 适应度计算

遗传算法中以个体适应度的大小来评定各个个体的优劣程度，从而决定其遗传机会的大小。本问题中，目标函数总取非负值，并且是以求函数最大值为优化目标，故可直接利用目标函数值作为个体的适应度。

4. 选择运算

选择运算(或称为复制运算)把当前群体中适应度较高的个体按某种规则或模型遗传到下一代群体中。一般要求适应度较高的个体将有更多的机会遗传到下一代群体中。本问题中，采用与适应度成正比的概率来确定各个个体复制到下一代群体中的数量。其具体操作过程是：

(1)先计算出群体中所有个体的适应度的总和 $\sum\limits_{i=1}^{M} f_i$。

(2)计算出每个个体的相对适应度的大小 $f_i / \sum\limits_{i=1}^{M} f_i$，它即为每个个体被遗传到下一代群体中的概率。

(3)每个概率值组成一个区域，全部概率值之和为 1。

(4)产生一个 0 到 1 之间的随机数，依据该随机数出现在上述哪一个概率区域内来确定各个个体被选中的次数。

选择运算的结果如表 1.4.2 所示。

表 1.4.2 选择运算的结果表

个体编号	初始群体 $P(0)$	x_1	x_2	适应值	占总数的百分比	选择次数	选择结果
1	011101	3	5	34	0.24	1	011101
2	101011	5	3	34	0.24	1	101011
3	011100	3	4	25	0.16	0	
4	111001	7	1	50	0.35	2	111001 111001
总和				143	1		

5. 交叉运算

交叉运算是遗传算法中产生新个体的主要操作过程，它以某一概率相互交换某两个个体之间的部分染色体。

本问题采用单点交叉的方法，其具体操作过程是：

(1)对群体进行随机配对。

(2)随机设置交叉点位置。

(3)相互交换配对染色体之间的部分基因。

交叉运算的结果如表 1.4.3 所示。

表 1.4.3　交叉运算的结果表

个体编号	选择结果	配对情况	交叉点位置	交叉结果
1	01 1101	1-2	1-2：2	011001
2	11 1001			111101
3	1010 11	3-4	3-4：4	101001
4	1110 01			111011

可以看出，其中新产生的个体"111101""111011"的适应度较原来两个个体的适应度都要高。

6. 变异运算

变异运算是对个体的某一个或某一些基因座上的基因值按某一较小的概率进行改变，它也是产生新个体的一种操作方法。

本问题中，采用基本位变异的方法来进行变异运算，其具体操作过程是：

(1)确定出各个个体的基因变异位置，表 1.4.4 所示为随机产生的变异点位置，其中的数字表示变异点设置在该基因座处。

(2)依照某一概率将变异点的原有基因值取反。

变异运算的结果如表 1.4.4 所示。

表 1.4.4　变异运算的结果表

个体编号	交叉结果	变异点	变异结果	子代群体 $P(1)$
1	011001	4	011101	011101
2	111101	5	111111	111111
3	101001	2	111001	111001
4	111011	6	111010	111010

对群体 $P(t)$ 进行一轮选择、交叉、变异运算之后可得到新一代的群体 $P(t+1)$。群体经过一代进化之后的结果如表 1.4.5 所示。

表 1.4.5　群体经过一代进化之后的结果表

个体编号	初始群体 $P(0)$	x_1	x_2	适应值	占总数的比例
1	011101	3	5	34	0.14
2	111111	7	7	98	0.42

续表

个体编号	初始群体 $P(0)$	x_1	x_2	适应值	占总数的比例
3	111001	7	1	50	0.21
4	111010	7	2	53	0.23
总和				235	1

从表 1.4.5 中可以看出，群体经过一代进化之后，其适应度的最大值、平均值都得到了明显的改进。事实上，这里已经找到了最佳个体"111111"。

需要说明的是，表 1.4.5 中有些栏的数据是随机产生的。这里为了更好地说明问题，我们特意选择了一些较好的数值以便能够得到较好的结果，而在实际运算过程中有可能需要一定的循环次数才能达到这个最优结果。

1.5　小　　结

本章介绍了非线性系统数学建模基本方法。限于篇幅，这里只介绍了后面章节中需要用到的四种常用方法：微分方程方法、差分方程方法、灰色系统分析方法和遗传算法。

关于微分方程方法，本章介绍了微分方程的基本概念和建模的基本思想，由于在实际中大量出现的都是非线性现象，而且要求出非线性系统的精确解几乎是不可能的，因此一般只研究解的性质或渐近展开式，所以本章重点介绍了微分方程的平衡点及定性理论和稳定性理论，同时还简要地介绍了非线性微分方程的摄动方法。

关于差分方程方法，本章除了介绍差分方程的平衡点及其稳定性等一些基本概念外，重点介绍了连续模型的差分方法，主要包括微分的差分方法和常微分方程的差分方法，这主要是因为对非线性系统进行建模时，往往都需要用计算机求数值解，这就需要将连续变化量在一定的条件下进行离散化，从而将连续型模型转化为离散型模型，最后都归结为求解离散形式的差分方程解的问题。

关于灰色系统分析方法，本章简要介绍了灰色系统理论的基本概念和建模的基本方法，主要包括灰色生成、灰色模型和灰色关联分析。

关于遗传算法，本章从遗传算法的生物学基础出发，介绍了遗传算法的基本思想和基本原理以及遗传算法的应用。

值得一提的是，这里我们只是选取了后面几章需要用到的几种比较有代表性的非线性系统数学建模分析方法进行了介绍，其实非线性系统数学建模分析方法远不止这几种。

第2章 粒子反应系统时变模型研究

高聚物工程中粒子反应系统的动力学理论一直是应用数学和高分子材料等学科领域研究的重点问题，近年来在美国、英国、俄罗斯、德国、法国、波兰、日本等国家吸引了越来越多学者的关注。欧洲工业与应用数学会专门成立了"高聚物中的数学"研究小组（Special Interest Group on Mathematics of Polymers）。许多学者对高聚物工程中粒子反应系统的非线性动力学特性进行了深入研究，并取得了一定成果，本章在前人研究的基础上继续对粒子反应系统的非线性动力学特性作进一步的探索。

2.1 一般粒子反应系统的非线性动力学演化模型及分析

本节讨论粒子增长动力学的数学模型，这一模型反映了一类粒子反应系统中各种粒子密度随时间变化的规律，它是由可数无限多个彼此相互关联的非线性常微分方程所组成的自治系统。本节研究这一无限维系统的密度守恒解的存在性及系统解的渐近性质。刻画粒子增长动力学的数学模型在天体物理、大气物理、生物学、胶体化学、高分子物理化学以及二相合金相变动力学等领域有着极其广泛的应用，近年来它已经吸引了从事数学物理问题研究的学者们的关注[1-3]。建立这一模型的基础是所考虑的系统能够被看作由大量的粒子组成。这些粒子相互碰撞后以一定的概率或者凝结在一起成为更大的粒子，或者爆炸成为更小的粒子[3]。本节中假设粒子是离散的，即它们由有限个更小的基本粒子所组成，这些基本粒子可以是原子、分子、细胞等，根据应用的情况而定。

2.1.1 动力学演化模型的建立

为了叙述的方便，本节把由 i 个基本粒子组成的粒子称为 i-粒子。由此可见基本粒子也可以称为1-粒子。用 $c_i(t), i \in N - \{0\}$ 表示系统在时刻 t 单位体积所含的 i-粒子的数量，即 $c_i(t)$ 表示系统在 t 时刻 i-粒子的密度，文献[4]已经建立了如下的数学模型，并称之为离散的非线性爆炸方程

$$\frac{\mathrm{d}c_i}{\mathrm{d}t} = \frac{1}{2}\sum_{j=1}^{i-1} w_{j,i-j} a_{j,i-j} c_j c_{i-j} - \sum_{j=1}^{\infty} a_{i,j} c_i c_j$$

$$+\frac{1}{2}\sum_{j=i+1}^{\infty}\sum_{k=1}^{j-1} N_{j-k,k}^i (1-w_{j-k,k}) a_{j-k,k} c_{j-k} c_k \tag{2.1.1}$$

$$N_{i,j}^s = l_{[s,\infty)}(i) b_{s,i;j} + l_{[s,\infty)}(j) b_{s,j;i} \tag{2.1.2}$$

$$c_i(0) = c_i^0 \tag{2.1.3}$$

其中，$i,j \geq 1, s \in \{1,2,\cdots,\max\{i,j\}\}$。当 $i=1$ 时，式 (2.1.1) 右端的第一项约定为零。这里 $l_{[s,\infty)}$ 表示区间 $[s,\infty)$ 的特征函数，即

$$l_{[s,\infty)}(i) = \begin{cases} 1, & i \geq s \\ 0, & i < s \end{cases}$$

$a_{i,j}$ 表示 i-粒子和 j-粒子之间的碰撞系数，$w_{i,j}$ 表示 i-粒子和 j-粒子碰撞后结合成 $(i+j)$-粒子的概率。如果 i-粒子和 j-粒子碰撞后没有凝结成 $(i+j)$-粒子，这个事件发生的概率为 $1-w_{i,j}$，那么它们各自爆炸成若干个更小的粒子，$b_{i,j;k},1 \leq i \leq j-1$ 表示与 k-粒子碰撞后 j-粒子发生爆炸生成的 i-粒子 $(i < j)$ 的个数，系数 $a_{i,j}, w_{i,j}$ 和 $b_{i,j;k}$ 满足下面的基本性质

$$a_{i,j} = a_{j,i} \geq 0 \text{ 和 } 0 \leq w_{i,j} = w_{j,i} \leq 1, \quad i,j \geq 1 \tag{2.1.4}$$

由于在每次碰撞过程中质量应该守恒，所以

$$\sum_{i=1}^{j-1} i b_{i,j;k} = j, \quad j \geq 2, k \geq 1$$

从现在起约定

$$b_{i,1;k} = \delta_{i,1} = \begin{cases} 1, & i = 1 \\ 0, & i \neq 1 \end{cases} \quad k \geq 1$$

于是

$$\sum_{i=1}^{j} i b_{i,j;k} = j, \quad j \geq 1, k \geq 1 \tag{2.1.5}$$

$$N_{i,j}^s = N_{j,i}^s \geq 0 \text{ 和 } \sum_{s=1}^{\max\{i,j\}} s N_{i,j}^s = i+j, \quad i,j \geq 1 \tag{2.1.6}$$

显然当 $w_{i,j} = 1$ 时，系统 (2.1.1) 只不过是经典的斯莫卢乔斯克 (Smoluchowski) 方程[1]，这一方程最先用来刻画做布朗运动的胶体粒子密度随时间变化的规律，它已

经被数学家和物理学家详细地研究过[5]。由于在式(2.1.1)～式(2.1.3)刻画的系统中，参与反应的基本粒子既不会凭空产生也不会凭空消失，系统的密度

$$Q(t) = \sum_{i=1}^{\infty} ic_i(t) \tag{2.1.7}$$

似乎应该是一个常量，然而，人们已经注意到，在一定的条件下，系统的密度$Q(t)$并不是常量，而且随着时间t的增加而减少，最后直至为零，这一现象被称作胶凝现象[4, 6, 7]，在叙述本节的结果之前，首先简单地回顾一下已有的成果，鲍尔(Ball)和卡尔(Carr)[8]从应用的角度提出了两种十分重要的假设：$a_{i,j} \le A(i+j)$和$a_{i,j} \le B(ij)^\alpha$，其中α, A, B是非负常数。劳伦克特(Laurencot)和赖佐色克(Wrzosek)[4]已经证明了在前一假设下，系统(2.1.1)～(2.1.3)存在密度守恒解；在后一假设下，Laurencot和Wrzosek只证明了解的存在性，并指出胶凝现象有可能发生。本节的主要目的是研究在后一假设（并辅以其他的条件）下，系统(2.1.1)～(2.1.3)密度守恒解的存在性以及解的渐近性质。本节提出如下的两种假设

$$(H1): \ a_{i,j} \le B(ij)^\alpha, \ i,j \ge 1$$

$$(H2): \ w_{i,j} \le \frac{A}{i+j}, \ i,j \ge 1$$

其中A, B是非负常数，$\alpha \in [0,1)$。H2的提出是基于高分子物理化学上的原理：运动中的粒子，质量越大，能量(动能)就越大，因而碰撞后结合在一起的可能性愈小。

　　本节由四部分组成。第二小节介绍有关的概念及基本引理。第三小节叙述本节的主要结论，并详细证明了系统(2.1.1)～(2.1.3)在假设(H1)及(H2)成立的条件下，密度守恒解的存在性。第四小节讨论了系统(2.1.1)～(2.1.3)解的渐近性。

　　从现在起，假设系数$(a_{i,j}), (w_{i,j})$和$(b_{i,j;k})$满足性质(2.1.4)～(2.1.6)，今后不再重述。

2.1.2　概念与引理

　　从物理学的观点来看，系统(2.1.1)～(2.1.3)的解应该非负而且密度$\rho(t) = \sum_{i=1}^{\infty} ic_i(t)$为有限值，这启发我们在巴拿赫(Banach)空间

$$X = \left\{ x = (x_i)_{i \ge 1} \in R^{N-\{0\}}, \sum_{i=1}^{\infty} i|x_i| < \infty \right\}, \quad \|x\| = \sum_{i=1}^{\infty} i|x_i|$$

中研究非线性系统(2.1.1)～(2.1.3)。为了叙述的方便，引入下面的记号

$$X^+ = \{x = (x_i)_{i \geq 1} \in X, x_i \geq 0, i \geq 1\}$$

$$c_i(0) = c_i^0 \ \text{及} \ c^0 = (c_i^0)_{i \geq 1}$$

$$D_{i,j}^s(c) = N_{i,j}^s(1 - w_{i,j})a_{i,j}c_ic_j, \quad 1 \leq s \leq \max\{i, j\} \tag{2.1.8}$$

这里 $c = (c_i)_{i \geq 1}$ 是一实函数列。显然

$$\sum_{j=i+1}^{\infty}\sum_{k=1}^{j-1}D_{j-k,k}^i(c) = \sum_{j+k \geq i+1}D_{j,k}^i(c) \tag{2.1.9}$$

$$\sum_{j=i+1}^{N}\sum_{k=1}^{j-1}D_{j-k,k}^i(c) = \sum_{i+1 \leq j+k \leq N}D_{j,k}^i(c) \tag{2.1.10}$$

如同 Laurencot 和 Wrzosek[4] 一样，本节使用下面的概念。

定义 2.1.1 让 $T \in (0, \infty]$，$c^0 = (c_i^0)_{i \geq 1}$ 是一个非负实数列，系统 (2.1.1)~(2.1.3) 定义在 $[0, T)$ 上的解 $c(t) = (c_i(t))_{i \geq 1}$ 是满足下列条件的非负连续函数列：

(i) $c_i(t) \in C([0, T))$，$\sum_{j=1}^{\infty}a_{i,j}c_j \in L^1(0, t)$，$\sum_{j=i+1}^{\infty}\sum_{k=1}^{j-1}D_{j-k,k}^i(c) \in L^1(0, t)$

(ii) $c_i(t) = c_i^0 + \int_0^t \left(\frac{1}{2}\sum_{j=1}^{j-1}w_{j,i-j}a_{j,i-j}c_j(\tau)C_{i-j}(\tau) - \sum_{j=1}^{\infty}a_{i,j}c_i(\tau)c_j(\tau)\right)d\tau$

$\qquad + \frac{1}{2}\int_0^t \sum_{j=i+1}^{\infty}\sum_{k=1}^{j-1}D_{j-k,k}^i(c(\tau))d\tau$

其中 $i \geq 1, t \in (0, T)$。

定义 2.1.2 如果系统 (2.1.1)~(2.1.3) 在区间 $[0, T)$，$0 < T < +\infty$ 上的解 $c(t) = (c_i(t))_{i \geq 1}$ 满足 $\|c(t)\|_X = \|c^0\|_X$，$t \in [0, T)$，那么称解 $c(t) = (c_i(t))_{i \geq 1}$ 是密度守恒解。

现在我们不加证明地引用一个存在性结果。

引理 2.1.1[4] 设 $c^0 \in X^+$，并且

$$a_{i,j} \leq B(ij)^\alpha, i, j \geq 1 \tag{2.1.11}$$

其中 α, B 是非负常数，$\alpha \in [0, 1)$。进一步假设存在另一常数 $B_1 > 0$，使得

$$b_{i,j;k} \leq B_1, k \geq 1, 1 \leq i \leq j \tag{2.1.12}$$

那么系统 (2.1.1)~(2.1.3) 至少存在一个定义在 $[0, +\infty)$ 上的解 $c(t) = (c_i(t))_{i \geq 1}$，并且满足

$$\sum_{i=1}^{\infty}ic_i(t) \leq \sum_{i=1}^{\infty}ic_i^0, \quad t \in [0, \infty) \tag{2.1.13}$$

正如文献[4]所述，如果不附加其他的条件，就不可能使得式 (2.1.13) 成为等式。

2.1.3 系统的密度守恒

这一节将给出一个新的充分条件，它保证了系统(2.1.1)～(2.1.3)密度守恒解的存在性。首先给出两个十分有用的辅助性结果。从现在起约定：如果求和上标是零，或者求和上标比下标小，那么和为零。

引理 2.1.2 设 $(g_i) \in R^n, n \geq 2$。如果 $c = (c_i)_{i \geq 1}$ 是系统 (2.1.1)～(2.1.3) 定义在 $[0, T)$，$0 \leq T < +\infty$ 上的解，那么

$$\sum_{i=1}^{n} g_i \left(\frac{1}{2} \sum_{j=1}^{i-1} w_{j,i-j} a_{j,i-j} c_j c_{i-j} - \sum_{j=1}^{n-i} a_{i,j} c_i c_j + \frac{1}{2} \sum_{j=i+1}^{n} \sum_{k=1}^{j-1} N_{j-k,k}^{i} (1 - w_{j-k,k}) a_{j-k,k} c_{j-k} c_k \right)$$

$$= \frac{1}{2} \sum_{i=1}^{n-1} \sum_{j=1}^{n-i} (g_{i+j} - g_i - g_j) a_{i,j} c_i c_j - \frac{1}{2} \sum_{i=1}^{n-1} \sum_{j=1}^{n-i} (1 - w_{i,j}) \left(g_{i+j} - \sum_{s=1}^{\max\{i,j\}} N_{i,j}^{s} g_s \right) a_{i,j} c_i c_j$$

证明 观察图 2.1.1。

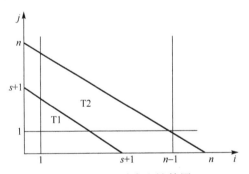

图 2.1.1 双重求和计算图

在图 2.1.1 中，$T_1 = \{(i,j): i,j \geq 1, i+j \leq s\}, T_2 = \{(i,j): i,j \geq 1, s+1 \leq i+j \leq n\}$。记 $T = \{(i,j): i,j \geq 1, i+j \leq n\}$，由于 i, j 都是自然数，$T_1 \bigcup T_2 = T$ 且 $T_1 \bigcap T_2 = \varnothing$，根据 $(w_{i,j}), (a_{i,j})$ 和 $(N_{i,j}^s)$ 的对称性以及式 (2.1.10)，于是有

$$\sum_{i=1}^{n} g_i \sum_{j=1}^{i-1} w_{j,i-j} a_{j,i-j} c_j c_{i-j} = \sum_{1 \leq i+j \leq n} g_{i+j} w_{i,j} a_{i,j} c_i c_j \tag{2.1.14}$$

$$= \sum_{T} g_{i+j} a_{i,j} c_i c_j - \sum_{T} (1 - w_{i,j}) g_{i+j} a_{i,j} c_i c_j$$

$$\sum_{i=1}^{n} g_i \sum_{j=1}^{n-i} a_{i,j} c_i c_j = \frac{1}{2} \sum_{i=1}^{n} \sum_{j=1}^{n-i} g_i a_{i,j} c_i c_j + \frac{1}{2} \sum_{j=1}^{n} \sum_{i=1}^{n-j} g_j a_{i,j} c_i c_j \tag{2.1.15}$$

$$= \frac{1}{2} \sum_{T} g_i a_{i,j} c_i c_j + \frac{1}{2} \sum_{T} g_j a_{i,j} c_i c_j$$

$$\sum_{i=1}^{n} g_i \sum_{j=i+1}^{n} \sum_{k=1}^{j-1} N_{j-k,k}^{i}(1-w_{j-k,k})a_{j-k,k}c_{j-k}c_k = \sum_{i=1}^{n} \sum_{i+i \leqslant j+k \leqslant n} g_i N_{j,k}^{i}(1-w_{j,k})a_{j,k}c_j c_k$$

$$= \sum_{s=1}^{n} \sum_{s+1 \leqslant i+j \leqslant n} g_s N_{i,j}^{s}(1-w_{i,j})a_{i,j}c_i c_j$$

$$= \sum_{s=1}^{\max\{i,j\}} \sum_{T_2} g_s N_{i,j}^{s}(1-w_{i,j})a_{i,j}c_i c_j$$

注意到如果 $(i,j) \in T_1$，那么 $N_{i,j}^{s} = 0$，因此

$$\sum_{i=1}^{n} g_i \sum_{j=i+1}^{n} \sum_{k=1}^{j-1} N_{j-k,k}^{i}(1-w_{j-k,k})a_{j-k,k}C_{j-k}C_k = \sum_{s=1}^{\max\{i,j\}} \sum_{T_1 \cup T_2} g_s N_{i,j}^{s}(1-w_{i,j})a_{i,j}c_i c_j$$

$$= \sum_{T}(1-w_{i,j})\left(\sum_{s=1}^{\max\{i,j\}} g_s N_{i,j}^{s}\right)a_{i,j}c_i c_j \qquad (2.1.16)$$

合并式 $(2.1.14) \sim$ 式 $(2.1.16)$ 得到

$$\sum_{i=1}^{n} g_i \left(\frac{1}{2}\sum_{j=1}^{i-1} w_{j,i-j}a_{j,i-j}c_j c_{i-j} - \sum_{j=1}^{n-i} a_{i,j}c_i c_j + \frac{1}{2}\sum_{j=i+1}^{n}\sum_{k=1}^{j-1} N_{j-k,k}^{i}(1-w_{j-k,k})a_{j-k,k}c_{j-k}c_k\right)$$

$$= \frac{1}{2}\sum_{T}(g_{i+j} - g_i - g_j)a_{i,j}c_i c_j - \frac{1}{2}\sum_{T}(1-w_{i,j})\left(g_{i+j} - \sum_{s=1}^{\max\{i,j\}} g_s N_{i,j}^{s}\right)a_{i,j}c_i c_j$$

$$= \frac{1}{2}\sum_{i=1}^{n-1}\sum_{j=1}^{n-i}(g_{i+j} - g_i - g_j)a_{i,j}c_i c_j - \frac{1}{2}\sum_{i=1}^{n-1}\sum_{j=1}^{n-i}(1-w_{i,j})\left(g_{i+j} - \sum_{s=1}^{\max\{i,j\}} N_{i,j}^{s}g_s\right)a_{i,j}c_i c_j$$

证毕。

在引理 2.1.2 中，令 $g_i = i, 1 \leqslant i \leqslant n$，立即可得

$$\sum_{i=1}^{n} i \left(\frac{1}{2}\sum_{j=1}^{i-1} w_{j,i-j}a_{j,i-j}c_j c_{i-j} - \sum_{j=1}^{n-i} a_{i,j}c_i c_j + \frac{1}{2}\sum_{j=i+1}^{n}\sum_{k=1}^{j-1} N_{j-k,k}^{i}(1-w_{j-k,k})a_{j-k,k}c_{j-k}c_k\right)$$

$$= 0 \qquad (2.1.17)$$

注意由前面的约定知当 $n=1$ 时引理 2.1.2 依然成立。

引理 2.1.3　如果 $c = (c_i)_{i \geqslant 1}$ 是系统 $(2.1.1) \sim (2.1.3)$ 定义在 $[0,T), 0 \leqslant T < +\infty$ 上的解，那么

$$\frac{1}{2}\sum_{j+k \geqslant m+1}\left(\sum_{k=1}^{m} i N_{j,k}^{i}\right)a_{j,k}c_j c_k - \sum_{j=1}^{m}\sum_{k=m+1-j}^{\infty} j a_{j,k}c_j c_k$$

$$= \sum_{j=1}^{\infty}\sum_{k=m+1}^{\infty}\sum_{i=1}^{m} i b_{i,k;j}a_{j,k}c_j c_k$$

证明 观察图 2.1.2，

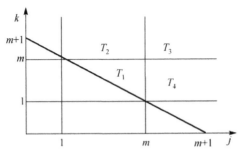

图 2.1.2 三重求和计算图

在图 2.1.2 中： $T_1 = \{(j,k):1 \leq j \leq m, m+1-j \leq k \leq m\}$

$$T_2 = \{(j,k):1 \leq j \leq m, k \geq m+1\}$$
$$T_3 = \{(j,k):j \geq m+1, k \geq m+1\}$$
$$T_4 = \{(j,k):j \geq m+1, 1 \leq k \leq m\}$$

记 $T' = \{(j,k):1 \leq k \leq m, m+1-k \leq j \leq m\}$。那么 $T_1 = T'$，由于 j,k 是自然数，所以 $T_i, i = 1, \cdots, 4$ 是两两互不相交的集合且满足 $\bigcup_{i=1}^{4} T_i = \{(j,k):j+k \geq m+1\}$。因此

$$\sum_{k+j \geq m+1} \left(\sum_{i=1}^{m} i N_{j,k}^i \right) a_{j,k} c_j c_k = \sum_{T_1} \left(\sum_{i=1}^{m} i N_{j,k}^i \right) a_{j,k} c_j c_k + \sum_{T_2} \left(\sum_{i=1}^{m} i N_{j,k}^i \right) a_{j,k} c_j c_k$$
$$+ \sum_{T_3} \left(\sum_{i=1}^{m} i N_{j,k}^i \right) a_{j,k} c_j c_k + \sum_{T_4} \left(\sum_{i=1}^{m} i N_{j,k}^i \right) a_{j,k} c_j c_k$$

$$\sum_{j=1}^{m} \sum_{k=m+1-j}^{\infty} j a_{j,k} c_j c_k = \sum_{T_1} j a_{j,k} c_j c_k + \sum_{T_2} j a_{j,k} c_j c_k$$

从式(2.1.4)和式(2.1.6)得出

$$\sum_{T_2} \left(\sum_{i=1}^{m} i N_{j,k}^i \right) a_{j,k} c_j c_k = \sum_{T_4} \left(\sum_{i=1}^{m} i N_{j,k}^i \right) a_{j,k} c_j c_k$$
$$\sum_{T'} j a_{j,k} c_j c_k = \sum_{T_1} k a_{j,k} c_j c_k$$

因此

$$\sum_{k+j\geqslant m+1}\left(\sum_{i=1}^{m}iN_{j,k}^{i}\right)a_{j,k}c_jc_k = \sum_{T_1}\left(\sum_{i=1}^{m}iN_{j,k}^{i}\right)a_{j,k}c_jc_k + 2\sum_{T_2}\left(\sum_{i=1}^{m}iN_{j,k}^{i}\right)a_{j,k}c_jc_k$$

$$+\sum_{T_3}\left(\sum_{i=1}^{m}iN_{j,k}^{i}\right)a_{j,k}c_jc_k$$

$$\sum_{j=1}^{m}\sum_{k=m+1-j}^{\infty}ja_{j,k}c_jc_k = \frac{1}{2}\sum_{T_1}ja_{j,k}c_jc_k + \frac{1}{2}\sum_{T'}ja_{j,k}c_jc_k + \sum_{T_2}ja_{j,k}c_jc_k$$

$$=\frac{1}{2}\sum_{T_1}ja_{j,k}c_jc_k + \frac{1}{2}\sum_{T_1}ka_{j,k}c_jc_k + \sum_{T_2}ja_{j,k}c_jc_k$$

$$=\frac{1}{2}\sum_{T_1}(j+k)a_{j,k}c_jc_k + \sum_{T_2}ja_{j,k}c_jc_k$$

于是

$$\frac{1}{2}\sum_{j+k\geqslant m+1}\left(\sum_{i=1}^{m}iN_{j,k}^{i}\right)a_{j,k}c_jc_k - \sum_{j=1}^{m}\sum_{k=m+1-j}^{\infty}ja_{j,k}c_jc_k$$

$$=\frac{1}{2}\sum_{T_1}\left(\sum_{i=1}^{m}iN_{j,k}^{i}\right)a_{j,k}c_jc_k + \sum_{T_2}\left(\sum_{i=1}^{m}iN_{j,k}^{i}\right)a_{j,k}c_jc_k + \frac{1}{2}\sum_{T_3}\left(\sum_{i=1}^{m}iN_{j,k}^{i}\right)a_{j,k}c_jc_k$$

$$-\frac{1}{2}\sum_{T_1}(j+k)a_{j,k}c_jc_k - \sum_{T_2}ja_{j,k}c_jc_k \tag{2.1.18}$$

$$=\frac{1}{2}\sum_{T_1}\left(\sum_{i=1}^{m}iN_{j,k}^{i}-j-k\right)a_{j,k}c_jc_k + \sum_{T_2}\left(\sum_{i=1}^{m}iN_{j,k}^{i}-j\right)a_{j,k}c_jc_k + \frac{1}{2}\sum_{T_3}\left(\sum_{i=1}^{m}iN_{j,k}^{i}\right)a_{j,k}c_jc_k$$

$$=\frac{1}{2}\sum_{j=1}^{m}\sum_{k=m+1-j}^{m}\left(\sum_{i=1}^{m}iN_{j,k}^{i}-j-k\right)a_{j,k}c_jc_k + \sum_{j=1}^{m}\sum_{k=m+1}^{\infty}\left(\sum_{i=1}^{m}iN_{j,k}^{i}-j\right)a_{j,k}c_jc_k$$

$$+\frac{1}{2}\sum_{j=m+1}^{\infty}\sum_{k=m+1}^{\infty}\left(\sum_{i=1}^{m}iN_{j,k}^{i}\right)a_{j,k}c_jc_k$$

方面,从式 (2.1.2),式 (2.1.5) 得出,当 $j\in\{1,2,\cdots,m\}$ 且 $k\in\{m+1-j,\cdots,m\}$ 时

$$\sum_{i=1}^{m}iN_{j,k}^{i} = \sum_{i=1}^{j}ib_{i,j;k} + \sum_{i=1}^{k}ib_{i,k;j} = j+k$$

所以式 (2.1.18) 右边第一项为零;另一方面,再一次使用式 (2.1.2),式 (2.1.5) 得出,当 $j\in\{1,2,\cdots,m\}$ 且 $k\geqslant m+1$ 时

$$\sum_{i=1}^{m}iN_{j,k}^{i} = \sum_{i=1}^{j}ib_{i,j;k} + \sum_{i=1}^{m}ib_{i,k;j} = j+\sum_{i=1}^{m}ib_{i,k;j}$$

于是式(2.1.18)成为

$$\frac{1}{2}\sum_{j+k\geqslant m+1}\left(\sum_{i=1}^{m}iN_{j,k}^{i}\right)a_{j,k}c_{j}c_{k}-\sum_{j=1}^{m}\sum_{k=m+1-j}^{\infty}ja_{j,k}c_{j}c_{k}$$

$$=\sum_{j=1}^{m}\sum_{k=m+1}^{\infty}\sum_{i=1}^{m}ib_{i,k;j}a_{j,k}c_{j}c_{k}+\frac{1}{2}\sum_{j=m+1}^{\infty}\sum_{k=m+1}^{\infty}\left(\sum_{i=1}^{m}iN_{j,k}^{i}\right)a_{j,k}c_{k}c_{k} \tag{2.1.19}$$

从式(2.1.2)和式(2.1.5)也可以得出，当 $j\geqslant m+1$ 且 $k\geqslant m+1$ 时

$$\sum_{i=1}^{m}iN_{i,k}^{i}=\sum_{i=1}^{m}ib_{i,j;k}+\sum_{i=1}^{m}ib_{i,k;j}$$

于是

$$\sum_{j=m+1}^{\infty}\sum_{k=m+1}^{\infty}\left(\sum_{i=1}^{m}iN_{j,k}^{i}\right)a_{j,k}c_{j}c_{k}$$

$$=\sum_{j=m+1}^{\infty}\sum_{k=m+1}^{\infty}\sum_{i=1}^{m}ib_{i,j;k}a_{j,k}c_{j}c_{k}+\sum_{j=m+1}^{\infty}\sum_{k=m+1}^{\infty}\sum_{i=1}^{m}ib_{i,k;j}a_{j,k}c_{j}c_{k}$$

$$=\sum_{k=m+1}^{\infty}\sum_{j=m+1}^{\infty}\sum_{i=1}^{m}ib_{i,k;j}a_{j,k}c_{j}c_{k}+\sum_{j=m+1}^{\infty}\sum_{k=m+1}^{\infty}\sum_{i=1}^{m}ib_{i,k;j}a_{j,k}c_{j}c_{k}$$

$$=2\sum_{j=m+1}^{\infty}\sum_{k=m+1}^{\infty}\sum_{i=1}^{m}ib_{i,k;j}a_{j,k}c_{j}c_{k}$$

由式(2.1.19)可以得出

$$\frac{1}{2}\sum_{j+k\geqslant m+1}\left(\sum_{i=1}^{m}iN_{j,k}^{i}\right)a_{j,k}c_{j}c_{k}-\sum_{j=1}^{m}\sum_{k=m+1-j}^{\infty}ja_{j,k}c_{j}c_{k}$$

$$=\sum_{j=1}^{\infty}\sum_{k=m+1}^{\infty}\sum_{i=1}^{m}ib_{i,k;j}a_{j,k}c_{j}c_{k}$$

证毕。

现在，我们可以证明本节的主要结果：密度守恒解的存在性定理。

定理 2.1.1 假设式(2.1.11)和式(2.1.12)成立，并且 $c^{0}\in X^{+}$，进一步假设存在非负常数 A，使得

$$w_{i,j}\leqslant\frac{A}{i+j},\quad i,j\geqslant 1 \tag{2.1.20}$$

那么系统(2.1.1)～(2.1.3)至少存在一个定义在 $[0,+\infty)$ 上的解 $c(t)=(c_{i}(t))_{i\geqslant 1}$，并且满足

$$\|c(t)\|_X = \|c^0\|_X, \ t \in [0, \infty)$$

换句话说，系统 (2.1.1) ~ (2.1.3) 至少存在一个定义在 $[0, +\infty)$ 上的密度守恒解。

证明　首先根据引理 2.1.1，系统 (2.1.1) ~ (2.1.3) 至少存在一个定义在 $[0, +\infty)$ 上的解 $c(t) = (c_i(t))_{i \geqslant 1}$ 满足

$$\sum_{i=1}^{\infty} i c_i(t) \leqslant \sum_{i=1}^{\infty} i_i c_i^0, \quad t \in [0, \infty) \tag{2.1.21}$$

其次，让 $m \geqslant 1, t_1, t_2 \geqslant 0$ 和 $t_2 \geqslant t_1$，从式 (2.1.1) 和式 (2.1.17) 可得

$$\sum_{i=1}^{m} i \frac{\mathrm{d}c_i}{\mathrm{d}t} = \sum_{i=1}^{m} \left[i \left(\frac{1}{2} \sum_{j=1}^{i-1} w_{j,i-j} a_{j,i-j} c_j c_{i-j} - \sum_{j=1}^{m-i} a_{ij} c_i c_j \right. \right.$$

$$\left. \left. + \frac{1}{2} \sum_{j=i+1}^{m} \sum_{k=1}^{j-1} N_{j-k,k}^i (1 - w_{j-k,k}) a_{j-k,k} c_{j-k} c_k \right) \right] - \sum_{i=1}^{m} \sum_{j=m+1-i}^{\infty} i a_{i,j} c_i c_j$$

$$+ \frac{1}{2} \sum_{i=1}^{m} \sum_{j=m+1}^{\infty} \sum_{k=1}^{j-1} i N_{j-k,k}^i (1 - w_{j-k,k}) a_{j-k,k} c_{j-k} c_k$$

$$\sum_{i=1}^{m} i \frac{\mathrm{d}c_i}{\mathrm{d}t} = -\sum_{i=1}^{m} \sum_{j=m+1-i}^{\infty} i a_{i,j} c_i c_j + \frac{1}{2} \sum_{i=1}^{m} \sum_{j=m+1}^{\infty} \sum_{k=1}^{j-1} i N_{j-k,k}^i (1 - w_{j-k,k}) a_{j-k,k} c_{j-k} c_k$$

从式 (2.1.9) 可得

$$\sum_{i=1}^{m} i \frac{\mathrm{d}c_i}{\mathrm{d}t} = -\sum_{i=1}^{m} \sum_{j=m+1-i}^{\infty} i a_{i,j} c_i c_j + \frac{1}{2} \sum_{j+k \geqslant m+1} \left(\sum_{i=1}^{m} i N_{j,k}^i \right) (1 - w_{j,k}) a_{j,k} c_j c_k$$

$$= -\sum_{i=1}^{m} \sum_{j=m+1-i}^{\infty} i a_{i,j} c_i c_j + \frac{1}{2} \sum_{j+k \geqslant m+1} \left(\sum_{i=1}^{m} i N_{j,k}^i \right) a_{j,k} c_j c_k$$

$$- \frac{1}{2} \sum_{j+k \geqslant m+1} \left(\sum_{i=1}^{m} i N_{j,k}^i \right) a_{j,k} w_{j,k} c_j c_k$$

应用引理 2.1.3 可得

$$\sum_{i=1}^{m} i \frac{\mathrm{d}c_i}{\mathrm{d}t} = \sum_{j=1}^{\infty} \sum_{k=m+1}^{\infty} \sum_{i=1}^{m} i b_{i,k;j} a_{j,k} c_j c_k - \frac{1}{2} \sum_{j+k \geqslant m+1} \left(\sum_{i=1}^{m} i N_{j,k}^i \right) a_{j,k} w_{j,k} c_j c_k$$

因此

$$\sum_{i=1}^{m} i (c_i(t_2) - c_i(t_1)) = \int_{t_1}^{t_2} \sum_{j=1}^{\infty} \sum_{k=m+1}^{\infty} \sum_{i=1}^{m} i b_{i,k;j} a_{j,k} c_j c_k \mathrm{d}\tau$$

$$- \frac{1}{2} \int_{t_1}^{t_2} \sum_{j+k \geqslant m+1} \left(\sum_{i=1}^{m} i N_{j,k}^i \right) a_{j,k} w_{j,k} c_j c_k \mathrm{d}\tau \tag{2.1.22}$$

从式(2.1.6)和式(2.1.20)可得

$$\sum_{j+k\geq m+1}\left(\sum_{i=1}^{m}iN_{j,k}^{i}\right)a_{j,k}w_{j,k}c_jc_k \leq A\sum_{j+k\geq m+1}a_{j,k}c_jc_k \tag{2.1.23}$$

从式(2.1.11)可得

$$\lim_{j+k\to\infty}\frac{a_{j,k}}{jk} \leq \lim_{j+k\to\infty}\frac{B}{(jk)^{1-\alpha}} = \lim_{jk\to\infty}\frac{B}{(jk)^{1-\alpha}} = 0$$

因此对于任意小的 $\varepsilon>0$，存在正整数 M，当 $j+k\geq M$ 时

$$a_{j,k} \leq \varepsilon jk$$

于是由式(2.1.21)和式(2.1.23) 可得

$$\sum_{j+k\geq m+1}\left(\sum_{i=1}^{m}iN_{j,k}^{i}\right)a_{j,k}w_{j,k}c_jc_k \leq \varepsilon A\sum_{j+k\geq m+1}jkc_jc_k \leq A\varepsilon\|c^0\|_x^2, m\geq M$$

从而

$$\lim_{m\to\infty}\sum_{j+k\geq m+1}\left(\sum_{i=1}^{m}iN_{j,k}^{i}\right)a_{j,k}w_{j,k}c_jc_k = 0$$

根据勒贝格(Lebegue) 控制收敛定理立即可得

$$\lim_{m\to\infty}\int_{t_1}^{t_2}\sum_{j+k\geq m+1}\left(\sum_{i=1}^{m}iN_{j,k}^{i}\right)a_{j,k}w_{j,k}c_jc_k\mathrm{d}\tau = 0 \tag{2.1.24}$$

从式(2.1.21)、式(2.1.22)和式(2.1.24)可得

$$\sum_{i=1}^{\infty}ic_i(t_2) - \sum_{j=1}^{\infty}ic_i(t_1) = \lim_{m\to\infty}\int_{t_1}^{t_2}\sum_{j=1}^{\infty}\sum_{k=m+1}^{\infty}\sum_{i=1}^{m}ib_{i,k;j}a_{j,k}c_jc_k\mathrm{d}\tau \geq 0$$

特别地

$$\sum_{i=1}^{\infty}ic_i(t) \geq \|c^0\|_X, \quad t\geq 0 \tag{2.1.25}$$

合并式(2.1.21)和式(2.1.25)可得

$$\|c(t)\|_X = \|c^0\|_X, \quad t\in[0,+\infty)$$

证毕。

2.1.4 系统的演化势态分析

现在，我们来研究系统的渐近性质，即当时间趋于无穷大的时候，系统解的渐近性。

引理 2.1.4[4]　设 $c^0 \in X^+$ 且 $a_{i,j} \leq A(i+j), i, j \geq 1$，其中 A 是非负常数，那么系统 (2.1.1)～(2.1.3) 至少存在一个定义在 $[0, +\infty)$ 上的解 $c(t) = (c_i(t))_{i \geq 1}$ 且满足

$$\| c(t) \| = \| c^0 \|, \quad t \in [0, +\infty)$$

定理 2.1.2　假设 $c^0 \in X^+$，而且 $a_{i,j} \leq A(i+j)$，进一步假设存在足够大的正整数 $M \geq 2$，使得

$$w_{i,j} = 0, \quad i+j \geq M \tag{2.1.26}$$

那么系统 (2.1.1)～(2.1.3) 至少存在一个定义在 $[0, +\infty)$ 上的密度守恒解 $c(t) = (c_i(t))_{i \geq 1}$，并且

(1) 存在非负实数序列 $c^\infty = (c_i^\infty)_{i \geq 1} \in X^+$，满足

$$c_i^\infty = \begin{cases} \limsup\limits_{t \to \infty} c_i(t)(\text{或} \liminf\limits_{t \to \infty} c_i(t)), & i < M \\ \lim\limits_{t \to \infty} c_i(t), & i \geq M \end{cases}$$

进一步地，如果存在某一个 $i \geq M$，使得 $a_{i,j} \neq 0$，那么 $c_i^\infty = 0$。

(2) 如果对一切 $i \geq M$ 都有 $a_{i,i} > 0$，那么 $\lim\limits_{t \to \infty} \sum\limits_{i=1}^{M-1} i c_i(t) = \| c^0 \|$。

证明　根据引理 2.1.4，系统 (2.1.1)～(2.1.3) 至少存在一个定义在 $[0, +\infty)$ 上的密度守恒解 $c(t) = (c_i(t))_{i \geq 1}$，由式 (2.1.22) 和式 (2.1.26) 可以得出:

$$\sum_{i=1}^{m} i c_i(t_2) - \sum_{i=1}^{m} i c_i(t_1) = \int_{t_1}^{t_2} \sum_{j=1}^{\infty} \sum_{k=m+1}^{\infty} \sum_{i=1}^{m} i b_{i,k;j} a_{j,k} c_j c_k \mathrm{d}\tau, \ m \geq M-1 \tag{2.1.27}$$

因此函数 $S_m : t \mapsto \sum\limits_{i=1}^{m} i c_i(t), m \geq M-1$ 是定义在 $[0, +\infty)$ 上的单调上升函数。由密度守恒知 $0 \leq S_m(t) \leq \| c^0 \|$，所以存在常数 $\overline{S}_m$，使得

$$\lim_{t \to \infty} s_m(t) = \overline{S}_m, \quad m \geq M-1$$

从而

$$\lim_{t \to \infty} c_m(t) = c_m^\infty, m \geq M \tag{2.1.28}$$

这里 $c_m^\infty = (\overline{S}_m - \overline{S}_{m-1}) / m \geq 0$，再次应用密度守恒，我们有当 $N > M$ 时，

$$\sum_{i=M}^{N} i c_i(t) \leq \| c^0 \|$$

从式 (2.1.28) 立即可以得出

$$\sum_{i=M}^{\infty} i c_i^{\infty} \leqslant \|c^0\|$$

显然 $0 \leqslant c_i(t) \leqslant \|c^0\|$，$1 \leqslant i \leqslant M-1$，所以存在常数 $c_i^{\infty} = \limsup_{t \to \infty} c_i(t)$（或 $\liminf_{t \to \infty} c_i(t)$），$1 \leqslant i \leqslant M-1$，至此 (1) 的第一部分已证完。下面证明 (1) 的第二部分。

事实上，由式 (2.1.27) 还可以得到

$$\int_0^{\infty} \sum_{j=1}^{\infty} \sum_{k=m+1}^{\infty} \sum_{s=1}^{m} s b_{s,k;j} a_{j,k} c_j c_k \mathrm{d}\tau < \infty, m \geqslant M-1 \tag{2.1.29}$$

如果存在某一个 $i \geqslant M(\geqslant 2)$，使得 $a_{i,i} \neq 0$，由式 (2.1.29) 可得

$$\int_0^{\infty} \sum_{j=1}^{\infty} \sum_{k=i}^{\infty} \sum_{s=1}^{i-1} s b_{s,k;j} a_{j,k} c_j c_k \mathrm{d}\tau < \infty$$

于是

$$\sum_{s=1}^{i-1} s b_{s,i;i} a_{i,i} c_i^2 = i a_{i,i} c_i^2 \in L^1(0,+\infty)$$

从式 (2.1.28) 可得 $a_{i,i}(c_i^{\infty})^2 = 0$，所以 $c_i^{\infty} = 0$。至此 (1) 已证完。

下面我们来证明 (2)。

令 $d = (c_1(t), c_2(t), \cdots, c_{M-1}(t), 0, 0, \cdots)$，由于密度守恒和函数 $S_m(t), m \geqslant M-1$ 是定义在 $[0,+\infty)$ 上的单调上升的函数，所以

$$\sum_{i=m}^{\infty} i c_i(t) \leqslant \sum_{i=m}^{\infty} i c_i^0, m \geqslant M, \quad t \geqslant 0$$

于是

$$\|c(t) - d\| = \sum_{i=M}^{N} i c_i(t) + \sum_{i=N+1}^{\infty} i c_i(t) \leqslant \sum_{i=M}^{N} i c_i(t) + \sum_{i=N+1}^{\infty} i c_i^0, N > M \tag{2.1.30}$$

由 (1) 知

$$\lim_{t \to \infty} c_i(t) = 0, i \geqslant M$$

在式 (2.1.30) 中首先让 $t \to \infty$，再让 $N \to \infty$ 立即得出

$$\lim_{t \to \infty} \|c(t) - d\| = 0 \tag{2.1.31}$$

又

$$\|c(t)\| - \|c(t) - d\| \leqslant \sum_{i=1}^{M-1} i c_i(t) \leqslant \|c(t)\| + \|c(t) - d\|$$

由密度守恒和式(2.1.31)可得

$$\lim_{t\to\infty}\sum_{i=1}^{M-1}ic_i(t)=\|c^0\|$$

证毕。

如果 $w_{i,j}=0,i,j\geqslant 1$，且 $a_{i,j}>0,i\geqslant 2$，这意味着：粒子经碰撞以后只产生更小的粒子，那么根据定理 2.1.2 可知，系统最终只有基本粒子存在，且 $\lim_{t\to\infty}c_1(t)=\|c^0\|$。

在 Banach 空间 X 中，本书使用两种收敛概念，参见文献[9]～[14]：强收敛(依范数收敛)和弱*收敛。

定义 2.1.3　设 $\{y^{(n)}=(y_i^{(n)})_{i\geqslant 1},n=1,2,\cdots\}$ 是 X 中的点列，$y=(y_i)_{i\geqslant 1}\in X$，如果

(i) $\sup_n\|y^{(n)}\|<\infty$；

(ii) 对于每一个 $i,\lim_{n\to\infty}y_i^{(n)}=y_i$；

那么称点列 $y^{(n)}$ 弱*收敛于 y，记作 $y^{(n)}\overset{*}{\longrightarrow}y$。

引理 2.1.5[13]　假设 $\{y^{(n)}=(y_i^n)_{i\geqslant 1},n=1,2,\cdots\}$ 是 X 中的点列，$y=(y_i)_{i\geqslant 1}\in X$，如果 $y^{(n)}\overset{*}{\longrightarrow}y$ 且 $\|y^{(n)}\|\to\|y\|$，那么 $\lim_{n\to\infty}y^{(n)}=y$，即 $\lim_{n\to\infty}\|y^{(n)}-y\|=0$。

定理 2.1.3　若 $C(t)=(c_i(t))_{i\geqslant 1}$ 是系统 $(2.1.1)\sim(2.1.3)$ 在 $[0,+\infty)$ 上的任一解，进一步假设

$$N_{i,j}^1\geqslant 2\ \text{且}\ w_{i,j}=0,\quad i,j\geqslant 1 \tag{2.1.32}$$

那么存在 $c^\infty=(c_i^\infty)\in X^+$ 满足

$$\lim_{t\to\infty}c_i(t)=c_i^\infty,\quad i\geqslant 1 \tag{2.1.33}$$

进一步地，如果存在某一 $i\geqslant 2$，使得 $a_{i,i}\neq 0$，那么

$$c_i^\infty=0 \tag{2.1.34}$$

证明　设 $m\geqslant 1,t_1\geqslant 0$ 且 $t_2\geqslant t_1$。由式(2.1.9)、式(2.1.10)、式(2.1.32)和引理 2.1.2 知

$$
\begin{aligned}
\sum_{i=1}^{m}\frac{dc_i}{dt}=&\sum_{i=1}^{m}\left(-\sum_{j=1}^{m-i}a_{i,j}c_ic_j+\frac{1}{2}\sum_{j=i+1}^{m}\sum_{k=1}^{j-1}N_{j-k,k}^i a_{j-k,k}c_{j-k}c_k\right)\\
&-\sum_{i=1}^{m}\sum_{j=m+1-i}^{\infty}a_{i,j}c_ic_j+\frac{1}{2}\sum_{i=1}^{m}\sum_{j+k\geqslant m+1}N_{j,k}^i a_{j,k}c_jc_k\\
=&-\frac{1}{2}\sum_{i=1}^{m-1}\sum_{j=1}^{m-i}a_{i,j}c_ic_j-\frac{1}{2}\sum_{i=1}^{m-1}\sum_{j=1}^{m-i}\left(1-\sum_{s=1}^{i+j-1}N_{i,j}^s\right)a_{i,j}c_ic_j\\
&-\sum_{i=1}^{m}\sum_{j=m+1-i}^{\infty}a_{i,j}c_ic_j+\frac{1}{2}\sum_{i=1}^{m}\sum_{j+k\geqslant m+1}N_{j,k}^i a_{j,k}c_jc_k
\end{aligned}\tag{2.1.35}
$$

由假设 (2.1.32) 可得

$$\frac{1}{2}\sum_{i=1}^{m}N_{j,k}^{i}\geq 1 \text{ 且 } -\frac{1}{2}\sum_{i=1}^{m-1}\sum_{j=1}^{m-i}\left(1-\sum_{s=1}^{i+j-1}N_{i,j}^{s}\right)a_{i,j}c_{i}c_{j}\geq\frac{1}{2}\sum_{i=1}^{m-1}\sum_{j=1}^{m-i}a_{i,j}c_{i}c_{j} \quad (2.1.36)$$

合并式 (2.1.35) 和式 (2.1.36) 得

$$\sum_{i=1}^{m}\frac{\mathrm{d}c_{i}}{\mathrm{d}t}\geq -\sum_{i=1}^{m}\sum_{j=m+1-i}^{\infty}a_{i,j}c_{i}c_{j}+\sum_{i+j\geq m+1}a_{i,j}c_{i}c_{j}\geq 0$$

于是

$$\sum_{i=1}^{m}c_{i}(t_{2})-\sum_{i=1}^{m}c_{i}(t_{1})\geq 0 \quad (2.1.37)$$

因此函数 $S_{m}:t\mapsto\sum_{i=1}^{m}c_{i}(t),m\geq 1$ 在 $[0,+\infty)$ 上单调上升。根据解的定义可得 $S_{m}(t)\leq\|c(t)\|_{X}\leq\sup\limits_{t\in[0,\infty)}\|c(t)\|_{X}<\infty$ ，即函数 $S_{m}(t)$ 有界，于是存在常数 $S_{m}\geq 0$ 使得

$$S_{m}(t)\to\overline{s}_{m}, \quad t\to\infty$$

因此

$$c_{m}(t)\to c_{m}^{\infty}, t\to\infty$$

其中 $c_{1}^{\infty}=\overline{s}_{1}$ 及 $c_{m}^{\infty}=\overline{s}_{m}-\overline{s}_{m-1}\geq 0,m\geq 2$ 。再一次根据解的定义可得

$$\sum_{i=1}^{M}ic_{i}(t)\leq\sup\limits_{t\in[0,+\infty)}\|c(t)\|_{X}<+\infty,M\geq 1,t\in[0,+\infty)$$

于是

$$\sum_{i=1}^{\infty}ic_{i}^{\infty}<+\infty \quad (2.1.38)$$

至此定理 2.1.3 的式 (2.1.33) 已证完。

现在证明式 (2.1.34)。设 $t\geq 0,\tau>0$ ，由式 (2.1.32)、式 (2.1.9) 和式 (2.1.1) 得

$$c_{1}(t+\tau)-c_{1}(t)\geq\int_{t}^{t+\tau}\left(-\sum_{j=1}^{\infty}a_{1,j}c_{1}c_{j}+\sum_{j+k\geq 2}a_{j,k}c_{j}c_{k}\right)\mathrm{d}s$$

$$=\int_{t}^{t+\tau}\left(-\sum_{j=1}^{\infty}a_{1,j}c_{1}c_{j}+\sum_{j=1}^{\infty}a_{j,1}c_{j}c_{1}+\sum_{k=2}^{\infty}\sum_{j=2-k}^{\infty}a_{j,k}c_{j}c_{k}\right)\mathrm{d}s$$

$$=\int_{t}^{t+\tau}\sum_{k=2}^{\infty}\sum_{j=2-k}^{\infty}a_{j,k}c_{j}c_{k}\mathrm{d}s$$

$$\geq\int_{t}^{t+\tau}a_{i}c_{i}^{2}\mathrm{d}s,i\geq 2$$

由于 $a_{i,i} > 0$ 且当 $t \to \infty$ 时 $c_1(t) \to c_1^\infty$，所以

$$\lim_{t \to \infty} \int_t^{t+\tau} a_{i,i} c_i^2 \mathrm{d}s = 0, \quad i \geq 2 \tag{2.1.39}$$

因此 $C_i^\infty = 0$。否则，存在正数 α_i，使得 $0 < \alpha_i < c_i^\infty$。由式 (2.1.33) 得存在足够大的正数 M，当 $t \geq M$ 时，$c_i(t) > \alpha_i$，于是

$$\lim_{t \to \infty} \int_t^{t+\tau} a_{i,i} c_i^2 \mathrm{d}s \geq a_{i,i} \alpha_i^2 \tau > 0$$

这与式 (2.1.39) 矛盾。证毕。

定理 2.1.3 说明在只含有碰撞爆炸同时伴随质量转移的粒子反应系统里，如果任意两个粒子发生碰撞后至少产生两个基本粒子，那么系统 (2.1.1) ~ (2.1.3) 的解弱*收敛。同时也注意到定理 2.1.3 是对文献[4]中定理 4.1 的改进和推广。

如同文献[2]、[6]、[15]，本书把方程 (2.1.1) 的常数解称为平衡点。于是令方程 (2.1.1) 的右边为零，可得：$C = (c_i)_{i \geq 1}$ 是方程 (2.1.1) 的平衡点的充分必要条件是

$$C \in X^+ \text{ 且 } \frac{1}{2} \sum_{j=1}^{j-1} w_{j,i-j} a_{j,i-j} c_j c_{i-j} + \frac{1}{2} \sum_{j=i+1}^{\infty} \sum_{k=1}^{j-1} D_{j-k,k}^i(c) = \sum_{j=1}^{\infty} a_{i,j} c_i c_j$$

特别地，如果 $w_{i,j} = 0$，那么 $C = (c_i)_{i \geq 1}$ 是方程 (2.1.1) 的平衡点的充分必要条件是 $C \in X^+$ 且

$$\frac{1}{2} \sum_{j+k \geq i+1} N_{j,k}^i a_{j,k} c_j c_k = \sum_{j=1}^{\infty} a_{i,j} c_i c_j \tag{2.1.40}$$

注意到 $N_{1,1}^1 = 2$，显然，若 $\bar{C} = (\bar{c}_i)_{i \geq 1}$，其中 $\bar{c}_i = \rho_0 \delta_{i,1}$，这里 ρ_0 是常数，那么 $\bar{C}$ 满足式 (2.1.40)。因而由定理 2，1.3 可得以下推论。

推论 2.1.1　设式 (2.1.32) 成立且对于每一个 $i \geq 2, a_{i,i} \neq 0$。若 $C(t) = (c_i(t))_{i \geq 1}$ 是系统 (2.1.1) ~ (2.1.3) 在 $[0,\infty)$ 上的解，那么存在一个平衡点 $c^\infty = (c_i^\infty)_{i \geq 1}$，使得

$$C(t) \overset{*}{\longrightarrow} c^\infty, \qquad t \to \infty$$

其中 $c_i^\infty = \rho_0 \delta_{i,1}$，常数 ρ_0 满足 $\sum_{i=1}^{\infty} c_i^0 \leq \rho_0 < +\infty$。

证明　根据定理 2.1.3 显然可得：存在一个平衡点 $c^\infty = (c_i^\infty)_{i \geq 1}$，使得

$$C(t) \overset{*}{\longrightarrow} c^\infty, \qquad t \to \infty$$

其中 $c_i^\infty = \rho_0 \delta_{i,1}, \rho_0$ 为常数。

再根据式 (2.1.37) 有

$$\sum_{i=1}^{m} c_i(t) \geqslant \sum_{i=1}^{m} c_i^0$$

在上式中先令 $t \to \infty$，再令 $m \to \infty$ 可得 $c_1^\infty \geqslant \sum_{i=1}^{\infty} c_i^0$，即 $\rho_0 \geqslant \sum_{i=1}^{\infty} c_i^0$。证毕。

上述结果表明，在推论 2.1.1 的假设成立的条件下，系统最终只存在基本粒子。最后给出一个强收敛结果。

定理 2.1.4 设 $c^0 \in X^+$ 和式 (2.1.32) 成立，并且存在常数 A 满足

$$a_{i,j} \leqslant A(i+j), \quad i,j \geqslant 1 \tag{2.1.41}$$

那么系统 (2.1.1) ～ (2.1.3) 在 $[0, +\infty)$ 上至少存在一解 $c(t) = (c_i(t))_{i \geqslant 1}$ 满足

$$\| c(t) \|_X = \| c^0 \|_X, \quad t \in [0, +\infty) \tag{2.1.42}$$

而且存在 $c^\infty = (c_i^\infty) \in X^+$，使得

$$\lim_{t \to \infty} c_i(t) = c_i^\infty, \quad i \geqslant 1 \tag{2.1.43}$$

进一步地，

$$\lim_{t \to +\infty} \| c(t) - c^\infty \|_X = 0 \Leftrightarrow \| c^\infty \|_X = \| c^0 \|_X \tag{2.1.44}$$

证明 首先由于式 (2.1.32) 和式 (2.1.41) 成立，根据引理 2.1.4 和定理 2.1.3 可得：系统 (2.1.1) ～ (2.1.3) 在 $[0, +\infty)$ 上至少存在一解 $c(t) = (c_i(t))_{i \geqslant 1}$ 满足式 (2.1.42) 和式 (2.1.43)，而且

$$\sum_{i=1}^{M} i c_i(t) \leqslant \sum_{i=1}^{\infty} i c_i^0, \ M \geqslant 1, \ t \in [0, +\infty)$$

因此

$$\sum_{i=1}^{\infty} i c_i^\infty \leqslant \sum_{i=1}^{\infty} i c_i^0 \tag{2.1.45}$$

为了证明式 (2.1.44)，首先假设

$$\lim_{t \to +\infty} \| c(t) - c^\infty \|_X = 0$$

由于

$$\| c^\infty \|_X \geqslant \| c(t) \|_X - \| c(t) - c^\infty \|_X$$

根据式 (2.1.42) 可得

$$\| c^\infty \|_X \geqslant \| c^0 \|_X \tag{2.1.46}$$

合并式 (2.1.45) 和式 (2.1.46) 立得

$$\|c^\infty\|_X = \|c^0\|_X$$

反过来，若 $\|c^\infty\|_X = \|c^0\|_X$。由引理 2.1.5，式 (2.1.42)，式 (2.1.43) 立即可得

$$\lim_{t \to +\infty} \|c(t) - c^\infty\|_X = 0$$

证毕。

2.2　仅含基本粒子与其他粒子碰撞的粒子反应系统非线性动力学演化模型及分析

本节所建立的数学模型是由可数无穷多个彼此相互关联的非线性常微分方程所组成的自治系统，它刻画了在只有基本粒子和 i-粒子 ($i \geqslant 1$) 进行碰撞反应的系统里，粒子增长过程中密度随时间的变化规律。本节研究这一自治系统解的存在性、唯一性、密度守恒以及解的渐近性质。

2.2.1　动力学演化模型的建立

为了得出本节所要研究的新模型，我们首先回顾一下上节已经研究过的一般粒子反应系统的非线性动力学演化模型：用 $c_i(t)$ 表示系统在时刻 t 单位体积所含的 i-粒子的数目，即 $c_i(t)$ 是系统在 t 时刻 i-粒子的密度，那么

$$\frac{dc_i}{dt} = \frac{1}{2} \sum_{j=1}^{i-1} w_{j,i-j} a_{j,i-j} c_j c_{i-j} - \sum_{j=1}^{\infty} a_{i,j} c_i c_j + \frac{1}{2} \sum_{j=i+1}^{\infty} \sum_{k=1}^{j-1} N_{j-k,k}^i (1 - w_{j-k,k}) a_{j-k,k} c_{j-k} c_k, \quad (2.2.1)$$

$$c_i(0) = c_i^0 \quad (2.2.2)$$

其中 $i \geqslant 1$。当 $i = 1$ 时，规定式 (2.2.1) 右边第一项为零。这里 $a_{i,j}$ 表示 i-粒子和 j-粒子之间的碰撞系数，$w_{i,j}$ 表示 i-粒子和 j-粒子碰撞后凝结成 $(i+j)$-粒子的概率。如果 i-粒子和 j-粒子碰撞后没有凝结成 $(i+j)$-粒子，这个事件发生的概率为 $1 - w_{i,j}$，那么它们发生爆炸，在这一过程中，参与碰撞的两个粒子间的质量可能会发生转移，例如一个 i-粒子和一个 j-粒子发生碰撞爆炸后可以形成一个基本粒子和一个 $(i+j-1)$-粒子，$\{N_{i,j}^s, s = 1, 2, \cdots, i+j-1\}$ 是碰撞爆炸后形成的新粒子的分布函数。系数 $(a_{i,j})$，$(w_{i,j})$ 和 $(N_{i,j}^s)$ 满足下面的基本性质

$$a_{i,j} = a_{j,i} \geqslant 0 \text{ 和 } 0 \leqslant w_{i,j} = w_{j,i} \leqslant 1, \ i,j \geqslant 1$$

由于每次碰撞过程中质量应该守恒，所以

$$N_{i,j}^s = N_{j,i}^s \geqslant 0 \ \ \text{和} \ \ \sum_{s=1}^{i+j-1} s N_{i,j}^s = i+j, i,j \geqslant 1$$

本节研究这样的一种系统：在系统中只存在基本粒子和其他粒子之间的碰撞，也就是说当 $i \geqslant 2$ 和 $j \geqslant 2$ 时 i-粒子和 j-粒子之间不发生碰撞；而且两个基本粒子碰撞后必然结合成为一个 2-粒子；基本粒子和 i-粒子碰撞后以一定的概率或者结合成为 $(i+1)$-粒子，或者爆炸成为一个 $(i-1)$-粒子和两个基本粒子。在这样的系统中，式 (2.2.1) 中的系数满足：

当 $j > 2$ 且 $s \notin \{1, j-1\}$ 时，$N_{1,j}^1 = 2, N_{1,j}^{j-1} = 1, N_{1,j}^s = 0$；

$N_{1,2}^1 = 3$，$N_{1,2}^2 = 0$，$w_{1,1} = 1$；

当 $i \geqslant 2$ 且 $j \geqslant 2$ 时，$a_{i,j} = 0$；

令

$(1 - w_{1,j})a_{1,j} = b_j$ 且 $w_{1,j}a_{1,j} = a_j$，其中 $j \geqslant 2, a_{1,1} = 2a_1$。

那么由式 (2.2.1) 及式 (2.2.2) 可得本节所研究的系统的数学模型为

$$\frac{dc_1}{dt} = -c_1 \left(J_1(c) + \sum_{i=1}^{\infty} J_i(c) \right) \tag{2.2.3}$$

$$\frac{dc_i}{dt} = c_1 (J_{i-1}(c) - J_i(c)), \ i \geqslant 2 \tag{2.2.4}$$

$$c_i(0) = c_i^0, \ i \geqslant 1 \tag{2.2.5}$$

其中 $c = (c_i)_{i \geqslant 1}, J_i(c) = a_i c_i - b_{i+1} c_{i+1}$，系数 $a_i, b_{i+1} (i \geqslant 1)$ 是非负常数。

从形式上看，系统 (2.2.3)～(2.2.5) 与经典的贝克尔-多琳 (Becker-Döring)[13] 方程很类似，然而它们具有很多不同的性质，Becker-Döring 方程有着广泛的应用，它刻画了在线性爆炸系统中粒子之间的反应限制在仅得到一个基本粒子或失去一个基本粒子的凝结爆炸过程，关于 Becker-Döring 方程，人们已经得到了许多很好的结果[5, 13]。本节的目的是对系统 (2.2.3)～(2.2.5) 进行研究。本节由五部分组成。第二小节介绍有关的概念及基本引理；第三小节证明了系统 (2.2.3)～(2.2.5) 解的存在、唯一性，同时也证明了密度守恒解的存在性，即系统的密度是一个不随时间而变化的常量。这是一个非常关键的结果，正如本章 2.1 节所述，对一般的系统 (2.2.1)、(2.2.2)，这一结论并不成立。第四小节讨论了当时间 t 趋向 ∞ 时，系统 (2.2.3)～(2.2.5) 解的渐近性质，正如文献[13]所指出的那样，这一问题的研究无论在理论上还是在应用上都具有很重要的意义。在这一小节，我们获得了如下结论：在纯凝结与纯爆炸的情形下，系统 (2.2.3)～(2.2.5) 在 $[0, +\infty)$ 上的解强收敛到平衡点；在凝结占优的情形下，系统 (2.2.3)～(2.2.5) 在 $[0, +\infty)$ 上的解弱*收敛到平衡点。第五小节证明了在爆炸占优的条件下，系统 (2.2.3)～(2.2.5) 解的 ω 极限集含有平衡点；在更强的条件下 ω 极限集只含有唯一的平衡点，并且当时间 $t \to \infty$ 时，该系统的解强收敛于这一平衡点。

2.2.2 概念与引理

如同 2.1 节一样，从物理学的观点来看，系统 (2.2.3)～(2.2.5) 的解应该非负而且密度 $\rho(t) = \sum_{i=1}^{\infty} ic_i(t)$ 为有限值，这启发我们在 Banach 空间

$$X = \left\{ x = (x_i)_{i \geqslant 1} \in R^{N-\{0\}}, \sum_{i=1}^{\infty} i|x_i| < \infty \right\}, \| x \| = \sum_{i=1}^{\infty} i|x_i|$$

中研究非线性系统 (2.2.3)～(2.2.5)。为了叙述的方便，引入下面的记法

$$X^+ = \{x = (x_i)_{i \geqslant 1} \in X, x_i \geqslant 0\}, c_i(0) = c_i^0 \ \text{及} \ c = (c_i^0)_{i \geqslant 1}$$

如同文献[13]一样，本节使用下面的概念。

定义 2.2.1　让 $T \in (0, +\infty]$，系统 (2.2.3)～(2.2.5) 定义在 $[0, T)$ 上的解 $c(t) = (c_i(t))_{i \geqslant 1}$ 是一个函数：$[0, T) \to X^+$，它满足

(i) 对于每一个 $i \geqslant 1, c_i(t)$ 连续且 $\sup\limits_{t \in [0,T)} \| c(t) \| < \infty$；

(ii) $\int_0^t \sum_{i=1}^{\infty} a_i c_i(s) \mathrm{d}s < \infty$ 且 $\int_0^t \sum_{i=2}^{\infty} b_i c_i(s) \mathrm{d}s < \infty, t \in (0, T)$；

(iii) $c_1(t) = c_1^0 - \int_0^t c_1(s) \left(J_1(c(s)) + \sum_{i=1}^{\infty} J_i(c(s)) \right) \mathrm{d}s$，

$$c_i(t) = c_i^0 + \int_0^t c_1(s)(J_{i-1}(c(s)) - J_i(c(s))) \mathrm{d}s, \ i \geqslant 2;$$

这里 $t \in (0, T), J_i(c(s)) = a_i c_i(s) - b_{i+1} c_{i+1}(s)$。

注意：由 (i) 知，对任意的 $t \in (0, T)$，函数 $c_i(s)$ 在 $[0, t]$ 上连续有界，所以由 (ii) 知在 (iii) 里的积分存在且为有限值。而且由 (iii) 知，每一个 $c_i(t)$ 在 $[0, T)$ 上是绝对连续的，因此 $c(t)$ 在 $[0, T)$ 上几乎处处满足式 (2.2.3)、式 (2.2.4)。

定义 2.2.2　如果系统 (2.2.3)～(2.2.5) 定义在区间 $[0, T)$ 上的解 $c(t) = (c_i(t))_{i \geqslant 1}$ 满足 $\| c(t) \| = \| c^0 \|$，$t \in [0, T), 0 < T < +\infty$，那么称解 $c(t)$ 是区间 $[0, T)$ 上的密度守恒解。

在 Banach 空间 X 中，本节与 2.1 节一样，使用两种收敛概念：强收敛(依范数收敛)和弱*收敛(参见文献[13])。

定义 2.2.3　设 $\{y^{(n)} = (y_i^{(n)})_{i \geqslant 1}, n = 1, 2, \cdots\}$ 是 X 中的点列，$y = (y_i)_{i \geqslant 1} \in X$，如果

(i) $\sup\limits_{n} \| y^{(n)} \| < \infty$；

(ii) 对于每一个 i ， $\lim\limits_{n\to\infty} y_i^{(n)} = y_i$ ；

那么称点列 $y^{(n)}$ 弱*收敛于 y ，记作 $y^{(n)} \overset{*}{\longrightarrow} y$ 。

在以下的研究中，经常要用到下面的关于弱*收敛的性质和引理 2.2.2。尽管它们在 2.1 节出现过，但为了方便读者阅读，我们宁愿把它们列在下面。

引理 2.2.1[①]　设 $\{y^{(n)} = (y_i^n)_{i\geqslant 1}, n = 1, 2, \cdots\}$ 是 X 中的点列， $y = (y_i)_{i\geqslant 1} \in X$ ，如果 $y^{(n)} \overset{*}{\longrightarrow} y$ 且 $\|y^{(n)}\| \longrightarrow \|y\|$ ，那么 $\lim\limits_{n\to\infty} y^{(n)} = y$ ，即 $\lim\limits_{n\to\infty} \|y^{(n)} - y\| = 0$ 。

引理 2.2.2[②]　设 $c^0 \in X^+$ 且 $a_{i,j} \leqslant A(i+j), i, j \geqslant 1$ ，其中 A 是非负常数，那么系统 (2.2.3)～(2.2.5) 至少存在一个定义在 $[0, +\infty)$ 上的密度守恒解 $c(t) = (c_i(t))_{i\geqslant 1}$ ，即

$$\|c(t)\| = \|c^0\|, \qquad t \in [0, \infty)$$

引理 2.2.3　空间 X 中的集 E 成为致密集的充要条件是 E 为有界集而且对任何正数 ε ，有自然数 n_ε ，使得对一切 $x = (x_i)_{i\geqslant 1} \in E$

$$\sum_{i=n_\varepsilon+1}^{\infty} i|x_i| < \varepsilon$$

证明　用参考文献[16]中第 94～96 页中定理 8 同样的方法可以证明此引理，此处从略。

下面两个结果是研究系统 (2.2.3)～(2.2.5) 解的基本工具。

定理 2.2.1　设 $n \geqslant m \geqslant 2, 0 \leqslant t_1 < t_2 < T, T < +\infty$ 且 $(g_i) \in R^n$ 。如果 $c(t) = (c_i(t))_{i\geqslant 1}$ 是系统 (2.2.3)～(2.2.5) 在区间 $[0, T)$ 上的解，那么

$$\sum_{i=m}^{n} g_i c_i(t_2) - \sum_{i=m}^{n} g_i c_i(t_1) = \int_{t_1}^{t_2} \sum_{i=m}^{n} c_1(g_{i+1} - g_i) J_i(c(s)) \mathrm{d}s \tag{2.2.6}$$
$$- \int_{t_1}^{t_2} c_1 g_{n+1} J_n(c(s)) \mathrm{d}s + \int_{t_1}^{t_2} c_1 g_m J_{m-1}(c(s)) \mathrm{d}s$$

证明　显然

$$\sum_{i=m}^{n} c_1(g_{i+1} - g_i) J_i(c) - c_1 g_{n+1} J_n(c) + c_1 g_m J_{m-1}(c) = \sum_{i=m}^{n} c_1 g_i (J_{i-1}(c) - J_i(c))$$

对上式两边在 $[t_1, t_2]$ 上同时求积分并应用式 (2.2.4) 便可得式 (2.2.6)。

推论 2.2.1　设 $m \geqslant 2, 0 \leqslant t_1 < t_2 < T$ 且 $T \leqslant \infty$ ，如果 $c(t) = (c_i(t))_{i\geqslant 1}$ 是系统 (2.2.3)～(2.2.5) 在区间 $[0, T)$ 上的解，那么

$$\sum_{i=m}^{\infty} i c_i(t_2) - \sum_{i=m}^{\infty} i c_i(t_1) = \int_{t_1}^{t_2} \sum_{i=m}^{\infty} c_1 J_i(c(s)) \mathrm{d}s + m \int_{t_1}^{t_2} c_1 J_{m-1}(c(s)) \mathrm{d}s \tag{2.2.7}$$

---

① 见文献[13]，引理 3.3。

② 见文献[4]，定理 3.1。

$$\sum_{i=m}^{\infty} c_i(t_2) - \sum_{i=m}^{\infty} c_i(t_1) = \int_{t_1}^{t_2} c_1 J_{m-1}(c(s)) \mathrm{d}s \tag{2.2.8}$$

$$\sum_{i=1}^{\infty} c_i(t_2) - \sum_{i=1}^{\infty} c_i(t_1) = -\int_{t_1}^{t_2} c_1 \sum_{i=1}^{\infty} J_i(c(s)) \mathrm{d}s = -\int_{t_1}^{t_2} \left[a_1 c_1^2 + \sum_{i=2}^{\infty} (a_i - b_i) c_i c_1 \right] \mathrm{d}s \tag{2.2.9}$$

证明　根据系统 $(2.2.3) \sim (2.2.5)$ 解的性质 (ii) 和 Lebesgue 控制收敛定理知

$$\lim_{n \to \infty} \int_{t_1}^{t_2} c_1 J_n(c(s)) \mathrm{d}s = \lim_{n \to \infty} \int_{t_1}^{t_2} (c_1 a_n c_n - c_1 b_{n+1} c_{n+1}) \mathrm{d}s = 0 \tag{2.2.10}$$

在式 (2.2.6) 中令 $g_i = 1$ 并让 $n \to \infty$ 可得

$$\sum_{i=m}^{\infty} c_i(t_2) - \sum_{i=m}^{\infty} c_i(t_1) = \int_{t_1}^{t_2} c_1 J_{m-1}(c(s)) \mathrm{d}s$$

于是式 (2.2.8) 成立。

在式 (2.2.8) 中令 $m = n+1$ 可得

$$\sum_{i=n+1}^{\infty} c_i(t_2) - \sum_{i=n+1}^{\infty} c_i(t_1) = \int_{t_1}^{t_2} c_1 J_n(c(s)) \mathrm{d}s, n \geqslant 1$$

又

$$\lim_{n \to \infty} (n+1) \sum_{i=n+1}^{\infty} c_i(t_j) \leqslant \lim_{n \to \infty} \sum_{i=n+1}^{\infty} i c_i(t_j) = 0, \quad j = 1, 2$$

所以

$$\lim_{n \to \infty} (n+1) \int_{t_1}^{t_2} c_1(s) J_n(c(s)) \mathrm{d}s = \lim_{n \to \infty} \left[(n+1) \sum_{i=n+1}^{\infty} c_i(t_2) - (n+1) \sum_{i=n+1}^{\infty} c_i(t_1) \right] = 0 \tag{2.2.11}$$

在式 (2.2.6) 中令 $g_i = i$ 可得

$$\sum_{i=m}^{n} i c_i(t_2) - \sum_{i=m}^{n} i c_i(t_1) = \int_{t_1}^{t_2} \sum_{i=m}^{n} c_1 J_i(c(s)) \mathrm{d}s - \int_{t_1}^{t_2} (n+1) c_1 J_n(c(s)) \mathrm{d}s + \int_{t_1}^{t_2} m c_1 J_{m-1}(c(s)) \mathrm{d}s \tag{2.2.12}$$

利用 Lebesgue 控制收敛定理及式 (2.2.11)、式 (2.2.12) 可得

$$\sum_{i=m}^{\infty} i c_i(t_2) - \sum_{i=m}^{\infty} i c_i(t_1) = \int_{t_1}^{t_2} \sum_{i=m}^{\infty} c_1 J_i(c(s)) \mathrm{d}s + \int_{t_1}^{t_2} m c_1 J_{m-1}(c(s)) \mathrm{d}s$$

于是式 (2.2.7) 成立。

再在式 (2.2.8) 中令 $m = 2$ 可得

$$\sum_{i=2}^{\infty} c_i(t_2) - \sum_{i=2}^{\infty} c_i(t_1) = \int_{t_1}^{t_2} c_1(s) J_1(c(s)) \mathrm{d}s \tag{2.2.13}$$

由式 (2.2.3) 和式 (2.2.13) 可得

$$\sum_{i=1}^{\infty} c_i(t_2) - \sum_{i=1}^{\infty} c_i(t_1) = -\int_{t_1}^{t_2} \sum_{i=1}^{\infty} c_1 J_i(c(s)) \mathrm{d}s$$

$$= -\int_{t_1}^{t_2} \left[a_1 c_1^2 + \sum_{i=2}^{\infty} (a_i - b_i) c_i(s) c_1(s) \right] \mathrm{d}s$$

证毕。

2.2.3　系统的密度守恒

定理 2.2.2　若 $c^0 \in X^+$ 并且存在常数 $k > 0$，使得

$$0 \le a_i \le ki \text{ 及 } 0 \le b_{i+1} \le k(i+1), \quad i \ge 1 \tag{2.2.14}$$

那么系统 (2.2.3) ～ (2.2.5) 至少存在一个定义在 $[0, +\infty)$ 上的解 $c(t) = (c_i(t))_{i \ge 1}$，满足 $\|c(t)\| = \|c^0\|$。

证明　由于

$$a_j = w_{1,j} a_{1,j} \text{ 和 } b_j = (1 - w_{1,j}) a_{1,j}, \quad j \ge 2$$

所以

$$a_{1,j} = a_j + b_j \le 2kj, \quad j \ge 2$$

又当 $\min\{i, j\} \ge 2$ 时，$a_{i,j} = 0$。所以 $a_{i,j}$ 满足引理 2.2.2 的条件，因此定理 2.2.2 成立。

推论 2.2.2　设 $c^0 \in X^+$。若存在常数 $k > 0$ 使得

$$0 \le a_i \le k \text{ 且 } 0 \le b_{i+1} \le k, \quad i \ge 1$$

那么系统 (2.2.3) ～ (2.2.5) 在区间 $[0, +\infty)$ 上至少存在一个密度守恒解 $c(t) = (c_i(t))_{i \ge 1}$，即

$$\|c(t)\| = \|c(0)\|, \ t \in [0, +\infty)$$

证明　由于 $a_j = w_{1,j} a_{1,j}$ 且 $b_j = (1 - w_{1,j}) a_{1,j}, j \ge 2$。所以

$$a_{1,j} = a_j + b_j \le 2k, \quad j \ge 2$$

又

$$a_{i,j} = 0, \quad \min\{i, j\} \ge 2$$

所以 $a_{i,j}$ 满足引理 2.2.2 的条件，于是据此定理可知系统 (2.2.3) ～ (2.2.5) 在 $[0, +\infty)$ 上至少存在一个密度守恒解。

定理 2.2.3　若 $c(t) = (c_i(t))_{i \ge 1}$ 是系统 (2.2.3) ～ (2.2.5) 定义在区间 $[0, T), 0 < T < \infty$ 上的解，那么

$$\sum_{i=1}^{\infty} i c_i(t) = \sum_{i=1}^{\infty} i c_i^0, t \in [0, T) \qquad (2.2.15)$$

换句话说，系统 (2.2.3)～(2.2.5) 的任一解都是密度守恒解。

证明　在式 (2.2.7) 里令 $m = 2$ 同时注意到式 (2.2.3)，便得出定理 2.2.3 成立。

关于系统 (2.2.3)～(2.2.5) 解的唯一性，我们得到下列结果：

定理 2.2.4　若 $c^0 \in X^+$ 并且存在常数 $k > 0$，使得

$$0 \leqslant a_i \leqslant ki \ \ \text{及} \ \ 0 \leqslant b_{i+1} \leqslant k(i+1), \ i \geqslant 1 \qquad (2.2.16)$$

那么系统 (2.2.3)～(2.2.5) 在 $[0, +\infty)$ 上有且仅有一解。

证明　用 $\mathrm{sgn}(\lambda)$，$\lambda \in R$ 表示符号函数，即

$$\mathrm{sgn}(\lambda) = \begin{cases} 1, & \lambda > 0 \\ 0, & \lambda = 0 \\ -1, & \lambda < 0 \end{cases}$$

注意到如果 $\phi(t)$ 是绝对连续函数，那 $|\phi(t)|$ 也是绝对连续函数，且

$$\frac{\mathrm{d}}{\mathrm{d}t}|\phi(t)| = (\mathrm{sgn}\,\phi(t))\frac{\mathrm{d}\phi(t)}{\mathrm{d}t} \quad \text{a.e.}$$

由于式 (2.2.16) 成立，所以 a_i 和 b_i 满足式 (2.2.14)，因此系统 (2.2.3)～(2.2.5) 至少有一个定义在 $[0, +\infty)$ 上的密度守恒解 $c(t) = (c_i(t))_{i \geqslant 1}$，设 $d(t) = (d_i(t))_{i \geqslant 1}$ 是系统 (2.2.3)～(2.2.5) 定义在 $[0, +\infty)$ 上的另一解，令

$$x(t) = (x_i(t))_{i \geqslant 1} \ \ \text{且} \ \ x(t) = c(t) - d(t)$$

即

$$x_i(t) = c_i(t) - d_i(t)$$

令 $N \geqslant 2$，那么下面的等式在 $[0, +\infty)$ 上几乎处处成立。

$$\begin{aligned} \frac{\mathrm{d}}{\mathrm{d}t} \sum_{i=2}^{N} i|x_i| &= \sum_{i=2}^{N} i\,\mathrm{sgn}(x_i)\frac{\mathrm{d}x_i}{\mathrm{d}t} \\ &= 2\,\mathrm{sgn}(x_2)[c_1 J_1(c) - d_1 J_1(d)] - (N+1)\mathrm{sgn}(x_{N+1})[c_1 J_N(c) - d_1 J_N(d)] \qquad (2.2.17) \\ &\quad + \sum_{i=2}^{N}[(i+1)\mathrm{sgn}(x_{i+1}) - i\,\mathrm{sgn}(x_i)](c_1 J_i(c) - d_1 J_i(d)) \end{aligned}$$

由于

$$c_1 J_i(c) - d_1 J_i(d) = a_i(x_1 c_i + x_i d_1) - b_{i+1}(x_1 c_{i+1} + x_{i+1} d_1), \ i \geqslant 1$$

所以

$$[(i+1)\mathrm{sgn}(x_{i+1}) - i\mathrm{sgn}(x_i)](c_1 J_i(c) - d_1 J_i(d))$$

$$= [(i+1)\mathrm{sgn}(x_{i+1}x_1) - i\mathrm{sgn}(x_i x_1)]a_i c_i |x_1| + [(i+1)\mathrm{sgn}(x_{i+1}x_i) - i]d_1 a_i |x_i|$$

$$- [(i+1)\mathrm{sgn}(x_{i+1}x_1) - i\mathrm{sgn}(x_i x_1)]b_{i+1}c_{i+1}|x_1| - [(i+1) - i\mathrm{sgn}(x_i x_{i+1})]b_{i+1}d_1 |x_{i+1}|$$

$$\leqslant (2i+1)a_i c_i |x_1| + d_1 a_i |x_i| + (2i+1)b_{i+1}c_{i+1}|x_1| - b_{i+1}d_1 |x_{i+1}|$$

$$\leqslant (2i+1)k(c_i + c_{i+1})|x_1| + d_1 a_i |x_i|$$

$$2\mathrm{sgn}(x_2)[c_1 J_1(c) - d_1 J_1(d)] = 2\mathrm{sgn}(x_2)[a_1(x_1 c_1 + x_1 d_1) - b_2(x_1 c_2 + x_2 d_1)]$$

$$\leqslant 2k(c_1 + c_2 + d_1)|x_1|$$

于是由式 (2.2.17) 可得：当 $t \in [0, +\infty)$ 时

$$\sum_{i=2}^{N} i|x_i(t)| \leqslant \int_0^t 2k(c_1 + c_2 + d_1)|x_1|\mathrm{d}\tau - \int_0^t (N+1)\,\mathrm{sgn}(x_{N+1})[c_1 J_N(c) - d_1 J_N(d)]\mathrm{d}\tau \tag{2.2.18}$$

$$+ \int_0^t \sum_{i=2}^{N}[(2i+1)k(c_i + c_{i+1})|x_1| + d_1 a_i |x_i|]\mathrm{d}\tau$$

由于密度守恒，即 $\sum_{i=1}^{\infty} ic_i(t) = \sum_{i=1}^{\infty} id_i(t) = \|c^0\|, t \in [0, +\infty)$，所以

$$2k(c_1 + c_2 + d_1)|x_1| \leqslant 4k\|c^0\||x_1| \tag{2.2.19}$$

$$\sum_{i=2}^{N}(2i+1)k(c_i + c_{i+1})|x_1| \leqslant 5k\|c^0\||x_1| \tag{2.2.20}$$

$$\left|(N+1)\mathrm{sgn}(x_{N+1})[c_1 J_N(c) - d_1 J_N(d)]\right|$$

$$= \left|(N+1)\mathrm{sgn}(x_{N+1})[a_N(x_1 c_N + x_N d_1) - b_{N+1}(x_1 c_{N+1} + x_{N+1}d_1)]\right| \tag{2.2.21}$$

$$\leqslant 12k\|c^0\|^2$$

又

$$\lim_{N \to \infty}\left|(N+1)\mathrm{sgn}(x_{N+1})[c_1 J_N(c) - d_1 J_N(d)]\right| = 0 \tag{2.2.22}$$

由式 (2.2.21)、式 (2.2.22) 和 Lebesgue 控制收敛定理可得

$$\lim_{N \to \infty}\int_0^t (N+1)\mathrm{sgn}(x_{N+1})[c_1 J_N(c) - d_1 J_N(d)]\mathrm{d}\tau = 0 \tag{2.2.23}$$

根据定理 2.2.3，$\sum_{i=1}^{\infty} ic_i(t) = \sum_{i=1}^{\infty} id_i(t) = \sum_{i=1}^{\infty} ic_i^0$，所以

$$x_1(t) = \sum_{i=2}^{\infty} -[ix_i(t)]$$

从而

$$|x_1(t)| \leqslant \sum_{i=2}^{\infty} i|x_i(t)| \qquad (2.2.24)$$

由式 (2.2.18)～式 (2.2.20)，式 (2.2.23)、式 (2.2.24) 可得

$$\sum_{i=2}^{\infty} i|x_i(t)| \leqslant 10k\|c^0\| \int_0^t \sum_{i=2}^{\infty} i|x_i(\tau)| \mathrm{d}\tau, \; t \in [0,+\infty)$$

根据贝尔曼 (Bellman) 不等式得 $\sum_{i=2}^{\infty} i|x_i(t)| = 0, t \in [0,+\infty)$，从而由式 (2.2.24) 得 $c(t) = d(t)$，故系统 (2.2.3)～(2.2.5) 在 $[0,+\infty)$ 上仅存在一解。

2.2.4　凝结占优系统的演化势态分析

我们把方程 (2.2.3)、(2.2.4) 的常数解称为系统 (2.2.3)、(2.2.4) 的平衡点，于是令方程 (2.2.3)、(2.2.4) 的右边为零，可得：$c = (c_i)_{i \geqslant 1}$ 是系统 (2.2.3)、(2.2.4) 的平衡点的充分必要条件是 $c_1 J_i(c) = 0, i \geqslant 1$ 且 $c \in X^+$。下面考虑三种情况：第一种是系统中基本粒子与 i-粒子 $(i \geqslant 2)$ 碰撞后便分解为一个 $(i-1)$-粒子和两个基本粒子，于是 $w_{1,i} = 0$，从而 $a_i = 0, b_i \geqslant 0, i \geqslant 2$。本节只考虑 $a_i = 0, b_i > 0$ 的情形，并把这种情形称为纯爆炸的情形，此时，平衡点满足的条件为 $c \in X^+$ 且 $b_{i+1} c_1 c_{i+1} = 0, i \geqslant 1$。即 $c \in X^+$ 且 $c_1 c_{i+1} = 0, i \geqslant 1$。第二种是系统中基本粒子与 i-粒子 $(i \geqslant 2)$ 碰撞后便凝结成 $(i+1)$-粒子，于是 $w_{1,j} = 1$，从而 $a_i \geqslant 0, b_i = 0, i \geqslant 2$。本节只考虑 $a_i > 0, b_i = 0$ 的情形，并把这种情形称为纯凝结的情形，此时平衡点满足的条件为 $c \in X^+$ 且 $a_i c_1 c_i = 0, i \geqslant 1$。即 $c \in X^+$ 且 $c_1 = 0$。第三种是一般情形，即 $a_i \geqslant 0, b_{i+1} \geqslant 0, i \geqslant 1$。如前所述，此时平衡点满足的条件为 $c \in X^+$ 且 $c_1 J_i(c) = 0, i \geqslant 1$。下面就上述三种情况分别讨论当时间 t 趋于 ∞ 时，系统 (2.2.3)～(2.2.5) 解的渐近性质。首先讨论纯爆炸的情况。

定理 2.2.5　设 $a_i = 0, b_{i+1} > 0, i \geqslant 1$ 且 $c_1^0 > 0$，若 $c(t) = (c_i(t))_{i \geqslant 1}$ 是系统 (2.2.3)～(2.2.5) 在 $[0,+\infty)$ 上的解，那么

$$\lim_{t \to \infty} \| c(t) - \overline{c} \| = 0$$

其中 $\overline{c} = (\overline{c}_i)_{i \geqslant 1}, \overline{c}_i = \|c^0\| \delta_{i,1}$。

证明　令

$$P_m(t) = \sum_{i=1}^m i c_i(t), \; m \geqslant 1, \; t \geqslant 0$$

由于密度守恒，显然有

$$P_m(t) \leqslant \|c^0\| \tag{2.2.25}$$

根据式 (2.2.7) 及假设 $a_i = 0, i \geqslant 1$ 可得：当 $m \geqslant 2$ 且 $0 \leqslant t_1 < t_2 < +\infty$ 时

$$\left(\sum_{i=1}^{\infty} ic_i(t_2) - \sum_{i=1}^{m-1} ic_i(t_2) \right) - \left(\sum_{i=1}^{\infty} ic_i(t_1) - \sum_{i=1}^{m-1} ic_i(t_1) \right) = -\int_{t_1}^{t_2} \sum_{i=m}^{\infty} c_1 b_{i+1} c_{i+1} \mathrm{d}s - m \int_{t_1}^{t_2} c_1 b_m c_m \mathrm{d}s$$

由密度守恒可得

$$\sum_{i=1}^{m} ic_i(t_2) - \sum_{i=1}^{m} ic_i(t_1) = \int_{t_1}^{t_2} \sum_{i=m+1}^{\infty} c_1 b_{i+1} c_{i+1} \mathrm{d}s + (m+1) \int_{t_1}^{t_2} c_1 b_{m+1} c_{m+1} \mathrm{d}s, \quad m \geqslant 1 \tag{2.2.26}$$

所以 $P_m(t)$ 在 $[0, +\infty)$ 上单调上升，根据式 (2.2.5) 知 $P_m(t)$ 也是有界的，因此存在常数 $\overline{p}_m$ 使得

$$\lim_{t \to \infty} P_m(t) = \overline{p}_m$$

从而

$$\lim_{t \to \infty} c_m(t) = \overline{c}_m$$

其中 $\overline{c}_1 = \overline{p}_1, \overline{c}_m = (\overline{p}_m - \overline{p}_{m-1})/m \geqslant 0, m \geqslant 2$。从现在起，记 $\overline{c} = (\overline{c}_i)_{i \geqslant 1}$。

由 (2.2.3) 可得

$$c_1(t) - c_1(0) = \int_0^t \left(b_2 c_1 c_2 + \sum_{i=1}^{\infty} b_{i+1} c_{i+1} c_1 \right) \mathrm{d}s \tag{2.2.27}$$

由此可得

$$\int_0^t b_i c_i c_1 \mathrm{d}s \leqslant \int_0^t \sum_{s=1}^{\infty} b_{s+1} c_{s+1} c_1 \mathrm{d}\tau \leqslant c_1(t) \leqslant \|c^0\|, \quad i > 1$$

所以 $b_i c_i c_1 \in L^1(0, +\infty), i > 1$，从而 $\lim_{t \to \infty} b_i c_i(t) c_1(t) = b_i \overline{c}_i \overline{c}_1 = 0$，即

$$\overline{c}_i \overline{c}_1 = 0, \quad i > 1 \tag{2.2.28}$$

再一次利用式 (2.2.27) 可得 $c_1(t) \geqslant c_1^0$，于是 $\overline{c}_1 \geqslant c_1^0 > 0$。因此从式 (2.2.28) 可得

$$\overline{c}_i = 0, \quad i > 1$$

由式 (2.2.26) 可得

$$\sum_{i=1}^{m} ic_i(t) \geqslant \sum_{i=1}^{m} ic_i^0, \quad t \in [0, +\infty)$$

在上面的不等式中先让 $t \to \infty$，再让 $m \to \infty$ 可得

$$\overline{c}_1 \geqslant \|c^0\|$$

同样地，由式 (2.2.25) 可得 $\overline{c}_1 \leqslant \|c^0\|$。于是 $\overline{c}_1 = \|c^0\|$。

由于 $\|c(t)\| = \|c^0\| = \|\overline{c}\|$，由引理 2.2.1 可得

$$\lim_{t \to \infty} \| c(t) - \overline{c} \| = 0$$

接着讨论纯凝结的情况。

定理 2.2.6　设 $a_i > 0, b_{i+1} = 0, i \geqslant 1$。若 $c(t) = (c_i(t))_{i \geqslant 1}$ 是系统 (2.2.3) ~ (2.2.5) 在 $[0, +\infty)$ 上的解，那么

$$\lim_{t \to \infty} \| c(t) - \overline{c} \| = 0$$

其中 $\overline{c} = (\overline{c}_i)_{i \geqslant 1}$ 是非负实数列，且 $\overline{c}_1 = 0, \overline{c} \in X^+$。

证明　本定理可以用参考文献 [13] 中定理 5.2 同样的方法来证明。令

$$p_m(t) = \sum_{i=m}^{\infty} c_i(t), \quad m = 1, 2, \cdots$$

由式 (2.2.8) 知，当 $m \geqslant 2$ 时 $p_m(t)$ 是单调上升的；由式 (2.2.9) 知 $p_1(t)$ 是单调下降的。由式 (2.2.15) 知 $p_m(t)$ 是有界的，所以极限 $\lim_{t \to \infty} p_m(t)$ 存在，不妨假设 $\lim_{t \to \infty} p_m(t) = \overline{p}_m$。由于 $c_i(t) = p_i(t) - p_{i+1}(t)$，所以极限 $\lim_{t \to \infty} c_i(t)$ 也存在，不妨设 $\lim_{t \to \infty} c_i(t) = \overline{c}_i$，记 $\overline{c} = (\overline{c}_i)_{i \geqslant 1}$。由单调收敛定理可得

$$\|c^0\| = \sum_{i=1}^{\infty} i c_i(t) = \sum_{m=1}^{\infty} p_m(t) \to \sum_{m=1}^{\infty} \overline{p}_m = \sum_{i=1}^{\infty} i \overline{c}_i, t \to \infty$$

由引理 2.2.1 可得

$$\lim_{t \to \infty} \| c(t) - \overline{c} \| = 0$$

由式 (2.2.9) 可得 $\int_0^{\infty} a_1 c_1^2(s) \mathrm{d}s < \infty$，因此 $\lim_{t \to \infty} a_1 c_1^2(t) = a_1(\overline{c}_1)^2 = 0$，于是 $c_1 = 0$。

最后就一般的情况进行讨论。

定理 2.2.7　设

$$a_1 > 0 \ \text{且} \ a_i \geqslant b_i \geqslant 0, i \geqslant 2 \tag{2.2.29}$$

若 $c(t) = (c_i(t))_{i \geqslant 1}$ 是系统 (2.2.3) ~ (2.2.5) 定义在 $[0, +\infty)$ 上的解，那么

$$c(t) \overset{*}{\longrightarrow} \overline{c}, \quad t \to \infty$$

其中：$\overline{c} = (\overline{c}_i)_{i \geqslant 1} \in X^+$ 且 $\overline{c}_1 = 0$。

证明　令

$$p_{-1}(t) = \sum_{i=1}^{\infty} c_i(t),$$

$$p_0(t) = c_1(t) + 2\sum_{i=2}^{\infty} c_i(t),$$

$$p_m(t) = \sum_{i=m+1}^{\infty} (i-m)c_i(t), m \geq 1$$

其中 $t \in [0,+\infty)$。由于密度守恒，显然有

$$0 \leq p_m(t) \leq \|c^0\|, \quad m = -1,0,1,2,\cdots \tag{2.2.30}$$

由式 (2.2.9) 和式 (2.2.29) 知 $p_{-1}(t)$ 是单调下降的。

由式 (2.2.3) 和式 (2.2.8) 可得

$$p_0(t_2) - p_0(t_1) = -\int_{t_1}^{t_2} c_i \sum_{i=2}^{\infty} J_i(c(s)) \mathrm{d}s = -\int_{t_1}^{t_2}\left[a_2 c_1(s)c_2(s) + \sum_{i=3}^{\infty}(a_i - b_i)c_1(s)c_i(s)\right]\mathrm{d}s \tag{2.2.31}$$

由式 (2.2.29) 可得 $p_0(t)$ 是单调下降的。

根据式 (2.2.7) 和式 (2.2.8) 可知

$$p_m(t_2) - p_m(t_1) = \int_{t_1}^{t_2}\sum_{i=m}^{\infty} c_1 J_i(c(s))\mathrm{d}s = \int_{t_1}^{t_2}\left[c_1 a_m c_m + \sum_{i=m+1}^{\infty}(a_i - b_i)c_1 c_i\right]\mathrm{d}s, m \geq 1 \tag{2.2.32}$$

再一次使用假设式 (2.2.29) 可得 $p_m(t), m \geq 1$ 是单调上升的，因此极限 $\lim\limits_{t\to\infty} p_m(t)$，$m = -1,0,1,2\cdots$ 存在，容易看出

$$c_1(t) = 2p_{-1}(t) - p_0(t)$$
$$c_m(t) = p_{m-1}(t) + p_{m+1}(t) - 2p_m(t), m \geq 2$$

所以极限 $\lim\limits_{t\to\infty} c_i(t)$ 存在，不妨设

$$\lim\limits_{t\to\infty} c_i(t) = \overline{c}_i, i = 1,2,\cdots \tag{2.2.33}$$

由于密度守恒

$$\sum_{i=1}^{M} i c_i(t) \leq \sum_{i=1}^{\infty} i c_i^0, M \geq 1, t \in [0,+\infty)$$

从而由式 (2.2.33) 可得

$$\sum_{i=1}^{\infty} i\overline{c}_i \leq \sum_{i=1}^{\infty} i c_i^0, t \in [0,+\infty) \tag{2.2.34}$$

即 $\overline{c} = (\overline{c}_i)_{i\geq 1} \in X^+$。

由式 (2.2.9) 可得

$$\int_0^\infty a_1 c_1^2(s)\mathrm{d}s < +\infty$$

因此 $\lim\limits_{t\to\infty} a_1 c_1^2 = a_1(\overline{c_1})^2 = 0$，由于 $a_1 > 0$，所以 $\overline{c_1} = 0$。证毕。

注意到条件 $a_i \geqslant b_i \geqslant 0, i \geqslant 2$ 暗示 $w_{1,i} \geqslant \dfrac{1}{2}$，即系统中基本粒子与 i-粒子 ($i \geqslant 2$) 碰撞后凝结在一起成为 $(i+1)$-粒子的可能性更大，我们可以称这种情形为凝结占优。于是从上面的定理可以得出如下的结论：在纯凝结与纯爆炸的情形下，系统 (2.2.3) ～ (2.2.5) 在 $[0,+\infty)$ 上的解强收敛到平衡点；在凝结占优的情形下，系统 (2.2.3) ～ (2.2.5) 在 $[0,+\infty)$ 上的解弱*收敛到平衡点。

2.2.5 爆炸占优系统的演化势态分析

2.2.5.1 平衡点和李雅普诺夫 (Lyapunov) 函数

从现在起，我们假设

$$a_i > 0 \text{ 且 } b_{i+1} > 0, \quad i \geqslant 1$$

那么系统 (2.2.3)、(2.2.4) 的平衡点的集合 S 可以表示成两个不相交的集合 S_1 和 S_2 的并，即 $S = S_1 \bigcup S_2$。其中

$$S_1 = \{c = (c_i)_{i\geqslant 1}|\ c \in X^+ - \{0\} \text{且} c_1 = 0\} \tag{2.2.35}$$

$$S_2 = \{c = (c_i)_{i\geqslant 1}|\ c \in X^+ \text{且} J_i(c) = 0,\ i \geqslant 1\} \tag{2.2.36}$$

如果 $c = (c_i)_{i\geqslant 1} \in S_2$，那么

$$\frac{c_{i+1}}{c_i} = \frac{a_i}{b_{i+1}}, \quad i \geqslant 1$$

因此

$$c_i = Q_i c_1, \quad i \geqslant 1 \tag{2.2.37}$$

其中 $Q_1 = 1, \dfrac{Q_{i+1}}{Q_i} = \dfrac{a_i}{b_{i+1}}, i \geqslant 1$。

又 $c = (c_i)_{i\geqslant 1} \in X^+$，所以 Q_i 必须满足

$$\sum_{i=1}^\infty iQ_i < +\infty \tag{2.2.38}$$

注意到如果式 (2.2.38) 成立且 Q 是一个非负实数，那么存在唯一的实数 c_1^Q 使得

$$\sum_{i=1}^\infty iQ_i c_1^Q = Q$$

记 $c_i^Q = Q_i c_1^Q, i \geqslant 1$ 且 $c^Q = (c_i^Q)_{i \geqslant 1}$，那么 $c^Q \in X^+, \|c^Q\| = Q$ 并且在 S_2 中范数为 Q 的元素可以唯一地表示成 c^Q。

定义 2.2.4　若 $c(t) = (c_i(t))_{i \geqslant 1}$ 是系统 (2.2.3) ～ (2.2.5) 在 $[0, +\infty)$ 上的任一解，V 是定义在 Banach 空间 X 上取值于实数集 R 中的函数，如果函数 $V(c(t))$ 是 $[0, +\infty)$ 上的单调下降函数，则称函数 $V: X \to R$ 是 Lyapunov 函数。

定理 2.2.8　若存在常数 $k > 0$ 使得

$$0 < a_i \leqslant k \text{ 且 } 0 < b_{i+1} \leqslant k, \quad i \geqslant 1 \tag{2.2.39}$$

进一步假设式 (2.2.38) 成立，而且 $0 \leqslant Q < +\infty, a_i \leqslant b_i, i \geqslant 2$。如果 $c(t) = (c_i(t))_{i \geqslant 1}$ 是系统 (2.2.3) ～ (2.2.5) 在 $[0, +\infty)$ 上的解，那么

$$V(c(t)) = \|c(t) - c^Q\| = \sum_{i=1}^{\infty} i |c_i(t) - c_i^Q|$$

在 $[0, +\infty)$ 上是单调下降函数，即 V 是 Lyapunov 函数。

证明　用 $\mathrm{sgn}(\lambda)$ 表示符号函数，即

$$\mathrm{sgn}(\lambda) = \begin{cases} 1, & \lambda > 0 \\ 0, & \lambda = 0 \\ -1, & \lambda < 0 \end{cases}$$

注意到如果 $\phi(t)$ 是绝对连续函数，那么 $|\phi(t)|$ 也是绝对连续函数，且

$$\frac{\mathrm{d}}{\mathrm{d}t} |\phi(t)| = (\mathrm{sgn}\,\phi(t)) \frac{\mathrm{d}\phi(t)}{\mathrm{d}t} \qquad \text{a.e.}$$

由于 c^Q 是平衡点，所以 $\dfrac{\mathrm{d}}{\mathrm{d}t} c_i^Q = 0, i \geqslant 1$。令 $\sigma_i = \mathrm{sgn}(c_i - c_i^Q), i \geqslant 1$。由式 (2.2.4) 可得：当 $N \geqslant 2$ 且 $t \in [0, +\infty)$ 时下式几乎处处成立。

$$\frac{\mathrm{d}}{\mathrm{d}t} \sum_{i=2}^{N} i |c_i - c_i^Q| = \sum_{i=2}^{N} i \sigma_i \frac{\mathrm{d}}{\mathrm{d}t} (c_i - c_i^Q)$$

$$= c_1 \left(\sum_{i=1}^{N-1} [(i+1)\sigma_{i+1} - i\sigma_i] J_i(c) + \sigma_1 J_1(c) - N\sigma_N J_N(c) \right)$$

又由式 (2.2.3) 可得

$$\frac{\mathrm{d}}{\mathrm{d}t} |c_1 - c_1^Q| = \sigma_1(-c_1) \left(J_1(c) + \sum_{i=1}^{\infty} J_i(c) \right)$$

所以

$$\frac{\mathrm{d}}{\mathrm{d}t}\sum_{i=1}^{N}i\left|c_i-c_i^Q\right|=c_1\left(\sum_{i=1}^{N-1}[(i+1)\sigma_{i+1}-i\sigma_i]J_i(c)-N\sigma_N J_N(c)-\sigma_1\sum_{i=1}^{\infty}J_i(c)\right)$$

于是，当 $t_1,t_2\in[0,+\infty)$ 时

$$\sum_{i=1}^{N}i\left|c_i(t_2)-c_i^Q\right|-\sum_{i=1}^{N}i\left|c_i(t_1)-c_i^Q\right|=\int_{t_1}^{t_2}c_1\sum_{i=1}^{N-1}[(i+1)\sigma_{i+1}-i\sigma_i]J_i(c)\mathrm{d}s$$

$$-N\int_{t_1}^{t_2}c_1\sigma_N J_N(c)\mathrm{d}s-\int_{t_1}^{t_2}c_1\sigma_1\sum_{i=1}^{\infty}J_i(c)\mathrm{d}s \tag{2.2.40}$$

由式 (2.2.15)，式 (2.2.39) 和 Lebesgue 控制收敛定理可得

$$\lim_{N\to\infty}\int_{t_1}^{t_2}c_1\sum_{i=1}^{N-1}[(i+1)\sigma_{i+1}-i\sigma_i]J_i(c)\mathrm{d}s=\int_{t_1}^{t_2}c_1\sum_{i=1}^{\infty}[(i+1)\sigma_{i+1}-i\sigma_i]J_i(c)\mathrm{d}s \quad (2.2.41)$$

$$\lim_{N\to\infty}\int_{t_1}^{t_2}Nc_1\sigma_N J_N(c)\mathrm{d}s=0 \tag{2.2.42}$$

由式 (2.2.40)～式 (2.2.42) 立得

$$\sum_{i=1}^{\infty}i\left|c_i(t_2)-c_i^Q\right|-\sum_{i=1}^{\infty}i\left|c_i(t_1)-c_i^Q\right|=\int_{t_1}^{t_2}c_1\sum_{i=1}^{\infty}[(i+1)\sigma_{i+1}-i\sigma_i-\sigma_1]J_i(c)\mathrm{d}s$$

又由于 c^Q 是平衡点，$J_i(c^Q)=0,i\geqslant1$ 而且 $a_i\leqslant b_i,i\geqslant2$，所以

$$\sum_{i=1}^{\infty}i\left|c_i(t_2)-c_i^Q\right|-\sum_{i=1}^{\infty}i\left|c_i(t_1)-c_i^Q\right|=\int_{t_1}^{t_2}c_1\sum_{i=1}^{\infty}[(i+1)\sigma_{i+1}-i\sigma_i-\sigma_1](J_i(c)-J_i(c^Q))\mathrm{d}s$$

$$=\int_{t_1}^{t_2}2c_1(\sigma_2\sigma_1-1)a_1\left|c_1-c_1^Q\right|\mathrm{d}s+\int_{t_1}^{t_2}c_1\sum_{i=2}^{\infty}[(i+1)\sigma_{i+1}\sigma_i-i-\sigma_1\sigma_i]a_i\left|c_i-c_i^Q\right|\mathrm{d}s$$

$$-\int_{t_1}^{t_2}c_1\sum_{i=1}^{\infty}[(i+1)-i\sigma_i\sigma_{i+1}-\sigma_1\sigma_{i+1}]b_{i+1}\left|c_{i+1}-c_{i+1}^Q\right|\mathrm{d}s$$

$$\leqslant\int_{t_1}^{t_2}2c_1(\sigma_2\sigma_1-1)a_1\left|c_1-c_1^Q\right|\mathrm{d}s+\int_{t_1}^{t_2}c_1\sum_{i=2}^{\infty}[(i+1)\sigma_{i+1}\sigma_i-2i+(i-1)\sigma_{i-1}\sigma_i]a_i\left|c_i-c_i^Q\right|\mathrm{d}s \tag{2.2.43}$$

由于 $(i+1)\sigma_{i+1}\sigma_i-2i+(i-1)\sigma_{i-1}\sigma_i\leqslant0,i\geqslant2$ 且 $\sigma_2\sigma_1\leqslant1$，所以

$$\sum_{i=1}^{\infty}i\left|c_i(t_2)-c_i^Q\right|-\sum_{i=1}^{\infty}i\left|c_i(t_1)-c_i^Q\right|\leqslant0$$

2.2.5.2 爆炸占优系统的演化势态分析

首先引进 ω 极限集合[17]的概念。若 $c(t)=(c_i(t))_{i\geqslant1}$ 是系统 (2.2.3)～(2.2.5) 在

$[0,+\infty)$ 上的解，如果存在非负实数列 $\{t_j\}_{j=1,2,\cdots}, t_j \to +\infty$ ，使

$$\lim_{j \to +\infty} c_i(t_j) = y_i, \quad i \geqslant 1$$

则说 $y = (y_i)_{i \geqslant 1}$ 是解 $c(t) = (c_i(t))_{i \geqslant 1}$ 的 ω 极限点。解 $c(t) = (c_i(t))_{i \geqslant 1}$ 的 ω 极限点的集合称为它的 ω 极限集合，记作 $\omega(c)$ 。

引理 2.2.4 设 (2.2.39) 成立，如果 $c(t) = (c_i(t))_{i \geqslant 1}$ 是系统 (2.2.3) ~ (2.2.5) 在 $[0,+\infty)$ 上的解，那么

(i) $\omega(c) \neq \varnothing$ ；

(ii) 若 $y = (y_i)_{i \geqslant 1} \in \omega(c)$ 且点列 $\{t_n\}, t_n \to +\infty$ 使 $\lim_{n \to +\infty} c_i(t_n) = y_i$ ，那么存在 $\{t_n\}$ 的子列 (仍用 $\{t_n\}$ 表示) 和函数列 $\bar{c}(t) = (\bar{c}_i(t))_{i \geqslant 1}$ 使得

$$\bar{c}_i(t) \in C([0,1]), \bar{c}_i(0) = y_i, i \geqslant 1$$

且　　　　　　$c_i^{(n)}(t) = c_i(t + t_n) \Longrightarrow \bar{c}_i(t), i \geqslant 1, \quad t \in [0,1]$

证明 设 $\{t_n\}$ 是非负实数列且 $t_n \to +\infty$ ，令

$$c^n(t) = c(t + t_n), \, t \in [0,1]$$

显然 $c^n(t)$ 是系统 (2.2.3) ~ (2.2.5) 在 $[0，1]$ 上的解且 $c^n(0) = c(t_n)$ ，又根据式 (2.2.15) 和式 (2.2.39) 可得

$$\left| \frac{\mathrm{d}c_i^{(n)}}{\mathrm{d}t} \right| = \left| c_1^{(n)}(J_{i-1}(c^{(n)}) - J_i(c^{(n)})) \right| \leqslant 2k\|c^0\|^2, \quad i \geqslant 2,$$

$$\left| \frac{\mathrm{d}c_1^{(n)}}{\mathrm{d}t} \right| = \left| -c_1^{(n)}\left(J_1(c^{(n)}) + \sum_{i=1}^{\infty} J_i(c^{(n)}) \right) \right| \leqslant 3\|c^0\|^2 k$$

所以

$$\left| \frac{\mathrm{d}c_i^{(n)}}{\mathrm{d}t} \right| \leqslant 3\|c^0\|^2 k, \quad i \geqslant 1 \tag{2.2.44}$$

从而当 $t_1, t_2 \in [0,1]$ 时，

$$\left| c_i^{(n)}(t_2) - c_i^{(n)}(t_1) \right| = \left| \int_{t_1}^{t_2} \left(\frac{\mathrm{d}c_i^{(n)}}{\mathrm{d}t} \right) \mathrm{d}t \right| \leqslant 3\|c^0\|^2 k |t_2 - t_1| \tag{2.2.45}$$

再一次使用式 (2.2.15) 和式 (2.2.45) 可得

$$\left| c_i^{(n)}(t) \right| \leqslant 3k\|c^0\|^2 + \|c^0\|, \quad t \in [0,1] \tag{2.2.46}$$

由于式 (2.2.45) 和式 (2.2.46) 成立，使用阿斯可利-阿尔佐拉 (Ascoli-Arzela) 定理

可以得出：存在 $(c^{(n)}(t))_{n \geqslant 1}$ 的子列（仍用 $(c^{(n)}(t))_{n \geqslant 1}$ 表示）和非负连续函数列 $\bar{c}(t) = (\bar{c}_i(t))_{i \geqslant 1}$，满足

$$c_i^{(n)}(t) \rightrightarrows \bar{c}_i(t), \ t \in [0,1] \tag{2.2.47}$$

特别地，$\bar{c}(0) \in \omega(c)$。因此 $\omega(c) \neq \varnothing$，至此引理 2.2.4 的第一部分已证完。现在，如果 $y = (y_i)_{i \geqslant 1} \in \omega(c)$，重复上面的过程便完成了 (ii) 的证明。证毕。

为了后面的需要，在式 (2.2.38) 和式 (2.2.39) 成立的条件下，结合引理 2.2.4(ii)，引入下面的记法：

$P = \{t| \ t \in [0,1], \ \bar{c}_1(t) > 0\}$,

$P_{i,Q}^+ = \{t| \ t \in P, \ \bar{c}_i(t) > c_i^Q\}$,

$P_{i,Q}^0 = \{t| \ t \in P, \ \bar{c}_i(t) = c_i^Q\}$,

$P_{i,Q}^- = \{t| \ t \in P, \ \bar{c}_i(t) < c_i^Q\}$,

其中 $i \geqslant 1, Q > 0$。

引理 2.2.5 设式 (2.2.38) 和式 (2.2.39) 成立，并且 $Q > 0$ 以及 $a_i \leqslant b_i, i \geqslant 2$。那么：

(i) 若 $t \in P_{1,Q}^+ \bigcup P_{1,Q}^0$，则 $\bar{c}_i(t) \geqslant c_i^Q, i \geqslant 1$；

(ii) 若 $t \in P_{1,Q}^- \bigcup P_{1,Q}^0$，则 $\bar{c}_i(t) \leqslant c_i^Q, i \geqslant 1$。

证明 由式 (2.2.43) 可得

$$c_1 \sum_{i=2}^{\infty} [2i - (i+1)\sigma_{i+1}\sigma_i - (i-1)\sigma_{i-1}\sigma_i] a_i \left| c_i - c_i^Q \right| \in L^1(0, +\infty) \tag{2.2.48}$$

$$c_1(1 - \sigma_1\sigma_2) a_1 \left| c_1 - c_1^Q \right| \in L^1(0, +\infty) \tag{2.2.49}$$

令

$$\sigma_i^{(n)} = \mathrm{sgn}(c_i^{(n)} - c_i^Q), \quad i \geqslant 1,$$

$$D_i^{(n)} = (2i - (i+1)\sigma_{i+1}^{(n)}\sigma_i^{(n)} - (i-1)\sigma_{i-1}^{(n)}\sigma_i^{(n)}) a_i, \quad i \geqslant 2$$

$$I_Q^{(n)} = \int_0^1 \sum_{i=2}^{\infty} D_i^{(n)} c_1^{(n)} \left| c_i^{(n)} - c_i^Q \right| \mathrm{d}t + \int_0^1 (1 - \sigma_1^{(n)}\sigma_2^{(n)}) a_1 c_1^{(n)} \left| c_1^{(n)} - c_1^Q \right| \mathrm{d}t$$

其中 $c_i^{(n)}(t)$ 的意义同引理 2.2.4(ii)，即 $c^{(n)}(t) = (c_i^{(n)}(t))_{i \geqslant 1} = c(t + t_n), t \in [0,1]$。

则

$$I_Q^{(n)} = \int_{t_n}^{t_n+1} \sum_{i=2}^{\infty} (2i - (i+1)\sigma_i\sigma_{i+1} - (i-1)\sigma_i\sigma_{i-1}) a_i c_1 \left| c_i(t) - c_i^Q \right| \mathrm{d}t + \int_{t_n}^{t_n+1} (1 - \sigma_1\sigma_2) a_1 c_1 \left| c_1 - c_1^Q \right| \mathrm{d}t$$

由式 (2.2.48) 和式 (2.2.49) 可得

$$\lim_{n \to \infty} I_Q^{(n)} = 0 \tag{2.2.50}$$

令

$$\bar{\sigma}_i(t) = \operatorname{sgn}(\overline{c}_i(t) - c_i^Q)$$

$$Z_{i,p} = \left\{ t \mid t \in [0,1], \ \bar{\sigma}_i(t)\bar{\sigma}_{i+1}(t) = -1 \text{ 且 } \overline{c}_i(t) \geqslant \frac{1}{p} \right\}$$

$$Z_i = \{ t \mid t \in [0,1], \ \bar{\sigma}_i(t)\bar{\sigma}_{i+1}(t) = -1 \text{ 且 } \overline{c}_i(t) \geqslant 0 \}$$

其中 $i \geqslant 1$ 且 p 是正整数。

显然 $Z_i = \bigcup\limits_{p=1}^{+\infty} Z_{i,p}$。

下面将证明 Z_i 的测度 $|Z_i| = 0, i \geqslant 1$。事实上，固定 $P \in N - \{0\}$。如果 $t \in Z_{i,p}, i \geqslant 2$ 那么

$$\overline{\sigma_i(t)} = 1 \text{ 且 } \overline{\sigma_{i+1}(t)} = -1 \text{ 或者 } \overline{\sigma_i(t)} = -1 \text{ 且 } \overline{\sigma_{i+1}(t)} = 1$$

不失一般性，可以假设 $\overline{\sigma_i(t)} = 1$ 且 $\overline{\sigma_{i+1}(t)} = -1$（后一种情形可以类似考虑）。于是

$$\overline{c}_i(t) > c_i^Q \text{ 且 } \overline{c}_{i+1}(t) < c_{i+1}^Q \tag{2.2.51}$$

令

$$d = \min\left\{ \frac{\left| \overline{c}_i(t) - c_i^Q \right|}{2}, \ \frac{\left| \overline{c}_{i+1}(t) - c_{i+1}^Q \right|}{2} \right\}, \ m \geqslant \max\left\{ 2, \frac{1}{dp} \right\}$$

由于 $\lim\limits_{n \to \infty} c_i^{(n)}(t) = \overline{c}_i(t)$，从式 (2.2.51) 中可得：存在三个正整数 n_1, n_2 和 n_3，使得

$$c_i^{(n)}(t) > c_i^Q + \frac{1}{mp}, \quad n \geqslant n_1$$

$$c_{i+1}^{(n)}(t) < c_{i+1}^Q - \frac{1}{mp}, \quad n \geqslant n_2$$

$$c_1^{(n)}(t) > \frac{1}{mp}, \quad\quad n \geqslant n_3$$

取 $n_0 = \max\{n_1, n_2, n_3\}$，那么当 $n \geqslant n_0$ 时

$$c_i^{(n)}(t) > c_i^Q + \frac{1}{mp}, \ c_{i+1}^{(n)}(t) < c_{i+1}^Q - \frac{1}{mp} \text{ 且 } c_i^{(n)}(t) > \frac{1}{mp}$$

因而当 $n \geqslant n_0$ 时

$$\sigma_i^{(n)}(t) = 1, \sigma_{i+1}^{(n)}(t) = -1 \text{ 且 } D_i^{(n)}(t)c_1^{(n)}(t)\left| c_i^{(n)} - c_i^Q \right| \geqslant \frac{2a_i}{m^2 p^2}, \ i \geqslant 2 \tag{2.2.52}$$

同样地，如果 $t \in Z_{1,p}$，那么存在正整数 n_0' 使得

$$(1-\sigma_1^{(n)}(t)\sigma_2^{(n)}(t))a_1 c_1^{(n)}(t)\left|c_1^{(n)}(t)-c_1^Q\right| \geqslant \frac{2a_1}{m^2 p^2}, \quad n \geqslant n_0' \tag{2.2.53}$$

由式 (2.2.50) 可得：当 $i \geqslant 2$ 时

$$\lim_{n\to\infty}\int_{Z_{i,p}} D_i^{(n)}(t)c_1^{(n)}(t)\left|c_i^{(n)}(t)-c_i^Q\right|\mathrm{d}t \leqslant \lim_{n\to\infty}\int_0^1\sum_{i=2}^\infty D_i^{(n)}(t)c_1^{(n)}(t)\left|c_i^{(n)}(t)-c_i^Q\right|\mathrm{d}t = 0$$

由式 (2.2.52) 和 Fatou 引理可得：当 $i \geqslant 2$ 时

$$\lim_{n\to\infty}\int_{Z_{i,p}} D_i^{(n)}(t)c_1^{(n)}(t)\left|c_i^{(n)}(t)-c_i^Q\right|\mathrm{d}t \geqslant \int_{Z_{i,p}}\lim_{n\to\infty}D_i^{(n)}(t)c_1^{(n)}(t)\left|c_i^{(n)}(t)-c_i^Q\right|\mathrm{d}t$$

$$\geqslant \int_{Z_{i,p}}\frac{2a_i}{m^2 p^2}\,\mathrm{d}t$$

所以 $\displaystyle\int_{Z_{i,p}}\frac{2a_i}{m^2 p^2}\,\mathrm{d}t \leqslant 0, i \geqslant 2$ 。

故 $\left|Z_{i,p}\right|=0, i \geqslant 2$ 。同理可证 $\left|Z_{1,p}\right|=0$ 。由于 $Z_i=\bigcup\limits_{p=1}^{+\infty}Z_{i,p}$ ，所以

$$\left|Z_i\right|=0, \quad i \geqslant 1 \tag{2.2.54}$$

现在固定 $i \geqslant 1$ ，并假设 $t \in P_{i,Q}^+ \bigcap P_{i+1,Q}^-$ ，那么 $\bar{\sigma}_i(t)=1$ 且 $\bar{\sigma}_{i+1}(t)=-1$ ，因而 $t \in Z_i$ 。据式 (2.2.54) 可知 $\left|P_{i,Q}^+ \bigcap P_{i+1,Q}^-\right|=0$ ，所以

$$\bar{c}_{i+1}(t) \geqslant c_{i+1}^Q \quad \text{a.e.} \quad t \in P_{i,Q}^+$$

由于 $\bar{c}_i(t), \bar{c}_1(t)$ 以及 $\bar{c}_{i+1}(t)$ 都是连续函数，所以

$$\bar{c}_{i+1}(t) \geqslant c_{i+1}^Q, \ t \in P_{i,Q}^+ \tag{2.2.55}$$

若 $t \in P_{i,Q}^0$ ，那么 $\bar{c}_i(t)=c_i^Q > c_i^{Q-\varepsilon}$ ，其中 ε 是任意小的正数，因此 $t \in P_{i,Q-\varepsilon}^+$ ，从式 (2.2.55) 可知 $\bar{c}_{i+1}(t) \geqslant c_{i+1}^{Q-\varepsilon}$ 。让 $\varepsilon \to 0^+$ 可得 $\bar{c}_{i+1}(t) \geqslant c_{i+1}^Q$ ，故

$$P_{i,Q}^+ \bigcup P_{i,Q}^0 \subset P_{i+1,Q}^+ \bigcup P_{i+1,Q}^0, \ i \geqslant 1$$

故 (i) 成立。同理可知 (ii) 也成立。

定理 2.2.9　设式 (2.2.38) 和式 (2.2.39) 成立，并且 $0 < a_i \leqslant b_i, i \geqslant 2$ 。若 $c(t)=(c_i(t))_{i \geqslant 1}$ 是系统 (2.2.3)~(2.2.5) 在 $[0,+\infty)$ 上的解，那么 $\omega(c) \neq \varnothing$ 并且 $\omega(c) \subset S$ ，即 $\omega(c)$ 的每一元素 y 都是平衡点，且 $\|y\| \leqslant \|c^0\|$ 。

证明　由引理 2.2.4 知 $\omega(c) \neq \varnothing$ 。由于密度守恒式 (2.2.15)，根据 $\omega(c)$ 的定义立即可以得出：对于任意的 $y=(y_i)_{i \geqslant 1} \in \omega(c)$ 都有 $\|y\| \leqslant \|c^0\|$ 。

下面证明 $y \in S$ 。按照 $\omega(c)$ 的定义知道：存在非负实数列 $\{t_n\}_{n=1,2,\cdots}, t_n \to \infty$ 使得

$$\lim_{n \to \infty} c_i(t_n) = y_i, \ i \geq 1$$

如果 $y_1 = 0$，那么 $y \in S$。如果 $y_1 \neq 0$，即 $y_1 > 0$。按照引理 2.2.4(ii)，存在非负连续函数列 $\overline{c}(t) = (\overline{c}_i(t))_{i \geq 1}$ 满足式 (2.2.47)。

由于 $\overline{c}_1(0) = y_1 > 0$。即 $0 \in P$，所以 $P \neq \varnothing$。任取 $t \in P$，由于 $\overline{c}_1(t) > 0$，因此

$$\sum_{i=1}^{\infty} iQ_i\overline{c}_1(t) > 0 \ 令 \sum_{i=1}^{\infty} iQ_i\overline{c}_1(t) = Q，按照前面的记法 \overline{c}_1(t) = c_1^Q，所以$$

$$t \in (P_{1,Q}^- \bigcup P_{1,Q}^0) \bigcap (P_{1,Q}^+ \bigcup P_{1,Q}^0)$$

根据引理 2.2.5 可得

$$\overline{c}_i(t) \leq c_i^Q \ 且 \ \overline{c}_i(t) \geq c_i^Q, \ i \geq 1$$

因此

$$\overline{c}_i(t) = c_i^Q, \ i \geq 1$$

故在 $y_1 > 0$ 的情况下，对于任意的 $t \in P, \overline{c}(t) \in S_2 \subset S$，特别地，$y = \overline{c}(0) \in S$，即 y 是平衡点。

证毕。

定理 2.2.10　设式 (2.2.38) 和式 (2.2.39) 成立，并且 $0 < a_i \leq b_i, i \geq 2$。$c(t) = (c_i(t))_{i \geq 1}$ 是系统 (2.2.3) ~ (2.2.5) 在 $[0, +\infty)$ 上的解，进一步假设存在 $Q_1 > 0$ 及 $Q_2 > Q_1$，使得 $c_i^{Q_1} \leq c_i^0 \leq c_i^{Q_2}, i \geq 1$，那么

$$\lim_{t \to \infty} \left\| c(t) - c^{Q_0} \right\| = 0$$

其中 $Q_0 = \| c^0 \|$。

证明　根据假设 $c_i^{Q_1} \leq c_i^0$，定理 2.2.8 和密度守恒式 (2.2.15) 可得

$$\sum_{i=1}^{\infty} i \left| c_i(t) - c_i^{Q_1} \right| \leq \sum_{i=1}^{\infty} i \left| c_i^0 - c_i^{Q_1} \right| = \sum_{i=1}^{\infty} i c_i^0 - \sum_{i=1}^{\infty} i c_i^{Q_1} = \sum_{i=1}^{\infty} i c_i(t) - \sum_{i=1}^{\infty} i c_i^{Q_1}$$

又

$$\sum_{i=1}^{\infty} i \left| c_i(t) - c_i^{Q_1} \right| \geq \sum_{i=1}^{\infty} i [c_i(t) - c_i^{Q_1}]$$

所以

$$\sum_{i=1}^{\infty} i \left| c_i(t) - c_i^{Q_1} \right| = \sum_{i=1}^{\infty} i \left[c_i(t) - c_i^{Q_1} \right]$$

于是

$$s(c_s(t) - c_s^{Q_1}) = \sum_{i=1}^{\infty} i \left| c_i(t) - c_i^{Q_1} \right| - \sum_{i \neq s} i(c_i(t) - c_i^{Q_1}) \geq 0, \quad s \geq 1, t \in [0, +\infty)$$

故

$$c_s(t) \geq c_s^{Q_1}, s \geq 1, t \in [0, +\infty)$$

同理由 $c_i^0 \leq c_i^{Q_2}$ 可得 $c_i(t) \leq c_i^{Q_2}, i \geq 1, t \geq 0$，因此

$$c_i^{Q_1} \leq c_i(t) \leq c_i^{Q_2}, \quad i \geq 1, t \geq 0 \tag{2.2.56}$$

现在，设 $y = (y_i)_{i \geq 1} \in \omega(c)$，于是存在非负实数列 $\{t_n\}_{n=1,2,\cdots}, t_n \to +\infty$ 使得

$$\lim_{n \to \infty} c_i(t_n) = y_i, \quad i \geq 1$$

由定理 2.2.9 可得 $y \in S$，根据式 (2.2.56) 知道 $y_1 \geq c_1^{Q_1} > 0$，所以 $y \notin S_1$，因而 $y \in S_2$，于是存在常数 $Q > 0$，使得 $y = c^Q$；另一方面再次使用式 (2.2.56) 和引理 2.2.3 可得：集合 $\{c(t), t \geq 0\}$ 是 X 中的致密集，因此点列 $\{c(t_n)\}$ 必有在 X 中收敛的子点列 (仍然用 $\{c(t_n)\}$ 表示)，即存在 $y' = (y_i')_{i \geq 1} \in X$ 使得

$$\lim_{n \to \infty} \|c(t_n) - y'\| = 0$$

于是 $c_i(t_n) \to y_i'$，所以 $y_i' = y_i$，因此

$$\lim_{n \to \infty} \|c(t_n) - y\| = 0 \tag{2.2.57}$$

又

$$Q_0 = \|c(t_n)\| \leq \|c(t_n) - y\| + \|y\|$$

所以 $Q_0 \leq \|y\|$。再根据定理 2.2.9 立即得出 $Q_0 = \|y\|$。由于 $y = c^Q$，所以 $Q = Q_0$，故

$$\omega(c) = \{c^{Q_0}\}$$

下面我们将证明

$$\lim_{t \to \infty} \|c(t) - c^{Q_0}\| = 0 \tag{2.2.58}$$

用反证法。若 $\lim_{t \to 0} \|c(t) - c^{Q_0}\| \neq 0$。那么存在正数 $\varepsilon_0 > 0$，对于任给的自然数 n，存在 $t_n' > n$，使得

$$\|c(t_n') - c^{Q_0}\| \geq \varepsilon_0 \tag{2.2.59}$$

类似于式 (2.2.57) 的证明可以得到：点列 $\{c(t_n')\}$ 必有在 X 中收敛的子点列 (仍然用 $\{c(t_n')\}$ 表示)，即存在 $y'' = (y_i'')_{i \geq 1} \in X$，使得

$$\lim_{n \to \infty} \|c(t_n') - y''\| = 0$$

于是 $c_i(t'_n) \to y''_i$ 且 $y''_i \in \omega(c) = \{c^{Q_0}\}$。因此

$$\lim_{n\to\infty}\left\|c(t'_n) - c^{Q_0}\right\| = 0$$

这与式 (2.2.59) 矛盾，因此式 (2.2.58) 成立。证毕。

注意到条件 $a_i \leqslant b_i, i \geqslant 2$ 暗示 $w_{1,i} \leqslant 1/2$，即系统中基本粒子与 i-粒子 $(i \geqslant 2)$ 碰撞后发生爆炸的可能性更大，我们可以称这种情形为爆炸占优。于是从上面的定理可以得出如下结论：如果初始值满足一定的条件，那么在爆炸占优的情形下，系统 $(2.2.3) \sim (2.2.5)$ 的解强收敛到平衡点。

最后，我们来讨论系统 $(2.2.3) \sim (2.2.5)$ 平衡点的 Lyapunov 稳定性。

定义 2.2.5 设 $\bar{c}(t) = (\bar{c}_i(t))_{i\geqslant 1}$ 是系统 $(2.2.3) \sim (2.2.5)$ 定义在 $[0,+\infty)$ 上的一个特解，如果对任给 $\varepsilon > 0$，恒存在 $\delta(\varepsilon) > 0$，能使只要初值 $c(0) = (c_i(0)_{i\geqslant 1})$ 满足

$$\|c(0) - \bar{c}(0)\| < \delta(\varepsilon)$$

则系统 $(2.2.3) \sim (2.2.5)$ 的解 $c(t) = (c_i(t))_{i\geqslant 1}$ 就对所有 $t \geqslant 0$ 恒成立

$$\|c(t) - \bar{c}(t)\| < \varepsilon$$

则说解 $\bar{c}(t) = (\bar{c}_i(t))_{i\geqslant 1}$ 在 Lyapunov 意义下是稳定的。

定理 2.2.11 若式 (2.2.38) 和式 (2.2.39) 成立，而且 $0 \leqslant Q < +\infty, a_i \leqslant b_i, i \geqslant 2$，那么平衡点 $c^Q = (c_i^Q)_{i\geqslant 1}$ 在 Lyapunov 意义下是稳定的。

证明 设 $c(t) = (c_i(t))_{i\geqslant 1}$ 是系统 $(2.2.3) \sim (2.2.5)$ 定义在 $[0,+\infty)$ 上的任一解，根据定理 2.2.8 可得

$$\left\|c(t) - c^Q\right\| \leqslant \left\|c(0) - c^Q\right\|$$

于是，对任给 $\varepsilon > 0$，取 $\delta(\varepsilon) = \varepsilon$，当 $\left\|c(0) - c^Q\right\| \leqslant \delta(\varepsilon)$ 时，就有

$$\left\|c(t) - c^Q\right\| \leqslant \varepsilon$$

因此平衡点 c^Q 在 Lyapunov 意义下是稳定的。

2.3 不带质量转移的粒子反应系统的非线性动力学演化模型及分析

本节研究一类不带有质量转移的粒子反应系统，即只含有碰撞爆炸的粒子反应系统。刻画这一系统的数学模型也称为非线性爆炸方程。在很一般的条件下，本节证得了方程的密度守恒解是存在的，同时也证得了方程的解强收敛；在更强的条件下可以证明方程的解强收敛到平衡点，所获得的这些结论改进了已有的结果。

2.3.1　动力学演化模型的建立

不带有质量转移的粒子反应系统里，由于粒子间只含有碰撞爆炸，所以在 2.1 节所建立的数学模型中，表示 i-粒子和 j-粒子碰撞后结合成 $(i+j)$-粒子的概率 $w_{i,j}=0$。于是刻画不带有质量转移的粒子反应系统的动力学演化模型为如下的非线性爆炸方程：

$$\frac{\mathrm{d}c_i}{\mathrm{d}t}=-\sum_{j=1}^{\infty}a_{i,j}c_ic_j+\frac{1}{2}\sum_{j=i+1}^{\infty}\sum_{k=1}^{j-1}N_{j-k,k}^i a_{j-k,k}c_{j-k}c_k \tag{2.3.1}$$

$$N_{i,j}^s=l_{[s,\infty)}(i)b_{s,i;j}+l_{[s,\infty)}(j)b_{s,j;i} \tag{2.3.2}$$

$$c_i(0)=c_i^0 \tag{2.3.3}$$

其中 $i,j\geqslant 1, s\in\{1,2,\cdots,\max\{i,j\}\}$。这里 $l_{[s,x)}$ 表示区间 $[s,\infty)$ 的特征函数，即

$$l_{[s,\infty)}(i)=\begin{cases}1, & i\geqslant s\\0, & i<s\end{cases}$$

$a_{i,j}$ 表示 i-粒子和 j-粒子之间的碰撞系数，$b_{i,j;k}$，$1\leqslant i\leqslant j-1$ 表示与 k-粒子碰撞后 j-粒子发生爆炸生成的 i-粒子 $(i<j)$ 的个数，系数 $(a_{i,j})$ 和 $(b_{i,j;k})$ 满足下面的基本性质

$$a_{i,j}=a_{j,i}\geqslant 0,\ i,j\geqslant 1 \tag{2.3.4}$$

$$\sum_{i=1}^{j-1}ib_{i,j;k}=j, j\geqslant 2,\ k\geqslant 1 \tag{2.3.5}$$

仿照 2.1 节，从现在起约定：$b_{i,1;k}=\delta_{i,1}=\begin{cases}1, & i=1\\0, & i\neq 1\end{cases}$，$k\geqslant 1$

于是

$$\sum_{i=1}^{j}ib_{i,j;k}=j,\ j\geqslant 2, k\geqslant 1 \tag{2.3.6}$$

$$N_{i,j}^s=N_{j,i}^s\geqslant 0\ \text{和}\ \sum_{s=1}^{\max\{i,j\}}sN_{i,j}^s=i+j,\ i,j\geqslant 1 \tag{2.3.7}$$

2.1 节已经指出：Ball 和 Carr[8]从应用的角度提出了两种十分重要的假设：$a_{i,j}\leqslant A(i+j)$ 和 $a_{i,j}\leqslant B(ij)^\alpha$，其中 α,A,B 是非负常数。Laurencot 和 Wrzosek[4]已经证明了在前一假设下，系统 (2.3.1)～(2.3.3) 存在密度守恒解；在后一假设下，Laurencot

和 Wrzosek 只证明了解的存在性。本节的目的是研究在后一假设下，系统(2.3.1)～
(2.3.3)密度守恒解的存在性以及当时间趋于无穷大的时候，解的渐近性态。

2.3.2　概念与引理

如同 2.1 节和 2.2 节一样，我们在 Banach 空间

$$X = \left\{ x = (x_i)_{i \geqslant 1}, x_i \in R, \sum_{i=1}^{\infty} i|x_i| < +\infty \right\}, \quad \|x\| = \sum_{i=1}^{\infty} i|x_i|$$

中研究非线性系统(2.3.1)～(2.3.3)。仿照第 2.1 节，为了叙述的方便，引入下面
的记号

$$\begin{aligned}
&X^+ = \{x = (x_i)_{i \geqslant 1} \in X, x_i \geqslant 0, i \geqslant 1\} \\
&c_i(0) = c_i^0 \ \text{及} \ c^0 = (c_i^0)_{i \geqslant 1} \\
&D_{i,j}^s(c) = N_{i,j}^s a_{i,j} c_i c_j, \ 1 \leqslant s \leqslant \max\{i,j\}
\end{aligned} \tag{2.3.8}$$

这里 $c = (c_i)_{i \geqslant 1}$ 是一实函数列。显然

$$\sum_{j=i+1}^{\infty} \sum_{k=1}^{j-1} D_{j-k,k}^i(c) = \sum_{j+k \geqslant i+1} D_{j,k}^i(c) \tag{2.3.9}$$

$$\sum_{j=i+1}^{N} \sum_{k=1}^{j-1} D_{j-k,k}^i(c) = \sum_{i+1 \leqslant j+k \leqslant N} D_{j,k}^i(c) \tag{2.3.10}$$

定义 2.3.1　让 $T \in (0, +\infty]$, $c^0 = (c_i^0)_{i \geqslant 1}$ 是一非负实数列，系统(2.3.1)～(2.3.3)定义
在 $[0, T)$ 上的解 $c(t) = (c_i(t))_{i \geqslant 1}$ 是满足下列条件的非负连续函数列：

(i) $c_i(t) \in C([0,T))$, $\sum_{j=1}^{\infty} a_{i,j} c_j \in L^1(0,t)$, $\sum_{j=i+1}^{\infty} \sum_{k=1}^{j-1} D_{j-k,k}^i(c) \in L^1(0,t)$;

(ii) $c_i(t) = c_i^0 - \int_0^t \sum_{j=1}^{\infty} a_{i,j} c_i(\tau) c_j(\tau) \mathrm{d}\tau + \frac{1}{2} \int_0^t \sum_{j=i+1}^{\infty} \sum_{k=1}^{j-1} D_{j-k,k}^i(c(\tau)) \mathrm{d}\tau$;

其中 $i \geqslant 1, t \in (0, T)$。

定义 2.3.2　如果系统 (2.3.1) ～ (2.3.3) 在区间 $[0, T), 0 < T < +\infty$ 上的解
$c(t) = (c_i(t))_{i \geqslant 1}$ 满足 $\|c(t)\| = \|c^0\|, t \in [0, T)$，那么称解 $c(t) = (c_i(t))_{i \geqslant 1}$ 是密度守恒解。

引理 2.3.1[4]　设 $c^0 \in X^+$，并且

$$\lim_{i \to +\infty} \max_{1 \leqslant j \leqslant i-1} \left(\frac{a_{i-j,j}}{j(i-j)} \right) = 0 \tag{2.3.11}$$

进一步假设存在常数 $C_1 > 0$，使得

$$N_{i,j}^s \leqslant C_1, \ 1 \leqslant s \leqslant \max\{i,j\}, i,j \geqslant 1 \tag{2.3.12}$$

那么系统 $(2.3.1) \sim (2.3.3)$ 至少存在一个定义在 $[0,+\infty)$ 上的解 $c(t) = (c_i(t))_{i \geqslant 1}$，并且满足

$$\sum_{i=1}^{\infty} i c_i(t) \leqslant \sum_{i=1}^{\infty} i c_i^0, t \in [0,+\infty) \tag{2.3.13}$$

引理 2.3.2 设 $(g_i) \in R^n, n \geqslant 2$。如果 $c = (c_i)_{i \geqslant 1}$ 是系统 $(2.3.1) \sim (2.3.3)$ 定义在 $[0,T)\ 0 \leqslant T < +\infty$ 上的解，那么

$$\sum_{i=1}^{n} g_i \left(-\sum_{j=1}^{n-i} a_{i,j} c_i c_j + \frac{1}{2} \sum_{j=i+1}^{n} \sum_{k=1}^{j-1} N_{j-k,k}^i a_{j-k,k} c_{j-k} c_k \right)$$

$$= \frac{1}{2} \sum_{i=1}^{n-1} \sum_{j=1}^{n-i} \left(\sum_{s=1}^{\max\{i,j\}} N_{i,j}^s g_s - g_i - g_j \right) a_{i,j} c_i c_j$$

证明 在引理 2.1.2 中令 $w_{i,j} = 0$ 即得本引理。

在引理 2.3.2 中，令 $g_i = i, 1 \leqslant i \leqslant n$，立即可得

$$\sum_{i=1}^{n} i \left(-\sum_{j=1}^{n-i} a_{i,j} c_i c_j + \frac{1}{2} \sum_{j=i+1}^{n} \sum_{k=1}^{j-1} N_{j-k,k}^i a_{j-k,k} c_{j-k} c_k \right) = 0 \tag{2.3.14}$$

如同第 2.1 节一样，从现在起约定：如果求和上标是零，或者求和上标比下标小，那么和为零。由这一约定知当 $n=1$ 时引理 2.3.2 依然成立。

2.3.3 系统的密度守恒

定理 2.3.1 假设式 $(2.3.11)$ 和式 $(2.3.12)$ 成立，并且 $c^0 \in X^+$，那么系统 $(2.3.1) \sim (2.3.3)$ 至少存在一个定义在 $[0,+\infty)$ 上的解 $c(t) = (c_i(t))_{i \geqslant i}$，并且满足 $\|c(t)\| = \|C^0\|$，$t \in [0,+\infty)$。

换句话说，系统 $(2.3.1) \sim (2.3.3)$ 至少存在一个定义在 $[0,+\infty)$ 上的密度守恒解。

证明 首先根据引理 2.3.1，系统 $(2.3.1) \sim (2.3.3)$ 至少存在一个定义在 $[0,+\infty)$ 上的解 $c(t) = (c_i(t))_{i \geqslant 1}$ 满足

$$\sum_{i=1}^{\infty} i c_i(t) \leqslant \sum_{i=1}^{\infty} i c_i^0, \quad t \in [0,+\infty) \tag{2.3.15}$$

其次，让 $m \geqslant 1$，t_1，$t_2 \geqslant 0$ 和 $t_2 \geqslant t_1$，从式 $(2.3.1)$ 和式 $(2.3.14)$ 可得

$$\sum_{i=1}^{m} i \frac{\mathrm{d}c_i}{\mathrm{d}t} = \sum_{i=1}^{m} i \left(-\sum_{j=1}^{m-i} a_{i,j} c_i c_j + \frac{1}{2} \sum_{j=i+1}^{m} \sum_{k=1}^{j-1} N_{j-k,k}^i a_{j-k,k} C_{j-k} c_k \right) - \sum_{i=1}^{m} \sum_{j=m+1-i}^{\infty} i a_{i,j} c_i c_j$$

$$+ \frac{1}{2} \sum_{i=1}^{m} \sum_{j=m+1}^{\infty} \sum_{k=1}^{j-1} i N_{j-k,k}^i a_{j-k,k} c_{j-k} c_k$$

$$= -\sum_{i=1}^{m} \sum_{j=m+1-i}^{\infty} i a_{i,j} c_i c_j + \frac{1}{2} \sum_{i=1}^{m} \sum_{j=m+1}^{\infty} \sum_{k=1}^{j-1} i N_{j-k,k}^i a_{j-k,k} c_{j-k} c_k$$

由式(2.3.9)并应用引理 2.1.3 可得

$$\sum_{i=1}^{m} i \frac{\mathrm{d}c_i}{\mathrm{d}t} = -\sum_{i=1}^{m} \sum_{j=m+1-i}^{\infty} i a_{i,j} c_i c_j + \frac{1}{2} \sum_{j+k \geqslant m+1} \left(\sum_{i=1}^{m} i N_{j,k}^i \right) a_{j,k} c_j c_k$$

$$= \sum_{j=1}^{\infty} \sum_{k=m+1}^{\infty} \sum_{i=1}^{m} i b_{i,k,j} a_{j,k} c_j c_k$$

因此

$$\sum_{i=1}^{m} i(c_i(t_2) - c_i(t_1)) = \int_{t_1}^{t_2} \sum_{j=1}^{\infty} \sum_{k=m+1}^{\infty} \sum_{i=1}^{\infty} i b_{i,k;j} a_{j,k} c_j c_k \mathrm{d}\tau \geqslant 0 \qquad (2.3.16)$$

在上式中令 $m \to \infty$ 可得

$$\sum_{i=1}^{\infty} i c_i(t_2) - \sum_{i=1}^{\infty} i c_i(t_1) = \lim_{m \to \infty} \int_{t_1}^{t_2} \sum_{j=1}^{\infty} \sum_{k=m+1}^{\infty} \sum_{i=1}^{\infty} i b_{i,k;j} a_{j,k} c_j c_k \mathrm{d}\tau \geqslant 0 \qquad (2.3.17)$$

特别地

$$\sum_{i=1}^{\infty} i c_i(t) \geqslant \left\| c^0 \right\|, t \geqslant 0 \qquad (2.3.18)$$

合并式(2.3.15)和式(2.3.18)可得

$$\| c(t) \| = \| c^0 \|, t \in [0, +\infty) \qquad\qquad 证毕。$$

推论 2.3.1　设 $c^0 \in X^+$，并且

$$a_{i,j} \leqslant B(ij)^\alpha, i,j \geqslant 1 \qquad (2.3.19)$$

其中 α，B 是非负常数，$\alpha \in [0,1)$。进一步假设存在另一常数 $C_1 > 0$，使得

$$N_{i,j}^s \leqslant C_1, \quad 1 \leqslant s \leqslant \max\{i,j\}, \quad i,j \geqslant 1 \qquad (2.3.20)$$

那么系统 $(2.3.1) \sim (2.3.3)$ 至少存在一个定义在 $[0,+\infty)$ 上的解 $c(t) = (c_i(t))_{i \geqslant 1}$，并且满足 $\| c(t) \| = \| c^0 \|$，$t \in [0,+\infty)$。

换句话说，系统 $(2.3.1) \sim (2.3.3)$ 至少存在一个定义在 $[0,+\infty)$ 上的密度守恒解。

证明　正如文献[4]所指出的那样，当 $a_{i,j} \leqslant B(ij)^\alpha, i, j \geqslant 1$（其中 B, α 是非负常数，$\alpha \in [0,1)$）时，$a_{i,j}$ 显然满足式 (2.3.11)。由引理 2.3.1 立即得出推论 2.3.1 成立。

2.3.4　系统的演化势态分析

如同文献[8]，文献[10]～[12]，本节把方程 (2.3.1) 的常数解称为平衡点。于是令方程 (2.3.1) 的右边为零可得：$C = (c_i)_{i \geqslant 1}$ 是方程 (2.3.1) 的平衡点的充分必要条件是

$$C \in X^+ \text{ 且 } \frac{1}{2} \sum_{j+k \geqslant i+1} N_{j,k}^i a_{j,k} c_j c_k = \sum_{j=1}^\infty a_{i,j} c_i c_j \qquad (2.3.21)$$

注意到 $N_{1,1}^1 = 2$，显然，若 $\overline{C} = (\overline{c}_i)_{i \geqslant 1}$，其中 $\overline{c}_i = \rho_0 \delta_{i,1}$，这里 ρ_0 是常数，那么 $\overline{C}$ 满足式 (2.3.21)，因而是平衡点。

定理 2.3.2　假设 $c^0 \in X^+$ 以及式 (2.3.19)，式 (2.3.20) 成立，那么系统 (2.3.1)～(2.3.3) 至少存在一个定义在 $[0, +\infty)$ 上的密度守恒解 $c(t) = (c_i(t))_{i \geqslant 1}$，并且

(i) 存在非负实数列 $c^\infty = (c_i^\infty)_{i \geqslant 1} \in X^+$，满足

$$\lim_{t \to \infty} \| c(t) - c^\infty \| = 0$$

(ii) 如果对一切 $i \geqslant 2$ 都有 $a_{i,j} > 0$，那么存在非负实数列 $c^\infty = (c_i^\infty)_{i \geqslant 1} \in X^+$，满足

$$c_i^\infty = \| c^0 \| \delta_{i,1} \text{ 且 } \lim_{t \to \infty} \| c(t) - c^\infty \| = 0$$

证明　根据推论 2.3.1，系统 (2.3.1)～(2.3.3) 至少存在一个定义在 $[0, +\infty)$ 上的密度守恒解 $c(t) = (c_i(t))_{i \geqslant 1}$。由式 (2.3.16) 可以得出：函数 $S_m : t \mapsto \sum_{i=1}^m i c_i(t), m \geqslant 1$ 是定义在 $[0, +\infty)$ 上的单调上升函数。由密度守恒知 $0 \leqslant s_m(t) \leqslant \| c^0 \|$，所以存在常数 $\overline{S}_m$，使得

$$\lim_{t \to \infty} s_m(t) = \overline{S}_m, \quad m \geqslant 1$$

从而

$$\lim_{t \to \infty} c_m(t) = c_m^\infty, \quad m \geqslant 1 \qquad (2.3.22)$$

这里 $c_1^\infty = \overline{S}_1$ 及 $c_m^\infty = (\overline{S}_m - \overline{S}_{m-1}) / m \geqslant 0, m \geqslant 2$。再次应用密度守恒和式 (2.3.22)，我们有

$$\sum_{i=1}^M i c_i^\infty \leqslant \| c^0 \|, \ M \geqslant 1, t \in [0, +\infty)$$

从而

$$\sum_{i=1}^\infty i c_i^\infty \leqslant \| c^0 \|$$

由于密度守恒和 $S_m(t)$ 是定义在 $[0,+\infty)$ 上的单调上升函数，所以

$$\sum_{i=m}^{\infty} i c_i(t) \leqslant \sum_{i=m}^{\infty} i c_i^0, m \geqslant 1, \ t \geqslant 0$$

于是

$$\left\| c(t) - c^{\infty} \right\| \leqslant \sum_{i=1}^{m} i \left| c_i(t) - c_i^{\infty} \right| + \sum_{i=m+1}^{\infty} i c_i(t) + \sum_{i=m+1}^{\infty} i c_i^{\infty}$$

$$\leqslant \sum_{i=1}^{m} i \left| c_i(t) - c_i^{\infty} \right| + \sum_{i=m+1}^{\infty} i c_i^0 + \sum_{i=m+1}^{\infty} i c_i^{\infty}$$

在上式中首先让 $t \to \infty$，再让 $m \to \infty$ 立即得出

$$\lim_{t \to \infty} \left\| c(t) - c^{\infty} \right\| = 0 \tag{2.3.23}$$

至此 (i) 已证完。下面证明 (ii)。

事实上，由式 (2.3.16) 还可以得到

$$\int_0^{\infty} \sum_{j=1}^{\infty} \sum_{k=m+1}^{\infty} \sum_{s=1}^{m} s b_{s,k;j} a_{j,k} c_j c_k d\tau < \infty, m \geqslant 1$$

即

$$\int_0^{\infty} \sum_{j=1}^{\infty} \sum_{k=i}^{\infty} \sum_{s=1}^{i-1} s b_{s,k;j} a_{j,k} c_j c_k d\tau < \infty, i \geqslant 2$$

于是

$$\sum_{s=1}^{i-1} s b_{s,i;j} a_{i,i} c_i^2 = i a_{i,i} c_i^2 \in L^1(0,+\infty)$$

从式 (2.3.22) 可得 $a_{i,i}(c_i^{\infty})^2 = 0$，所以 $c_i^{\infty} = 0, i \geqslant 2$。

又由于

$$\left\| c(t) \right\| - \left\| c(t) - c^{\infty} \right\| \leqslant c_1^{\infty} = \left\| c^{\infty} \right\| \leqslant \left\| c(t) \right\| + \left\| c(t) - c^{\infty} \right\|$$

由密度守恒和式 (2.3.23) 可得 $c_1^{\infty} = \left\| c^0 \right\|$。证毕。

2.4　仅含弹性碰撞的粒子反应系统的非线性动力学演化模型及分析

本节研究一类仅含弹性碰撞的粒子反应系统，反映这种系统里粒子增长动力学的数学模型称为弹性碰撞方程，它刻画了这样一种粒子反应系统：系统中任意两个

粒子碰撞后以一定的概率或者凝结成为更大的粒子，或者发生弹性碰撞。在这一节里，我们选择一个恰当的 Banach 空间，运用文献[7]所介绍的方法，研究弹性碰撞方程解的存在性、唯一性以及粒子反应系统的溶胶-冻胶相变转移现象。

2.4.1　动力学演化模型的建立

仅含弹性碰撞的粒子反应系统的特点是系统中的 i -粒子和 j -粒子发生碰撞后以一定的概率或者凝结在一起成为 $(i+j)$ -粒子，或者发生弹性碰撞(即两个粒子没有发生任何改变)。因此在这样的系统中，方程(2.2.1)中的系数满足 $N_{i,i}^i=2$ 且当 $s\neq i$ 时 $N_{i,i}^s=0$ ；当 $s\notin\{i,j\}$ 且 $i\neq j$ 时 $N_{i,j}^s=0$ 且 $N_{i,j}^i=N_{i,j}^j=1$ ，于是

$$\sum_{j=i+1}^{\infty}\sum_{k=1}^{j-1}N_{j-k,k}^i(1-w_{j-k,k})a_{j-k,k}c_{j-k}c_k=\sum_{j+k\geq i+1}N_{j,k}^i(1-w_{j,k})a_{j,k}c_jc_k$$

$$=\sum_{k=1}^{\infty}N_{i,k}^i(1-w_{i,k})a_{i,k}c_ic_k+\sum_{j=1}^{\infty}N_{j,i}^i(1-w_{j,i})a_{j,i}c_jc_i-N_{i,i}^i(1-w_{i,i})a_{i,i}c_ic_i$$

$$=2\sum_{k\neq i}N_{i,k}^i(1-w_{i,k})a_{i,k}c_ic_k+2(1-w_{i,i})a_{i,i}c_ic_i=2\sum_{k=1}^{\infty}(1-w_{i,k})a_{i,k}c_ic_k$$

为了后面行文的方便，这里记 $w_{i,j}=\omega_{i,j}$ 。于是系统(2.2.1)、(2.2.2)成为

$$\frac{dc_i}{dt}=\frac{1}{2}\sum_{j=1}^{j-1}\omega_{j,i-j}a_{j,i-j}c_jc_{i-j}-\sum_{j=1}^{\infty}\omega_{i,j}a_{i,j}c_ic_j \tag{2.4.1}$$

$$c_i(0)=c_i^0 \tag{2.4.2}$$

此系统(2.4.1)、(2.4.2)即为仅含弹性碰撞的粒子反应系统里刻画粒子增长动力学的数学模型，称为弹性碰撞方程。

当 $i=1$ 时，约定式(2.4.1)右边的第一项为 0。这里

$$a_{i,j}=a_{j,i}\geq 0$$

且

$$0\leq\omega_{j,i}=\omega_{i,j}\leq 1,\quad i,j\geq 1 \tag{2.4.3}$$

如同文献[4]，本节将在 Banach 空间

$$X=\left\{x=(x_i)_{i\geq 1},x_i\in R,\sum_{i=1}^{\infty}i|x_i|<\infty\right\},\quad \|x\|=\sum_{i=1}^{\infty}i|x_i|$$

中研究系统(2.4.1)、(2.4.2)，并引用下面的记法

$$X^+=\{x=(x_i)_{i\geq 1}\in X,x_i\geq 0\},\quad c^0=(c_i^0)_{i\geq 1}$$

值得注意的是，弹性碰撞方程(2.4.1)、(2.4.2)事实上就是经典的斯莫卢斯克(Smoluchowski)方程。它已经被许多学者研究过，并获得了若干有意义的结果。当$c_i^0 = \delta_{1i}$且$a_{i,j} = ij$或$a_{i,j} \leqslant s_i s_j$(其中$s_i$还必须满足一定的条件)，那么Smoluchowski方程解的唯一性和局部解的存在性已经获得证明(参见文献[18]、[19])，然而文献[20]指出：文献[18]、[19]中关于s_i的假设本质上就是$0 \leqslant s_i \leqslant ki$($i \geqslant 1, k > 0$为常数)。至于Smoluchowski方程解的整体存在性，文献[21]获得了结果：当$a_{i,j} \leqslant i^\alpha + j^\alpha$且$\sum i^\beta c_i^0 < \infty$(其中$\alpha \in [0,1], \beta > \alpha$)时，Smoluchowski方程的整体解是存在的。文献[8]在此基础上研究了$\sum_{i=1}^\infty ic_i^0 < \infty$和$a_{ij} \leqslant (ij)^{1/2}$的情况，文献[22]讨论了$a_{i,j} \leqslant i + j$的情况，文献[23]讨论了在$\sum_{i=1}^\infty ic_i^0 < \infty$和$a_{ij} \leqslant s_i s_j$且$\lim\limits_{i \to +\infty} \dfrac{s_i}{i} = 0$的条件下，Smoluchowski方程解的整体存在性：如果$a_{i,j} = (Ai + B)(Aj + B)(A, B \geqslant 0)$，文献[23]还给出了Smoluchowski方程的公式解。当$a_{i,j} = r_i r_j + \alpha_{i,j}$且$\alpha_{i,j} \leqslant kr_i r_j$(常数$k > 0$)，并且序列$(r_i)$关于$i$呈线性增长或超线性增长时，文献[24]研究了Smoluchowski方程解的整体存在性。文献[25]、[26]对带有扩散项的Smoluchowski方程解的整体存在性亦进行了研究。本节在前人研究的基础上，对弹性碰撞方程(2.4.1)、(2.4.2)作进一步探讨。

2.4.2 概念与引理

定义 2.4.1 设$T \in (0, \infty]$，$c^0 = (c_i^0)_{i \geqslant 1}$是一非负实数列，系统(2.4.1)、(2.4.2)定义在$[0, T)$上的解$c(t) = (c_i(t))_{i \geqslant 1}$是从$[0, T)$到$X^+$上的映射，即：$c(t): [0, T) \to X^+$，对于每个$i \geqslant 1$它满足：

(i) $c_i(t)$在$[0, T)$上连续，并且$\sup\limits_{t \in [0, T)} \| c(t) \| < +\infty$；

(ii) $\sum\limits_{j=1}^\infty a_{i,j} c_j(s) \in L^1(0, t), t \in (0, T)$；

(iii) $c_i(t) = c_i^0 + \int_0^t \left(\dfrac{1}{2} \sum\limits_{j=1}^{i-1} \omega_{j, i-j} a_{j, i-j} c_j(s) c_{i-j}(s) - \sum\limits_{j=1}^\infty \omega_{i,j} a_{i,j} c_i(s) c_j(s) \right) \mathrm{d}s, t \in (0, T)$。

根据上面定义知道：由(i)可知，对任意的$t \in [0, T), c_i(s)$是$[0, T)$上的有界连续函数，所以由(ii)可知，在(iii)里的积分存在且为有限值。而且由(iii)知每一个$c_i(t)$在$[0, T)$上是绝对连续的，因此$c(t)$在$[0, T)$上几乎处处满足式(2.4.1)。

定义 2.4.2 如果系统(2.4.1)、(2.4.2)在区间$[0, T), 0 < T < +\infty$上的解$c(t) = (c_i(t))_{i \geqslant 1}$满足$\| c(t) \| = \| c^0 \|, t \in [0, T)$，则称解$c(t) = (c_i(t))_{i \geqslant 1}$是系统(2.4.1)、(2.4.2)在区间$[0, T)$上的密度守恒解。

像 D.Wrzosek[7]一样，为了研究系统(2.4.1)、(2.4.2)解的存在性，首先考虑下面的有限维系统

$$\frac{dc_i^N}{dt} = \frac{1}{2}\sum_{j=1}^{i-1}\omega_{j,i-j}a_{j,i-j}c_j^N c_{i-j}^N - \sum_{j=1}^{N-i}\omega_{i,j}a_{i,j}c_i^N c_j^N \tag{2.4.4}$$

$$c_i^N(0) = c_i^0 \tag{2.4.5}$$

其中 $i\in\{1,2,\cdots,N\}, N\geqslant 3$ 。

引理 2.4.1[7]　若 $N\geqslant 3$ ，那么系统(2.4.4)、(2.4.5)存在唯一解

$$c^N(t) = (c_i^N(t))_{1\leqslant i\leqslant N}\in C^1([0,+\infty),R^N),\text{其中}c_i^N(t)\geqslant 0(1\leqslant i\leqslant N),$$

而且

$$\sum_{i=1}^N ic_i^N(t) = \sum_{i=1}^N ic_i^0, t\in[0,+\infty) \tag{2.4.6}$$

引理 2.4.2[18]　设 $(g_i)\in R^n, n\geqslant 2$ ，如果 $c=(c_i)_{i\geqslant 1}$ 是系统(2.4.1)、(2.4.2)定义在 $[0,T)$ ， $0<T<+\infty$ 上的解，那么，

$$\sum_{i=1}^n g_i\left(\frac{1}{2}\sum_{j=1}^{i-1}\omega_{j,i-j}a_{j,i-j}c_j c_{i-j} - \sum_{j=1}^{n-i}\omega_{i,j}a_{i,j}c_i c_j\right) = \frac{1}{2}\sum_{i=1}^{n-1}\sum_{j=1}^{n-i}(g_{i+j}-g_i-g_j)\omega_{i,j}a_{i,j}c_i c_j \tag{2.4.7}$$

2.4.3　系统的密度守恒

定理 2.4.1　设 $c^0\in X^+$ ，并且

$$a_{i,j}\leqslant Aij(A\text{为正常数})\text{及}\lim_{j\to\infty}\frac{a_{i,j}}{j}=0 \tag{2.4.8}$$

那么系统(2.4.1)、(2.4.2)在 $[0,+\infty)$ 上至少存在一个解 $c(t)=(c_i(t))_{i\geqslant 1}$ ，并且满足

$$\sum_{i=1}^{\infty}ic_i(t)\leqslant \sum_{i=1}^{\infty}ic_i^0 \tag{2.4.9}$$

证明　固定 $T\in[0,+\infty)$ ，由引理 2.4.1 及式(2.4.8)知系统(2.4.4)、(2.4.5)的解 $c^N(t)$ 的第 i 个分量 $c_i^N(t)$ 满足

$$\left|\frac{dc_i^N}{dt}\right|\leqslant \frac{A}{2}\sum_{j=1}^{i-1}j(i-j)c_j^N c_{i-j}^N + A\sum_{j=1}^{N-1}ijc_i^N c_j^N \leqslant \frac{A}{2}\|c^0\|^2 + A\|c^0\|^2 = \frac{3}{2}A\|c^0\|^2 \tag{2.4.10}$$

由于式(2.4.6)和式(2.4.10)成立，采用文献[4]中定理 2.3 同样的方法可以得出：存在 $(c_i^N(t))_{1\leqslant i\leqslant N}$ 的子列(仍用 $(c_i^N(t))_{1\leqslant i\leqslant N}$ 表示)及非负连续函数列 $c(t)=(c_i)_{1\leqslant i}$ ，使得对于一切 $i\geqslant 1$ 都有

$$\lim_{N\to\infty}\left|c_i^N-c_i\right|_{C([0,T])}=0 \qquad (2.4.11)$$

由式 $(2.4.6)$ 和式 $(2.4.11)$ 可得，对于任意的正整数 M 有

$$\sum_{i=1}^{M}ic_i(t)\leqslant\sum_{i=1}^{\infty}ic_i^0,\quad t\in[0,T]$$

因此

$$\sum_{i=1}^{\infty}ic_i(t)\leqslant\sum_{i=1}^{\infty}ic_i^0,\quad t\in[0,T] \qquad (2.4.12)$$

下面固定 $i\geqslant1$，对于任意小的正数 $\varepsilon>0$，由式 $(2.4.8)$ 可知存在 $M\geqslant1$，当 $j\geqslant M$ 时， $a_{i,j}\leqslant\varepsilon j$，对于 $t\in[0,T]$ 和足够大的 N，由式 $(2.4.6)$ 和式 $(2.4.12)$ 可得

$$\left|\sum_{j=1}^{N-i}\omega_{i,j}a_{i,j}c_j^N(t)-\sum_{j=1}^{\infty}\omega_{i,j}a_{i,j}c_j(t)\right|\leqslant Ai\sum_{j=1}^{M}j\left|c_j^N(t)-c_j(t)\right|+\varepsilon\sum_{j=M+1}^{N-i}jc_j^N(t)+\varepsilon\sum_{j=M+1}^{N-i}jc_j^N(t)$$

$$\leqslant Ai\sum_{j=1}^{M}j\left|c_j^N-c_j\right|_{C_{([0,T])}}+2\varepsilon\|c^0\|$$

由式 $(2.4.11)$ 可得

$$\limsup_{N\to\infty}\left|\sum_{j=1}^{N-i}\omega_{i,j}a_{i,j}c_j^N-\sum_{j=1}^{\infty}\omega_{i,j}a_{i,j}c_j\right|_{C([0,T])}\leqslant2\varepsilon\|c^0\|$$

因此

$$\lim_{N\to\infty}\left|\sum_{j=1}^{N-i}\omega_{i,j}a_{i,j}c_j^N-\sum_{j=1}^{\infty}\omega_{i,j}a_{i,j}c_j\right|_{C([0,T])}=0$$

再一次由式 $(2.4.11)$ 可得

$$\lim_{N\to\infty}\left|\sum_{j=1}^{N-i}\omega_{i,j}a_{i,j}c_i^Nc_j^N-\sum_{j=1}^{\infty}\omega_{i,j}a_{i,j}c_ic_j\right|_{C([0,T])}=0 \qquad (2.4.13)$$

由于 $c^N(t)$ 是系统 $(2.4.4)$、$(2.4.5)$ 的解，因此当 $t\in[0,T]$ 时，

$$c_i^N(t)=c_i^0+\int_0^t\frac{1}{2}\sum_{j=1}^{i-1}\omega_{j,i-j}a_{j,i-j}c_j^N(s)c_{i-j}^N(s)\mathrm{d}s-\int_0^t\sum_{j=1}^{N-i}\omega_{i,j}a_{i,j}c_i^N(s)c_j^N(s)\mathrm{d}s$$

由于式 $(2.4.11)$ 和式 $(2.4.13)$ 成立，根据 Lebesgue 控制收敛定理，在上式两端令 $N\to+\infty$ 得

$$c_i(t)=c_i^0+\int_0^t\frac{1}{2}\sum_{j=1}^{i-1}\omega_{j,i-j}a_{j,i-j}c_j(s)c_{i-j}(s)\mathrm{d}s-\int_0^t\sum_{j=1}^{\infty}\omega_{i,j}a_{i,j}c_i(s)c_j(s)\mathrm{d}s$$

其中 $t \in [0,T]$，所以 $c(t) = (c_i(t))_{i \geq 1}$ 是系统 (2.4.1)、(2.4.2) 在 $[0,T)$ 上的解，由式 (2.4.12) 知式 (2.4.9) 成立，由于 T 是任意的，所以定理 2.4.1 成立。

值得注意的是，如果系数 $a_{i,j}$ 满足文献[19]中定理 1 的条件，则它一定满足定理 2.4.1 的条件。但是，当 $a_{i,j} = i^{1-1/j}j^{1-1/i}$ 时，$a_{i,j}$ 满足定理 2.4.1 的条件，而不满足文献 [19]中定理 1 的条件。事实上文献[21]和文献[8]的分析也没有包含这种情况，所以定理 2.4.1 推广了文献[8]、[9]、[21]中的结果。

正如文献[7]所指出的那样，如果不附加一定的条件，式 (2.4.9) 不可能成为一个等式，即通常情况下，密度守恒解不存在。然而在粒子反应系统中，十分关心密度守恒解的存在性，因为这是关系到粒子反应系统中是否有晶体析出，整个反应系统是否存在相变的可能。下面给出一个条件，在此条件下，系统 (2.4.1)、(2.4.2) 的所有解都是密度守恒的。

定理 2.4.2 假设 $c^0 \in X^+, 0 < T < +\infty$，并且存在两个正常数 A, B 分别使得

$$a_{i,j} \leq Aij, \quad i,j \geq 1 \tag{2.4.14}$$

$$\omega_{i,j} \leq \frac{B}{i+j}, \quad i,j \geq 1 \tag{2.4.15}$$

若 $c(t) = (c_i(t))_{i \geq 1}$ 是系统 (2.4.1)、(2.4.2) 在 $[0,T)$ 上的任一解，那么

$$\sum_{i=1}^{\infty} i c_i(t) = \|c^0\|, \quad t \in [0,T)$$

换句话说，系统 (2.4.1)、(2.4.2) 的任一解都是密度守恒解。

证明 令 $m \geq 1, t_1, t_2 \in [0,T)$ 且 $t_2 \geq t_1$，由引理 2.4.2 及式 (2.4.1) 可得

$$\sum_{i=1}^{m} i \frac{dc_i}{dt} = \sum_{i=1}^{m} i \left(\frac{1}{2} \sum_{j=1}^{i-1} \omega_{j,i-j} a_{j,i-j} c_j c_{i-j} - \sum_{j=1}^{m-i} \omega_{i,j} a_{i,j} c_i c_j \right) - \sum_{i=1}^{m} \sum_{j=m+1-i}^{\infty} i \omega_{i,j} a_{i,j} c_i c_j$$

$$= -\sum_{i=1}^{m} \sum_{j=m+1-i}^{\infty} i \omega_{i,j} a_{i,j} c_i c_j$$

积分上式可得

$$\sum_{i=1}^{m} i c_i(t_2) - \sum_{i=1}^{m} i c_i(t_1) = -\int_{t_1}^{t_2} \sum_{i=1}^{m} \sum_{j=m+1-i}^{\infty} i \omega_{i,j} a_{i,j} c_i c_j dt \tag{2.4.16}$$

根据式 (2.4.14) 及式 (2.4.15) 可得

$$\sum_{i=1}^{m} \sum_{j=m+1-i}^{\infty} i \omega_{i,j} a_{i,j} c_i c_j \leq AB \sum_{i=1}^{m} \sum_{j=m+1-i}^{\infty} (ic_i)(jc_j) \leq AB \sum_{i+j \geq m+1} (ic_i)(jc_j)$$

根据系统 (2.4.1)、(2.4.2) 解的定义知级数 $\sum\limits_{i+j\geqslant 2}(ic_i)(jc_j)$ 收敛，所以

$\lim\limits_{m\to\infty}\sum\limits_{i+j\geqslant m+1}(ic_i)(jc_j)=0$。再由 Lebesgue 控制收敛定理，在式 (2.4.16) 两端取极限便得

$$\sum_{i=1}^{\infty}ic_i(t_2)-\sum_{i=1}^{\infty}ic_i(t_1)=0$$

特别地，

$$\sum_{i=1}^{\infty}ic_i(t)=\|c^0\|,\quad t\in[0,T)$$

最后，本节给出系统 (2.4.1)、(2.4.2) 解的唯一性结果。

定理 2.4.3　假设 $c^0\in X^+$，并且式 (2.4.8) 及式 (2.4.15) 成立，那么系统 (2.4.1)、(2.4.2) 在 $[0,+\infty)$ 上有且仅有一个密度守恒解。

证明　由于式 (2.4.8) 及式 (2.4.15) 成立，根据定理 2.4.1 和定理 2.4.2，系统 (2.4.1)、(2.4.2) 至少存在一个定义在 $[0,+\infty)$ 上的解 $c(t)=(c_i(t))_{i\geqslant 1}$，满足

$$\sum_{i=1}^{\infty}ic_i(t)=\|c^0\| \tag{2.4.17}$$

设 $d(t)=(d_i(t))_{i\geqslant 1}$ 是系统 (2.4.1)、(2.4.2) 定义在 $[0,+\infty)$ 上的另一密度守恒解。令

$$z_i(t)=c_i(t)-d_i(t)$$

记 $\sigma_i=\mathrm{sgn}(z_i(t))$，这里 $\mathrm{sgn}(x)$ 是符号函数。注意到如果 $\varphi(t)$ 是绝对连续函数，那么 $|\varphi(t)|$ 也是绝对连续函数，且

$$\frac{\mathrm{d}}{\mathrm{d}t}|\varphi(t)|=(\mathrm{sgn}\varphi(t))\frac{\mathrm{d}\varphi(t)}{\mathrm{d}t}\quad \text{a.e.}$$

因此由引理 2.4.2 可得

$$\begin{aligned}
\frac{\mathrm{d}}{\mathrm{d}t}\sum_{i=1}^{n}i|z_i| &=\sum_{i=1}^{n}i\sigma\left(\frac{\mathrm{d}c_i}{\mathrm{d}t}-\frac{\mathrm{d}d_i}{\mathrm{d}t}\right)\\
&=\frac{1}{2}\sum_{i=1}^{n-1}\sum_{j=1}^{n-i}((i+j)\sigma_{i+j}-i\sigma_i-j\sigma_j)\omega_{i,j}a_{i,j}(c_ic_j-d_id_j)\\
&\quad -\sum_{i=1}^{n}\sum_{j=n+1-i}^{\infty}i\sigma_i\omega_{i,j}a_{i,j}(c_ic_j-d_id_j)
\end{aligned}$$

于是对于任意 $t\geqslant 0$ 有

$$\sum_{i=1}^{n}i|z_i(t)|=\int_0^t(\varphi_1^n(\tau)+\varphi_2^n(\tau))\mathrm{d}\tau \tag{2.4.18}$$

其中

$$\varphi_1^n = \frac{1}{2}\sum_{i=1}^{n-1}\sum_{j=1}^{n-i}((i+j)\sigma_{i+j} - i\sigma_i - j\sigma_j)\omega_{i,j}a_{i,j}(c_ic_j - d_id_j)$$

$$\varphi_2^n = -\sum_{i=1}^{n}\sum_{j=n+1-i}^{\infty}i\sigma_i\omega_{i,j}a_{i,j}(c_ic_j - d_id_j)$$

因此,

$$((i+j)\sigma_{i+j} - i\sigma_i - j\sigma_j)z_i = ((i+j)\sigma_{i+j}\sigma_i - i - j\sigma_j\sigma_i)|z_i| \leqslant 2j|z_i|$$

$$c_ic_j - d_id_j = c_jz_i + z_jd_i$$

所以

$$\varphi_1^n \leqslant \sum_{i=1}^{n-1}\sum_{j=1}^{n-i}\omega_{i,j}a_{i,j}(jc_j|z_i| + id_i|z_j|)$$

由式(2.4.18)及式(2.4.15)可得

$$\varphi_1^n \leqslant AB\left(\sum_{i=1}^{n}i(c_i + d_i)\right)\left(\sum_{i=1}^{n}|z_i|\right)$$

$$\int_0^t\left|\sum_{i=1}^{n}\sum_{j=n+1-i}^{\infty}i\sigma_i\omega_{i,j}a_{i,j}c_ic_j\right|\mathrm{d}\tau \leqslant AB\int_0^t\sum_{i=1}^{n}\sum_{j=n+1-i}^{\infty}(ic_i)(jc_j)\mathrm{d}\tau \quad (2.4.19)$$

由式(2.4.17)和 Lebesgue 控制收敛定理可得

$$\lim_{n\to\infty}\int_0^t\left|\sum_{i=1}^{n}\sum_{j=n+1-i}^{\infty}i\sigma_i\omega_{i,j}a_{i,j}c_ic_j\right|\mathrm{d}\tau = 0$$

同理可得

$$\lim_{n\to\infty}\int_0^t\left|\sum_{i=1}^{n}\sum_{j=n+1-i}^{\infty}i\sigma_i\omega_{i,j}a_{i,j}d_id_j\right|\mathrm{d}\tau = 0$$

于是,

$$\lim_{n\to\infty}\int_0^t\varphi_2^n(\tau)\mathrm{d}\tau = 0 \quad (2.4.20)$$

由于式(2.4.19)及式(2.4.20)成立,同时注意到 $c(t)$ 及 $d(t)$ 是系统(2.4.1)、(2.4.2)的密度守恒解,根据 Lebesgue 控制收敛定理,在式(2.4.18)两边令 $n\to\infty$ 可得

$$\sum_{i=1}^{\infty} i|z_i(t)| \le 2AB\|c^0\| \int_0^t \sum_{i=1}^{\infty} i|z_i(\tau)|\,\mathrm{d}\tau$$

根据 Bellman 不等式可得 $\sum_{i=1}^{\infty} i|z_i(t)| = 0$，即 $c(t) = d(t)$。证毕。

2.4.4　溶胶-冻胶相变转移

本节的最后讨论仅含弹性碰撞的粒子反应系统里发生的溶胶-冻胶相变转移 (sol-gel phase transition) 现象。正如第 2.1 节所指出的那样，由于参与反应的基本粒子既不会凭空产生也不会凭空消失，系统的密度

$$Q(t) = \sum_{i=1}^{\infty} ic_i(t)$$

似乎应该是一个常量，但是确有这样的现象发生：当时间 $t \to \infty$ 时，$Q(t) \to 0$。这一现象被称作溶胶-冻胶相变转移现象，有时也称作胶凝现象。产生这种现象的原因是：如果粒子反应系统里产生大粒子的速度足够大，那么系统的总质量有很大一部分比例被快速地转移到越来越大的粒子，慢慢的系统里产生了超大粒子，形成冻胶，这就导致系统的总质量密度 $\sum_{i=1}^{\infty} ic_i(t) = Q(t)$ 随着时间 t 的增加而减少，最后直至为零。

下面的研究表明在相当一般的条件下，仅含弹性碰撞的粒子反应系统确实会发生溶胶-冻胶相变转移现象。

引理 2.4.3　假设 $c(t) = (c_i(t))_{i \ge 1}$ 是系统 (2.4.1)、(2.4.2) 在 $t \in [0, T), 0 < T < \infty$ 上的解，那么函数 $S_m : t \to \sum_{i=1}^{m} ic_i(t), m \ge 1$ 在 $t \in [0, T)$ 上是一个不增的函数。进一步地，如果 $c^0 = (c_i^0)_{i \ge 1}, c^0 \in X^+$，那么 $\sum_{i=1}^{\infty} ic_i(t) \le \sum_{i=1}^{\infty} ic_i^0$。

证明　首先注意到在式 (2.4.7) 中令 $g_i = i$ 得到

$$\sum_{i=1}^{n} i\left(\frac{1}{2} \sum_{j=1}^{i-1} w_{j,i-j} a_{j,i-j} c_j c_{i-j} - \sum_{j=1}^{n-i} w_{i,j} a_{i,j} c_i c_j \right) = 0 \tag{2.4.21}$$

设 $t_1, t_2 \in [0, T)$ 且 $t_1 < t_2, m \ge 1$，根据式 (2.4.1) 和式 (2.4.21) 可得

$$\sum_{i=1}^{m} i\frac{\mathrm{d}c_i}{\mathrm{d}t} = \sum_{i=1}^{m} i\left(\frac{1}{2} \sum_{j=1}^{i-1} w_{j,i-j} a_{j,i-j} c_j c_{i-j} - \sum_{j=1}^{m-i} w_{i,j} a_{i,j} c_i c_j \right) - \sum_{i=1}^{m} \sum_{j=m+1-i}^{\infty} iw_{i,j} a_{i,j} c_i c_j \tag{2.4.22}$$

$$= -\sum_{i=1}^{m} \sum_{j=m+1-i}^{\infty} iw_{i,j} a_{i,j} c_i c_j$$

在上式两端积分得

$$\sum_{i=1}^{m} i c_i(t_2) \leqslant \sum_{i=1}^{m} i c_i(t_1)$$ (2.4.23)

特别地

$$\sum_{i=1}^{m} i c_i(t) \leqslant \sum_{i=1}^{m} i c_i^0, \quad t \in [0,T)$$

如果 $c^0 = (c_i^0) \in X^+$，显然有

$$\sum_{i=1}^{\infty} i c_i(t) \leqslant \sum_{i=1}^{\infty} i c_i^0, \quad t \in [0,T)$$

定理 2.4.4　假设 $c^0 \in X^+$，并且

$$\lambda i j \leqslant w_{i,j} a_{i,j} \text{且} a_{i,j} \leqslant \Lambda i j (i,j \geqslant 1)$$ (2.4.24)

其中常数 λ 和 Λ 是两个正实数。如果 $c(t) = (c_i(t))_{i \geqslant 1}$ 是系统 (2.4.1)、(2.4.2) 在 $t \in [0,+\infty)$ 上的解，那么

$$\lim_{t \to \infty} \| c(t) \|_X = 0$$

特别地，当 t 足够大时 $\| c(t) \|_X \leqslant \| c^0 \|_X$，于是胶凝作用 (gelation) 发生了。

证明　由于 $c^0 \in X^+$，根据引理 2.4.3 得

$$\sum_{i=1}^{\infty} i c_i(t) \leqslant \sum_{i=1}^{\infty} i c_i^0 < +\infty$$ (2.4.25)

在式 (2.4.7) 中令 $g_i = 1$ 得

$$\sum_{i=1}^{n} \left(\frac{1}{2} \sum_{j=1}^{i-1} w_{j,i-j} a_{j,i-j} c_j c_{i-j} - \sum_{j=1}^{n-i} w_{i,j} a_{i,j} c_i c_j \right) = -\frac{1}{2} \sum_{i=1}^{n-1} \sum_{j=1}^{n-i} w_{i,j} a_{i,j} c_i c_j$$ (2.4.26)

由式 (2.4.1) 得

$$\sum_{i=1}^{m} \frac{\mathrm{d} c_i}{\mathrm{d} t} = \sum_{i=1}^{m} \left(\frac{1}{2} \sum_{j=1}^{i-1} w_{j,i-j} a_{j,i-j} c_j c_{i-j} - \sum_{j=1}^{m-i} w_{i,j} a_{i,j} c_i c_j \right) - \sum_{i=1}^{m} \sum_{j=m+1-i}^{\infty} w_{i,j} a_{i,j} c_i c_j$$ (2.4.27)

设 $t_2 \geqslant t_1 \geqslant 0$，在式 (2.4.27) 两边同时积分得

$$\sum_{i=1}^{m} c_i(t_2) - \sum_{i=1}^{m} c_i(t_1) = -\frac{1}{2} \int_{t_1}^{t_2} \sum_{i=1}^{m-1} \sum_{j=1}^{m-i} w_{i,j} a_{i,j} c_i c_j \mathrm{d}\tau - \int_{t_1}^{t_2} \sum_{i=1}^{m} \sum_{j=m+1-i}^{\infty} w_{i,j} a_{i,j} c_i c_j \mathrm{d}\tau$$ (2.4.28)

类似于定理 2.4.2 的证明，利用 Lebesgue 控制收敛定理，可得

$$\lim_{m\to\infty}\int_{t_1}^{t_2}\sum_{i=1}^{m}\sum_{j=m+1-i}^{\infty}w_{i,j}a_{i,j}c_ic_j\mathrm{d}\tau=0 \tag{2.4.29}$$

显然

$$\sum_{i=1}^{\left[\frac{m}{2}\right]-1}\sum_{j=1}^{\left[\frac{m}{2}\right]-1}w_{i,j}a_{i,j}c_ic_j\leqslant\sum_{i=1}^{m-1}\sum_{j=1}^{m-i}w_{i,j}a_{i,j}c_ic_j\leqslant\sum_{i=1}^{m}\sum_{j=1}^{m}w_{i,j}a_{i,j}c_ic_j$$

由式 (2.4.24) 和式 (2.4.25) 立即得到

$$\lim_{m\to+\infty}\sum_{i=1}^{m-1}\sum_{j=1}^{m-i}w_{i,j}a_{i,j}c_ic_j=\sum_{i=1}^{\infty}\sum_{j=1}^{\infty}w_{i,j}a_{i,j}c_ic_j \tag{2.4.30}$$

由式 (2.4.28) ～式 (2.4.30) 和 Lebesgue 控制收敛定理得

$$\sum_{i=1}^{\infty}c_i(t_2)-\sum_{i=1}^{\infty}c_i(t_1)=-\frac{1}{2}\int_{t_1}^{t_2}\sum_{i=1}^{\infty}\sum_{j=1}^{\infty}w_{i,j}a_{i,j}c_ic_j\mathrm{d}\tau$$

利用式 (2.4.24) 得

$$\sum_{i=1}^{\infty}c_i(t_2)+\frac{\lambda}{2}\int_{t_1}^{t_2}\|c(\tau)\|_X^2\mathrm{d}\tau\leqslant\sum_{i=1}^{\infty}c_i(t_1) \tag{2.4.31}$$

在式 (2.4.31) 中令 $t_1=0,t_2=t\in(0,+\infty)$ 利用引理 2.4.3 立得

$$\frac{\lambda t}{2}\|c(t)\|_X^2\leqslant\sum_{i=1}^{\infty}c_i^0\leqslant\|c^0\|_X$$

因此

$$\|c(t)\|_X\leqslant\left(\frac{2\|c^0\|_X}{\lambda t}\right)^{\frac{1}{2}},\quad t\in[0,+\infty)$$

于是

$$\lim_{t\to\infty}\|c(t)\|_X=0$$

2.5 带有多重爆炸的粒子反应系统的非线性动力学演化模型及分析

本节研究带有多重爆炸的粒子反应系统，刻画这种同时存在爆炸和凝结反应的系统里,粒子增长过程中密度随时间变化规律的数学模型称为离散的多重爆炸方程。

这一数学模型实质上是由可数无穷多个彼此相互关联的非线性常微分方程所组成的自治系统。本节重点讨论这一自治系统解的存在性，以便获得若干新的结果。

2.5.1 动力学演化模型的建立

正如前面几节所指出的那样，凝结和爆炸是粒子反应系统中经常遇到的现象，因此刻画这一现象的数学模型在很多领域都具有非常广泛的应用。建立这一模型的基础是所考虑的系统能够被看作由大量的粒子组成，这些粒子碰撞后或者凝结成为更大的粒子，或者爆炸分解生成新的更小的粒子。假设粒子是离散的，即它们由有限个更小的基本粒子所组成，这些基本粒子可以是原子、分子、细胞等，根据应用的情况而定。如同前面几节一样，我们仍然把由 i 个基本粒子所组成的粒子称为 i-粒子，特别地，基本粒子也可以称为 1-粒子，用 $c_i(t)$ 表示系统在时刻 t 单位体积所含的 i-粒子数目，即 $c_i(t)$ 是系统在 t 时刻 i-粒子的密度，那么离散的多重爆炸方程为[27]

$$\frac{\mathrm{d}c_i}{\mathrm{d}t} = \frac{1}{2}\sum_{j=1}^{i-1}\Phi_{j,i-j}c_jc_{i-j} - a_ic_i - \sum_{j=1}^{\infty}(\Phi_{i,j}c_ic_j - a_{i+j}b_{i+j,j}c_{i+j}) \tag{2.5.1}$$

$$c_i(0) = c_i^0 \tag{2.5.2}$$

其中，$i \geq 1$，当 $i = 1$ 时，式 (2.5.1) 右端的第一项约定为 0，并且今后总是保持这一约定：当求和上标小于下标时，和为 0。这里 $\Phi_{i,j}$ 表示 i-粒子和 j-粒子之间的凝结系数；a_i 表示 i-粒子的爆炸系数，并约定 $a_1 = 0$；$b_{i,j}$ 表示 i-粒子爆炸分解所产生的 j-粒子的个数，由于爆炸过程中质量应该守恒，所以

$$\sum_{j=1}^{i-1}jb_{i,j} = i, \quad i \geq 2$$

于是在式 (2.5.1) 中的系数 $\Phi_{i,j}$，a_i 和 $b_{i,j}$ 满足下面的基本性质

$$\Phi_{i,j} = \Phi_{j,i} \geq 0, i, \quad j \geq 1 \tag{2.5.3}$$

$$a_1 = 0 \text{且} a_i \geq 0, \quad i \geq 2 \tag{2.5.4}$$

$$(b_{i,j}) \in [0, +\infty)^{i-1} \text{且} \sum_{j=1}^{i-1}jb_{i,j} = i, \ i \geq 2 \tag{2.5.5}$$

为行文方便，假设系数 $\Phi_{i,j}$，a_i 和 $b_{i,j}$ 已知并且满足式 (2.5.3)～式 (2.5.5)，后文不再重述。显然，当 $a_i = 0(i \geq 1)$ 时，系统 (2.5.1)、(2.5.2) 只不过是经典的 Smoluchowski 方程[1]，这一方程最先用来刻画作为布朗运动的胶体粒子密度随时间变化的规律，它已经被数学家和物理学家详细地研究过[1,5,28,29]。前面几节多次指出：由于在

式 (2.5.1)、式 (2.5.2) 所刻画的系统中参与反应的基本粒子既不会凭空产生，也不会凭空消失，系统的密度

$$\rho(t) = \sum_{i=1}^{\infty} i c_i(t)$$

似乎应该是常量，然而人们已经注意到，在一定的条件下，系统的密度 $\rho(t)$ 并不是常量，而且随着时间 t 的增加而减少，最后直至为零，这一现象称作胶凝现象[4,6,7,27]。上一节的研究也表明：仅含弹性碰撞的粒子反应系统里就会发生胶凝现象。在文献 [27] 里，菲利普·劳伦柯特 (Philippe Laurencot) 给出了一个条件，在此条件下，系统的密度 $\rho(t)$ 保持常量。本节的主要目的是对系统 (2.5.1)、(2.5.2) 解的存在性进行研究，所获得的结果推广了已有的结论。

2.5.2 概念与引理

如同前面几节一样，从物理学的观点看，系统 (2.5.1)、(2.5.2) 的解应该非负而且密度 $\rho(t) = \sum_{i=1}^{\infty} i c_i(t)$ 为有限值，所以我们在 Banach 空间

$$X = \left\{ x = (x_i)_{i \geqslant 1} \in R^{N-\{0\}}, \sum_{i=1}^{\infty} i |x_i| < +\infty \right\}, \| x \| = \sum_{i=1}^{\infty} i |x_i|$$

中研究非线性系统 (2.5.1)、(2.5.2)。为了叙述的方便，引入下面的记法

$$X^+ = \{ x = (x_i)_{i \geqslant 1} \in X, x_i \geqslant 0, i \geqslant 1 \}, c_i(0) = c_i^0 \ \text{及} \ c^0 = (c_i^0)_{i \geqslant 1}$$

如同 Laurencot[27] 一样，使用下面的概念。

定义 2.5.1 让 $T \in (0, +\infty], c^0 = (c_i^0)_{i \geqslant 1}$ 是一个非负实数列，系统 (2.5.1)、(2.5.2) 定义在 $[0,T)$ 上的解 $c(t) = (c_i(t))_{i \geqslant 1}$ 是一个函数 $c(t):[0,T) \to X^+$，它满足：

(i) 对于每一个 $i \geqslant 1, c_i(t)$ 是 $[0,T)$ 上的连续函数；

(ii) $\sum_{j=1}^{\infty} \Phi_{i,j} c_j \in L^1(0,t)$ 且 $\sum_{j=i+1}^{\infty} a_j b_{j,i} c_j \in L^1(0,t), t \in (0,T)$ 且 $i \geqslant 1$；

(iii) $c_i(t)$

$$= c_i^0 + \int_0^t \left(\frac{1}{2} \sum_{j=1}^{i-1} \Phi_{j,i-j} c_j(s) c_{i-j}(s) - a_i c_i(s) - \sum_{j=1}^{\infty} (\Phi_{i,j} c_i(s) c_j(s) - a_{i+j} b_{i+j,i} c_{i+j}(s)) \right) ds;$$

这里 $t \in (0,T)$ 且 $i \geqslant 1$。

由 (i) 知，对任意的 $t \in (0,T), c_i(s)$ 是 $[0,t]$ 上的有界连续函数，所以由 (ii) 知在 (iii) 里的积分存在且为有限值，而且由 (iii) 知，每一个 $c_i(t)$ 在 $[0,T)$ 上是绝对连续的，因此 $c(t)$ 在 $[0,T)$ 上几乎处处满足式 (2.5.1)。

像 Philippe Laurencot 一样，为了研究无限维系统 (2.5.1)、(2.5.2) 解的存在性，首先考虑下面的常微分方程组

$$\frac{\mathrm{d}c_i^N}{\mathrm{d}t} = \frac{1}{2}\sum_{j=1}^{i-1}\Phi_{j,i-j}c_j^N c_{i-j}^N - a_i c_i^N - \sum_{j=1}^{N-1}(\Phi_{i,j}c_i^N c_j^N - a_{i+j}b_{i+j,i}c_{i+j}^N) \tag{2.5.6}$$

$$c_i^N(0) = c_i^0 \tag{2.5.7}$$

其中 $i \in \{1,2,\cdots,N\}, N \geq 3$。

引理 2.5.1[27] 若 $N \geq 3$，那么系统 (2.5.6)、(2.5.7) 存在唯一解

$$c^N(t) = (c_i^N(t))_{1 \leq i \leq N} \in C^1([0,+\infty); R^N)$$

其中 $c_i^N(t) \geq 0(1 \leq i \leq N)$，而且

$$\sum_{i=1}^{N}ic_i^N(t) = \sum_{i=1}^{N}ic_i^0, t \in [0,+\infty) \tag{2.5.8}$$

引理 2.5.2[30] （勒贝格控制收敛定理）设

(i) $\{f_n(x)\}$ 是可测集 E 上的可测函数列；

(ii) $|f_n(x)| \leq F(x)$ a.e. 于 E，$n=1,2,\cdots$，且 $F(x)$ 在 E 上可积分 (称 $\{f_n(x)\}$ 为 $F(x)$ 所控制，而 $F(x)$ 称为控制函数)；

(iii) $f_n(x) \to f(x)$ a.e. 于 E。

则 $f(x)$ 在 E 上可积分且

$$\lim_{n\to\infty}\int_E f_n(x)\mathrm{d}x = \int_E f(x)\mathrm{d}x$$

2.5.3 主要结果

定理 2.5.1 设 $c^0 \in X^+$

并且

$$\lim_{i\to\infty}\max_{1 \leq j \leq i-1}\left(\frac{\Phi_{i-j,j}}{j(i-j)}\right) = 0 \tag{2.5.9}$$

存在常数 c 使得

$$b_{i,j} \leq c, i \geq 2 \text{ 且 } 1 \leq j \leq i-1 \tag{2.5.10}$$

并且

$$\lim_{j\to\infty}\frac{a_j}{j} = 0 \tag{2.5.11}$$

那么系统 (2.5.1)、(2.5.2) 在 $[0,+\infty)$ 上至少存在一个解 $c(t)=(c_i(t))_{i\geq1}$，并且满足

$$\sum_{i=1}^{\infty}ic_i(t)\leq\sum_{i=1}^{\infty}ic_i^0,t\in[0,+\infty) \tag{2.5.12}$$

证明   由式 (2.5.11) 知存在正数 B 使得

$$a_j\leq Bj,\quad j\geq1 \tag{2.5.13}$$

由式 (2.5.9) 知存在正数 A 使得

$$\Phi_{i,j}\leq Aij,\quad i,j\geq1 \tag{2.5.14}$$

而且对于每一个固定的 $i\geq1$ 都有

$$\lim_{j\to\infty}\frac{\Phi_{i,j}}{j}=0 \tag{2.5.15}$$

固定 $T\in(0,+\infty)$，由引理 2.5.1 及式 (2.5.10)，式 (2.5.13)，式 (2.5.14) 得系统 (2.5.6)、(2.5.7) 的解 $c^N(t)$ 的第 i 个分量 $c_i^N(t)$ 满足

$$\left|\frac{\mathrm{d}c_i^N}{\mathrm{d}t}\right|\leq\frac{A}{2}\sum_{j=1}^{i-1}j(i-j)c_j^Nc_{i-j}^N+Bic_i^N+A\sum_{j=1}^{N-i}ijc_i^Nc_j^N+BC\sum_{j=1}^{N-i}(i+j)c_{i+j}^N \tag{2.5.16}$$

$$\leq\frac{A}{2}\|c^0\|^2+B\|c^0\|+A\|c^0\|^2+BC\|c^0\|$$

令 $\dfrac{A}{2}\|c^0\|^2+B\|c^0\|+A\|c^0\|^2+BC\|c^0\|=k,$，则

$$\left|\frac{\mathrm{d}c_i^N}{\mathrm{d}t}\right|\leq k \tag{2.5.17}$$

由于式 (2.5.8) 和式 (2.5.17) 成立，采用文献 [4] 中定理 2.3 同样的方法可以得出：存在 $(c_i^N(t))_{N\leq i}$ 的子列 (仍用 $(c_i^N(t))_{N\leq i}$ 表示) 及非负连续函数列 $c(t)=(c_i(t))_{i\geq1}$，使得对于一切 $i\geq1$ 都有

$$\lim_{N\to+\infty}\left|c_i^N(t)-c_i(t)\right|_{C([0,T])}=0 \tag{2.5.18}$$

由式 (2.5.8) 和式 (2.5.18) 可得：对于任意的正整数 M 有

$$\sum_{i=1}^{M}ic_i(t)\leq\sum_{i=1}^{\infty}ic_i^0,\quad t\in[0,T]$$

因此

$$\sum_{i=1}^{\infty}ic_i(t)\leq\sum_{i=1}^{\infty}ic_i^0,\quad t\in[0,T] \tag{2.5.19}$$

下面固定 $i \geqslant 1$ 并让 ε 是任意小的正数，由式(2.5.15)可知存在 $M \geqslant 1$，当 $j \geqslant M$ 时，$\Phi_{i,j} \leqslant \varepsilon j$，对于 $t \in [0,T]$ 和足够大的 N，由式(2.5.8)和式(2.5.19)可得

$$\left| \sum_{j=1}^{N-i} \Phi_{i,j} c_j^N(t) - \sum_{j=1}^{\infty} \Phi_{i,j} c_j(t) \right| \leqslant Ai \sum_{j=1}^{M} j \left| c_j^N(t) - c_j(t) \right| + \varepsilon \sum_{j=M+1}^{N-i} j c_j^N(t) + \varepsilon \sum_{j=M+1}^{\infty} j c_j(t)$$

$$\leqslant Ai \sum_{j=1}^{M} j \left| c_j^N(t) - c_j(t) \right|_{C([0,T])} + 2\varepsilon \| c^0 \|$$

由式(2.5.18)立即可得

$$\lim_{N \to +\infty} \sup \left| \sum_{j=1}^{N-i} \Phi_{i,j} c_j^N(t) - \sum_{j=1}^{\infty} \Phi_{i,j} c_j(t) \right|_{C([0,T])} \leqslant 2\varepsilon \| c^0 \|$$

由此可得

$$\lim_{N \to +\infty} \left| \sum_{j=1}^{N-i} \Phi_{i,j} c_j^N(t) - \sum_{j=1}^{\infty} \Phi_{i,j} c_j(t) \right|_{C([0,T])} = 0$$

再一次使用式(2.5.18)可得

$$\lim_{N \to +\infty} \left| \sum_{j=1}^{N-i} \Phi_{i,j} c_i^N c_j^N - \sum_{j=1}^{\infty} \Phi_{i,j} c_i c_j \right|_{C([0,T])} = 0 \tag{2.5.20}$$

下面用相同的方法证明

$$\lim_{N \to +\infty} \left| \sum_{j=1}^{N-i} a_{i+j} b_{i+j,i} c_{i+j}^N - \sum_{j=1}^{\infty} a_{i+j} b_{i+j,i} c_{i+j} \right|_{c([0,T])} = 0 \tag{2.5.21}$$

事实上，任取 $\varepsilon \in (0,1)$，由式(2.5.10)和式(2.5.11)可得：存在正整数 M，当 $j \geqslant M$ 时

$$a_{i+j} b_{i+j,i} \leqslant \varepsilon(i+j) \tag{2.5.22}$$

由式(2.5.8)和式(2.5.22)得：当 $N-i \geqslant M$ 时，

$$\sup_{t \in [0,T]} \sum_{j=M}^{N-i} a_{i+j} b_{i+j,i} c_{i+j}^N \leqslant \varepsilon \sup_{t \in [0,T]} \sum_{j=M}^{N-i} (i+j) c_{i+j}^N \leqslant \varepsilon \| c^0 \|$$

类似地，由式(2.5.19)和式(2.5.22)可得

$$\sup_{t \in [0,T]} \sum_{j=M}^{\infty} a_{i+j} b_{i+j,i} c_{i+j} \leqslant \varepsilon \| c^0 \|$$

合并上面的两个估计和式(2.5.18)便知式(2.5.21)成立。由于 $c^N(t)$ 是系统(2.5.6)、

(2.5.7) 的解，因此当 $t \in [0, T]$ 时

$$c_i^N(t) = c_i^0 + \int_0^t \left(\frac{1}{2} \sum_{j=1}^{i-1} \Phi_{j,i-j} c_j^N(s) c_{i-j}^N(s) - a_i c_i^N(s) \right) \mathrm{d}s$$

$$- \int_0^t \sum_{j=1}^{N-i} \Phi_{i,j} c_i^N(s) c_j^N(s) \mathrm{d}s + \int_0^t \sum_{j=1}^{N-i} a_{i+j} b_{i+j} c_{i+j}^N(s) \mathrm{d}s$$

由于式 (2.5.18)、式 (2.5.20) 和式 (2.5.21) 成立，根据引理 2.5.2，在上式两端令 $N \to +\infty$ 得

$$c_i(t) = c_i^0 + \int_0^t \left[\frac{1}{2} \sum_{j=1}^{i-1} \Phi_{j,i-j} c_j(s) c_{i-j}(s) - a_i c_i(s) - \sum_{j=1}^{\infty} (\Phi_{i,j} c_i(s) c_j(s) - a_{i+j} b_{i+j} c_{i+j}(s)) \right] \mathrm{d}s$$

其中 $t \in [0, T)$，所以 $c(t) = (c_i(t))_{i \geq 1}$ 是系统 (2.5.1)、(2.5.2) 在 $[0, T)$ 上的解，由式 (2.5.19) 知道式 (2.5.12) 成立。由于 T 是任意的，所以定理 2.5.1 成立。

注意：显然当 $\Phi_{i,j} \leq A_1 i^\alpha j^\alpha, i, j \geq 1$ 且 $\alpha \in [0, 1), A_1$ 为正常数时式 (2.5.9) 成立。当 $a_i \leq B_1 i^\beta, i \geq 1$ 且 $\beta \in [0, 1), B_1$ 为正常数时式 (2.5.11) 成立，所以定理 2.5.1 是文献 [22] 中定理 2.3 的推广。由于 Smoluchowski 方程是 (2.5.1) 的特例，据文献 [22] 知在定理 2.5.1 假设成立的条件下，Smouchowski 方程所刻画的系统会出现胶凝现象，因此不可能使得式 (2.5.12) 成为一个等式。

2.6 斯里瓦斯塔瓦(Srivastava)模型及分析

Srivastava 模型类似于第 2.1 节介绍的数学模型 (2.1.1)~(2.1.3)，具有一定的实际意义。本节沿用前面几节介绍过的思想方法，对这一模型进行研究。主要思想是：选择一个恰当的无限维 Banach 空间，运用微分方程理论对 Srivastava 模型进行讨论，本节获得了 Srivastava 模型解的存在性、唯一性及密度守恒的充分条件，同时还讨论了当时间趋于无穷大时，Srivastava 模型解的渐近性态，这些结论改进了已有的结果。

2.6.1 Srivastava 模型的建立

Srivastava 教授为了描述大气中雨滴的形成过程，引进了如下的数学模型 [31]

$$\frac{\mathrm{d}c_i}{\mathrm{d}t} = \frac{1}{2} \sum_{j=1}^{i-1} k_{j,i-j} c_j c_{i-j} - \sum_{j=1}^{\infty} (k_{i,j} + \beta_{i,j}) c_i c_j, \quad i \geq 2$$

$$\frac{\mathrm{d}c_1}{\mathrm{d}t} = -\sum_{j=1}^{\infty} (k_{1,j} + \beta_{1,j}) c_1 c_j + \frac{1}{2} \sum_{j=1}^{\infty} \sum_{k=1}^{\infty} (j+k) \beta_{j,k} c_j c_k,$$

$$c_i(0) = c_i^0$$

其中，$k_{i,j} = k_{j,i} \geq 0; \beta_{i,j} = \beta_{j,i} \geq 0$。当 $i = 1$ 时，上面第一个方程右边的第一项规定为 0。

为了便于研究，引进下面的记法：$a_{i,j} = k_{i,j} + \beta_{i,j}, N_{i,j}^s = (i+j)\delta_{s,1}$，那么上面的系统成为

$$\frac{\mathrm{d}c_i}{\mathrm{d}t} = \frac{1}{2}\sum_{j=1}^{i-1} k_{j,i-j}c_jc_{i-j} - \sum_{j=1}^{\infty} a_{i,j}c_ic_j + \frac{1}{2}\sum_{j=1}^{\infty}\sum_{k=1}^{\infty} N_{j,k}^i \beta_{j,k}c_jc_k, \tag{2.6.1}$$

$$c_i(0) = c_i^0 \tag{2.6.2}$$

这里系数 $(k_{i,j}), (\beta_{i,j}), (a_{i,j})$ 及 $(N_{i,j}^s)$ 满足

$$k_{i,j} = k_{j,i} \geq 0 \text{且} \beta_{i,j} = \beta_{j,i} \geq 0 \tag{2.6.3}$$

$$a_{i,j} = a_{j,i} \geq 0 \tag{2.6.4}$$

$$N_{i,j}^s = N_{j,i}^s \tag{2.6.5}$$

对比这里的系统 (2.6.1)、(2.6.2) 与系统 (2.1.1)～(2.1.3)，不难发现它们在形式结构上具有很大的相似性，因此我们可以借鉴前面几节介绍的思想方法来研究系统 (2.6.1)、(2.6.2)。

Srivastava 教授在文献 [31] 中假设 $k_{i,j}$ 和 $\beta_{i,j}$ 是常数的情况下，求出了系统 (2.6.1)、(2.6.2) 的解，并证明了这一解当时间 t 趋于无穷大时收敛。本节的目的是在更一般的条件下研究系统 (2.6.1)、(2.6.2)。

2.6.2 概念和引理

我们将在 Banach 空间

$$X = \left\{ x = (x_i)_{i \geq 1} \in R^{N-\{0\}}, \sum_{i=1}^{\infty} i|x_i| < \infty \right\}, \quad \|x\| = \sum_{i=1}^{\infty} i|x_i|$$

中研究系统 (2.6.1)、(2.6.2)，为了叙述的方便，引入下面的记号

$$X^+ = \{x = (x_i)_{i \geq 1} \in X, x_i \geq 0, i \geq 1\}, \quad c_i(0) = c_i^0 \text{及} c^0 = (c_i^0)_{i \geq 1}$$

如同文献 [7]、[8] 一样，引入下面的定义。

定义 2.6.1 让 $T \in [0, +\infty), c^0 = (c_i^0)_{i \geq 1}$ 是一个非负实数列，系统 (2.6.1)、(2.6.2) 定义在 $[0, T)$ 上的解 $c(t) = (c_i(t))_{i \geq 1}$ 是一个函数，即 $c(t): [0, T) \to X^+$，它满足

(i) 对于每一个 $i \geq 1, c_i(t)$ 连续且 $\sup_{t \in [0, T)} \|c(t)\| < \infty$；

(ii) $\displaystyle\sum_{j=1}^{\infty}a_{i,j}c_j\in L^1(0,t),\sum_{j=1}^{\infty}\sum_{k=1}^{\infty}(j+k)\beta_{j,k}c_jc_k\in L^1(0,t),t\in(0,T)$;

(iii) $\displaystyle c_i(t)=c_i^0+\int_0^t\left(\frac{1}{2}\sum_{j=1}^{i-1}k_{j,i-j}c_j(s)c_{i-j}(s)-\sum_{j=1}^{\infty}a_{i,j}c_i(s)c_j(s)\right)\mathrm{d}s$

$\displaystyle+\frac{1}{2}\int_0^t\sum_{j=1}^{\infty}\sum_{k=1}^{\infty}N_{j,k}^i\beta_{j,k}c_j(s)c_k(s)\mathrm{d}s$ 。

由 (i) 知，对任意的 $t\in[0,T]$ ，任一 $c_i(s)$ 是 $[0,t]$ 上的有界连续函数，所以由 (ii) 知在 (iii) 里的积分存在且为有限值，而且由 (iii) 知，每一个 $c_i(t)$ 在 $[0,T)$ 上是绝对连续的，因此 $c(t)$ 在 $[0,T)$ 上几乎处处满足式 (2.6.1)。

仿照文献[1]、[12]、[32]、[33]的方法，首先考虑下面的常微分方程组

$$\frac{\mathrm{d}c_i^N}{\mathrm{d}t}=\frac{1}{2}\sum_{j=1}^{i-1}k_{j,i-j}c_j^Nc_{i-j}^N-\sum_{j=1}^{N-i}a_{i,j}c_i^Nc_j^N+\frac{1}{2}\sum_{i+1\leqslant j+k\leqslant N}N_{j,k}^i\beta_{j,k}c_j^Nc_k^N \tag{2.6.6}$$

$$c_i^N(0)=c_i^0 \tag{2.6.7}$$

其中 $i\in\{1,2,\cdots,N\}$ 。

引理 2.6.1[4]　若 $N\geqslant3$ ，那么系统 (2.6.6)、(2.6.7) 存在唯一解 $c^N(t)=(c_i^N(t))_{1\leqslant i\leqslant N}$ $\in C^1([0,+\infty);R^N)$ ，其中 $c_i^N(t)\geqslant0(1\leqslant i\leqslant N)$ ，而且

$$\sum_{i=1}^{N}ic_i^N(t)=\sum_{i=1}^{N}ic_i^0\quad t\in[0,+\infty) \tag{2.6.8}$$

定理 2.6.1　设 $c^0\in X^+$ ，并且

$$\beta_{i,j}\leqslant\frac{A(ij)^\alpha}{i+j},a_{i,j}\leqslant A(ij)^\alpha,\quad i,j\geqslant1 \tag{2.6.9}$$

其中 α,A 是非负常数，$\alpha\in[0,1)$ ，那么系统 (2.6.1)、(2.6.2) 至少存在一个定义在 $[0,+\infty)$ 上的解 $c(t)=(c_i(t))_{i\geqslant1}$ ，并且满足

$$\sum_{i=1}^{\infty}ic_i(t)\leqslant\sum_{i=1}^{\infty}ic_i^0 \tag{2.6.10}$$

证明　固定 $T\in(0,+\infty)$ ，由引理 2.6.1 和式 (2.6.9) 得，系统 (2.6.6)、(2.6.7) 的解 $c^N(t)$ 的第 i 个分量 $c_i^N(t)$ 满足

$$\left|\frac{\mathrm{d}c_i^N}{\mathrm{d}t}\right|\leqslant\frac{A}{2}\sum_{j=1}^{i-1}j^a(i-j)^ac_j^Nc_{i-j}^N+A\sum_{j=1}^{N-i}ijc_i^Nc_j^N+\frac{A}{2}\sum_{2\leqslant j+k\leqslant N}jkc_j^Nc_k^N \tag{2.6.11}$$

$$\leqslant\frac{A}{2}\|c^0\|^2+A\|c^0\|^2+\frac{A}{2}\|c^0\|^2=2A\|c^0\|^2$$

由于式(2.6.8)和式(2.6.11)成立，采用文献[4]中定理 2.3 同样的方法可以得出：存在 $(c_i^N)_{N \geqslant i}$ 的子列(仍用 $(c_i^N(t))_{N \geqslant i}$ 表示)及非负连续函数列 $c(t) = (c_i(t))_{i \geqslant 1}$，使得对于一切 $i \geqslant 1$ 都有

$$\lim_{N \to +\infty} \left| c_i^N - c_i \right|_{C([0,T])} = 0 \tag{2.6.12}$$

由式(2.6.8)式(2.6.12)得，对于任意的正整数 M 有

$$\sum_{i=1}^{M} i c_i(t) \leqslant \sum_{i=1}^{\infty} i c_i^0$$

因此

$$\sum_{i=1}^{\infty} i c_i(t) \leqslant \sum_{i=1}^{\infty} i c_i^0 \quad t \in [0,T] \tag{2.6.13}$$

固定 $i \geqslant 1$，并假设 ε 是任意小的正数。由式(2.6.9)知存在 $M \geqslant 1$，当 $j \geqslant M$ 时，$a_{i,j} \leqslant \varepsilon j$。于是对于 $t \in [0,T]$ 以及足能大的 N，由式(2.6.8)、式(2.6.9)及式(2.6.13)得

$$\left| \sum_{j=1}^{N-i} a_{i,j} c_j^N(t) - \sum_{j=1}^{\infty} a_{i,j} c_j(t) \right| \leqslant Ai \sum_{j=1}^{M} j \left| c_j^N(t) - c_j(t) \right| + \varepsilon \sum_{j=M+1}^{N-i} j c_j^N(t) + \varepsilon \sum_{j=M+1}^{\infty} j c_j(t)$$

$$\leqslant Ai \sum_{j=1}^{M} j \left| c_j^N(t) - c_j(t) \right|_{C([0,T])} + 2\varepsilon \left\| c^0 \right\|$$

进一步地，由式(2.6.12)可得

$$\lim_{N \to +\infty} \sup \left| \sum_{j=1}^{N-1} a_{i,j} c_j^N - \sum_{j=1}^{\infty} a_{i,j} c_j \right|_{C([0,T])} \leqslant 2\varepsilon \left\| c^0 \right\|$$

所以

$$\lim_{N \to +\infty} \sup \left| \sum_{j=1}^{N-i} a_{i,j} c_j^N - \sum_{j=1}^{\infty} a_{i,j} c_j \right|_{C([0,T])} = 0$$

再一次使用式(2.6.12)可得

$$\lim_{N \to +\infty} \left| \sum_{j=1}^{N-1} a_{i,j} c_i^N c_j^N - \sum_{j=1}^{\infty} a_{i,j} c_i c_j \right|_{C([0,T])} = 0 \tag{2.6.14}$$

用类似的方法可证明

$$\lim_{N \to +\infty} \left| \sum_{j=1}^{\infty} \sum_{k=1}^{\infty} N_{j,k}^i \beta_{j,k} c_j c_k - \sum_{i+1 \leqslant j+k \leqslant N} N_{j,k}^i \beta_{j,k} c_j^N c_k^N \right|_{C([0,T])} = 0 \tag{2.6.15}$$

显然只需证明

$$\lim_{N\to+\infty}\left|\sum_{j+k\geq 2}(j+k)\beta_{j,k}c_jc_k-\sum_{2\leq j+k\leq N}(j+k)\beta_{j,k}c_j^Nc_k^N\right|_{C([0,T])}=0$$

事实上，任取正数 ε，由式 (2.6.9) 得

$$\lim_{j+k\to\infty}\frac{(j+k)\beta_{j,k}}{jk}\leq\lim_{j+k\to\infty}\frac{A}{(jk)^{1-\alpha}}=\lim_{jk\to\infty}\frac{A}{(jk)^{1-\alpha}}=0 \qquad (2.6.16)$$

于是，存在正数 $M\geq 2$，当 $j+k\geq M$ 时，

$$(j+k)\beta_{j,k}\leq\varepsilon jk \qquad (2.6.17)$$

由式 (2.6.8) 和式 (2.6.17) 得：当 $N>M$ 时，

$$\sup_{t\in[0,T]}\sum_{M\leq j+k\leq N}(j+k)\beta_{j,k}c_j^Nc_k^N\leq\varepsilon\sup_{t\in[0,T]}\sum_{M\leq j+k\leq N}jkc_j^Nc_k^N\leq\varepsilon\left\|c^0\right\|^2 \qquad (2.6.18)$$

类似地，由式 (2.6.13) 式 (2.6.17) 得

$$\sup_{\kappa\in[0,T]}\sum_{j+k\geq M}(j+k)\beta_{j,k}c_jc_k\leq\varepsilon\sup_{t\in[0,T]}\sum_{j+k\geq M}jkc_jc_k\leq\varepsilon\left\|c^0\right\|^2 \qquad (2.6.19)$$

由式 (2.6.12)、式 (2.6.18)、式 (2.6.19) 便知式 (2.6.15) 成立。

由于 $c^N(t)$ 是系统 (2.6.6)、(2.6.7) 的解，因此当 $t\in[0,T)$ 时，

$$c_i^N(t)=c_i^0+\int_0^t\left(\frac{1}{2}\sum_{j=1}^{i-1}K_{j,i-j}c_j^N(\tau)c_{i-j}^N(\tau)-\sum_{j=1}^{N-i}a_{i,j}c_i^N(\tau)c_j^N(\tau)\right)\mathrm{d}\tau$$

$$+\frac{1}{2}\int_0^t\sum_{i+1\leq j+k\leq N}N_{j,k}^i\beta_{j,k}c_j^N(\tau)c_k^N(\tau)\mathrm{d}\tau$$

由于式 (2.6.12)、式 (2.6.14)、式 (2.6.15) 成立，根据 Lebesgue 控制收敛定理，在上式两端令 $N\to\infty$ 得

$$c_i(t)=c_i^0+\int_0^t\left(\frac{1}{2}\sum_{j=1}^{i-1}K_{j,i-j}c_j(\tau)c_{i-j}(\tau)-\sum_{j=1}^{\infty}a_{i,j}c_i(\tau)c_j(\tau)\right)\mathrm{d}\tau$$

$$+\frac{1}{2}\int_0^t\sum_{j=1}^{\infty}\sum_{k=1}^{\infty}N_{j,k}^i\beta_{j,k}c_j(\tau)c_k(\tau)\mathrm{d}\tau$$

其中 $t\in[0,T]$，所以 $c(t)=(c_i(t))_{i\geq 1}$ 是系统 (2.6.1)、(2.6.2) 在 $[0,T]$ 上的解，式 (2.6.13) 知式 (2.6.10) 成立，由于 T 是任意的，所以定理 2.6.1 成立。

注意：由文献[24]知，如果不附加其他的条件，不可能使得式 (2.6.10) 成为一个等式。

2.6.3 系统的密度守恒及解的唯一性

定义 2.6.2 如果系统 (2.6.1)、(2.6.2) 在区间 $[0,T),0<T<+\infty$ 上的解 $c(t)=(c_i(t))_{i\geq1}$ 满足 $\|c(t)\|=\|c^0\|,t\in[0,T]$，那么称解 $c(t)=(c_i(t))_{i\geq1}$ 是系统 (2.6.1)、(2.6.2) 的密度守恒解。

引理 2.6.2 设 $(g_i)\in R^n,n\geq2$，如果 $c=(c_i)_{i\geq1}$ 是系统 (2.6.1)、(2.6.2) 定义在 $[0,T)(0\leq T<+\infty)$ 上的解，那么

$$\sum_{i=1}^n g_i\left(\frac{1}{2}\sum_{j=1}^{i-1}k_{j,i-j}c_jc_{i-j}-\sum_{j=1}^{n-i}a_{i,j}c_ic_j+\frac{1}{2}\sum_{i+1\leq j+k\leq n}N_{j,k}^i\beta_{j,k}c_jc_k\right)$$

$$=\frac{1}{2}\sum_{i=1}^{n-1}\sum_{j=1}^{n-i}(g_{i+j}-g_i-g_j)k_{i,j}c_ic_j+\frac{1}{2}\sum_{i=1}^{n-1}\sum_{j=1}^{n-i}((i+j)g_1-g_i-g_j)\beta_{i,j}c_ic_j$$

证明 利用系数 $(k_{i,j})$，$(\beta_{j,k})$ 和 $(a_{i,j})$ 的对称性并注意到 i,j 是自然数，可以得到

$$\sum_{i=1}^n g_i\sum_{j=1}^{i-1}k_{j,i-j}c_ic_{i-j}=\sum_{1\leq i+j\leq n}g_{i+j}k_{i,j}c_ic_j$$

$$\sum_{i=1}^n g_i\sum_{j=1}^{n-i}a_{i,j}c_ic_j=\frac{1}{2}\sum_{i=1}^n\sum_{j=1}^{n-i}g_ia_{i,j}c_ic_j+\frac{1}{2}\sum_{j=1}^n\sum_{i=1}^{n-j}g_ja_{i,j}c_ic_j$$

$$=\frac{1}{2}\sum_{1\leq i+j\leq n}(g_i+g_j)\beta_{i,j}c_ic_j+\frac{1}{2}\sum_{1\leq i+j\leq n}(g_i+g_j)k_{i,j}c_ic_j$$

$$\sum_{i=1}^n g_i\sum_{i+1\leq j+k\leq n}N_{j,k}^i\beta_{j,k}c_jc_k=\sum_{2\leq j+k\leq n}g_1(j+k)\beta_{j,k}c_jc_k=\sum_{1\leq i+j\leq n}g_1(i+j)\beta_{i,j}c_ic_j$$

于是

$$\sum_{i=1}^n g_i\left(\frac{1}{2}\sum_{j=1}^{i-1}k_{j,i-j}c_jc_{i-j}-\sum_{j=1}^{n-i}a_{i,j}c_ic_j+\frac{1}{2}\sum_{i+1\leq j+k\leq n}N_{j,k}^i\beta_{j,k}c_jc_k\right)$$

$$=\frac{1}{2}\sum_{1\leq i+j\leq n}(g_{i+j}-g_i-g_j)k_{i,j}c_ic_j+\frac{1}{2}\sum_{1\leq i+j\leq n}((i+j)g_1-g_i-g_j)\beta_{i,j}c_ic_j$$

$$=\frac{1}{2}\sum_{i=1}^n\sum_{j=1}^{n-i}(g_{i+j}-g_i-g_j)k_{i,j}c_ic_j+\frac{1}{2}\sum_{i=1}^n\sum_{j=1}^{n-i}((i+j)g_1-g_i-g_j)\beta_{i,j}c_ic_j$$

证毕。

在引理 2.6.2 中，令 $g_i=i(1\leq i\leq n)$，立即可得

$$\sum_{i=1}^{n} i \left(\frac{1}{2} \sum_{j=1}^{i-1} k_{j,i-j} c_j c_{i-j} - \sum_{j=1}^{n-1} a_{i,j} c_i c_j + \frac{1}{2} \sum_{i+1 \leqslant j+k \leqslant n} N_{j,k}^i \beta_{j,k} c_j c_k \right) = 0 \qquad (2.6.20)$$

定理 2.6.2　假设 $c^0 \in X^+$，并且存在一个正数 A 使得

$$\beta_{i,j} \leqslant \frac{A(ij)^\alpha}{i+j} 且 k_{i,j} \leqslant A\beta_{i,j}, \quad i,j \geqslant 1, \quad \alpha \in [0,1) \qquad (2.6.21)$$

那么系统 (2.6.1)、(2.6.2) 在 $[0,+\infty)$ 上存在唯一解 $c(t) = (c_i(t))_{i \geqslant 1}$，并且满足

$$\|c(t)\| = \|c^0\|, t \in [0,+\infty) \qquad (2.6.22)$$

换句话说，系统 (2.6.1)、(2.6.2) 在 $[0,+\infty)$ 上存在唯一密度守恒解。

证明　首先由于式 (2.6.21) 成立。根据定理 2.6.1，系统 (2.6.1)、(2.6.2) 至少存在一个定义在 $[0,+\infty)$ 上的解 $c(t) = (c_i(t))_{i \geqslant 1}$，满足

$$\sum_{i=1}^{\infty} ic_i(t) \leqslant \sum_{i=1}^{\infty} ic_i^0, t \in [0,+\infty)$$

其次，让 $m \geqslant 1, t_1, t_2 \geqslant 0$ 和 $t_2 \geqslant t_1$，从式 (2.6.1) 和式 (2.6.20) 可得

$$\sum_{i=1}^{m} i(c_i(t_2) - c_i(t_1)) = -\int_{t_1}^{t_2} \sum_{i=1}^{m} \sum_{j=m+1-i}^{\infty} ia_{i,j} c_i c_j \mathrm{d}s + \frac{1}{2} \int_{t_1}^{t_2} \sum_{j+k \geqslant m+1} (j+k)\beta_{j,k} c_j c_k \mathrm{d}s \qquad (2.6.23)$$

由式 (2.6.17) 可得

$$\sum_{j+k \geqslant m+1} (j+k)\beta_{j,k} c_j c_k \leqslant \varepsilon \sum_{j+k \geqslant m+1} jk c_j c_k \leqslant \varepsilon \|c^0\|^2, \quad m \geqslant M$$

所以

$$\lim_{m \to +\infty} \sum_{j+k \geqslant m+1} (j+k)\beta_{j,k} c_j c_k = 0 \qquad (2.6.24)$$

又

$$\sum_{i=1}^{m} \sum_{j=m+1-i}^{\infty} ia_{i,j} c_i c_j \leqslant (1+A) \sum_{i=1}^{m} \sum_{j=m+1-i}^{\infty} i\beta_{i,j} c_i c_j \leqslant (1+A) \sum_{i+j \geqslant m+1} (i+j)\beta_{i,j} c_i c_j$$

由式 (2.6.24) 可得

$$\lim_{m \to +\infty} \sum_{i=1}^{m} \sum_{j=m+1-i}^{\infty} ia_{i,j} c_i c_j = 0 \qquad (2.6.25)$$

根据 Lebesgue 控制收敛定理，从式 (2.6.13)、式 (2.6.24)、式 (2.6.25) 可以得出

$$\sum_{i=1}^{\infty} ic_i(t_2) = \sum_{i=1}^{\infty} ic_i(t_1)$$

特别地有 $\|c(t)\| = \|c^0\|$，$t \in [0,+\infty)$。

至此，密度守恒解的存在性已证完。下面证明解的唯一性。记

$$\mathrm{sgn}(\lambda) = \begin{cases} 1, & \lambda > 0 \\ 0, & \lambda = 0 \\ -1, & \lambda < 0 \end{cases}$$

注意到如果 $\phi(t)$ 是绝对连续函数，那么 $|\phi(t)|$ 也是绝对连续函数，且

$$\frac{\mathrm{d}}{\mathrm{d}t}|\phi(t)| = (\mathrm{sgn}\,\phi(t))\frac{\mathrm{d}\phi(t)}{\mathrm{d}t} \quad \text{a.e.}$$

设 $d(t) = (d_i(t))_{i \geqslant 1}$ 是系统 (2.6.1)、(2.6.2) 定义在 $[0,+\infty)$ 上的另一解，令 $x(t) = (x_i(t))_{i \geqslant 1}$ 且

$$x(t) = c(t) - d(t)$$

即 $x_i(t) = c_i(t) - d_i(t)$。

记 $\sigma_i = \mathrm{sgn}(x_i(t))$，那么由引理 2.6.2 可得

$$\sum_{i=1}^{n} i\sigma_i \frac{\mathrm{d}c_i}{\mathrm{d}t} = \sum_{i=1}^{n} i\sigma_i \left(\frac{1}{2}\sum_{j=1}^{i-1} k_{j,i-j} c_j c_{i-j} - \sum_{j=1}^{n-i} a_{i,j} c_i c_j + \frac{1}{2}\sum_{i+1 \leqslant j+k \leqslant n} N^i_{j,k}\beta_{j,k} c_j c_k \right) -$$

$$\sum_{i=1}^{n} i\sigma_i \sum_{j=n+1-i}^{\infty} a_{i,j} c_i c_j + \frac{1}{2}\sum_{i=1}^{n} i\sigma_i \sum_{j+k \geqslant n+1} N^i_{j,k}\beta_{j,k} c_j c_k = \frac{1}{2}\sum_{i=1}^{n-1}\sum_{j=1}^{n-i} ((i+j)\sigma_{i+j} - i\sigma_i - j\sigma_j) k_{i,j} c_i c_j +$$

$$\frac{1}{2}\sum_{i=1}^{n-1}\sum_{j=1}^{n-i} ((i+j)\sigma_1 - i\sigma_i - j\sigma_j)\beta_{i,j} c_i c_j - \sum_{i=1}^{n}\sum_{j=n+1-i}^{\infty} i\sigma_i a_{i,j} c_i c_j + \frac{1}{2}\sum_{j+k \geqslant n+1} \sigma_1(j+k)\beta_{j,k} c_j c_k$$

$$(2.6.26)$$

同理

$$\sum_{i=1}^{n} i\sigma_i \frac{\mathrm{d}d_i}{\mathrm{d}t} = \frac{1}{2}\sum_{i=1}^{n-1}\sum_{j=1}^{n-i} ((i+j)\sigma_{i+j} - i\sigma_i - j\sigma_j) k_{i,j} d_i d_j +$$

$$\frac{1}{2}\sum_{i=1}^{n-1}\sum_{j=1}^{n-i} ((i+j)\sigma_1 - i\sigma_i - j\sigma_j)\beta_{i,j} d_i d_j - \qquad\qquad (2.6.27)$$

$$\sum_{i=1}^{n}\sum_{j=n+1-i}^{\infty} i\sigma_i a_{i,j} d_i d_j + \frac{1}{2}\sum_{j+k \geqslant n+1} \sigma_1(j+k)\beta_{j,k} d_j d_k$$

于是

$$\sum_{i=1}^{n} i \frac{\mathrm{d}|x_i(t)|}{\mathrm{d}t} = \sum_{i=1}^{n} i\sigma_i \left(\frac{\mathrm{d}c_i}{\mathrm{d}t} - \frac{\mathrm{d}d_i}{\mathrm{d}t} \right) = \frac{1}{2} \sum_{i=1}^{n-1} \sum_{j=1}^{n-i} ((i+j)\sigma_{i+j} - i\sigma_i - j\sigma_j)k_{i,j}(c_ic_j - d_id_j) +$$

$$\frac{1}{2} \sum_{i=1}^{n-1} \sum_{j=1}^{n-i} ((i+j)\sigma_1 - i\sigma_i - j\sigma_j)\beta_{i,j}(c_ic_j - d_id_j) - \sum_{i=1}^{n} \sum_{j=n+1-i}^{\infty} i\sigma_i a_{i,j}(c_ic_j - d_id_j) +$$

$$\frac{1}{2} \sum_{j+k \geqslant n+1} \sigma_1(j+k)\beta_{j,k}(c_jc_k - d_jd_k)$$

在 $[0,+\infty)$ 上几乎处处成立，从而

$$\sum_{i=1}^{n} i|x_i(t)| = \int_0^t \sum_{i=1}^{4} \varphi_{i,n}(s)\mathrm{d}s \tag{2.6.28}$$

其中

$$\varphi_{1,n} = \frac{1}{2} \sum_{i=1}^{n-1} \sum_{j=1}^{n-i} ((i+j)\sigma_{i+j} - i\sigma_i - j\sigma_j)k_{i,j}(c_ic_j - d_id_j)$$

$$\varphi_{2,n} = \frac{1}{2} \sum_{i=1}^{n-1} \sum_{j=1}^{n-i} ((i+j)\sigma_{i+j} - i\sigma_i - j\sigma_j)\beta_{i,j}(c_ic_j - d_id_j)$$

$$\varphi_{3,n} = -\sum_{i=1}^{n} \sum_{j=n+1-i}^{\infty} i\sigma_i a_{i,j}(c_ic_j - d_id_j)$$

$$\varphi_{4,n} = \frac{1}{2} \sum_{j+k \geqslant n+1} \sigma_1(j+k)\beta_{j,k}(c_jc_k - d_jd_k)$$

因为

$$((i+j)\sigma_{i+j} - i\sigma_i - j\sigma_j)x_i = ((i+j)\sigma_{i+j}\sigma_i - i - j\sigma_i\sigma_j)|x_i| \leqslant 2j|x_i|$$

$$c_ic_j - d_id_j = c_jx_i + d_ix_j$$

所以

$$\varphi_{1,n} \leqslant \sum_{i=1}^{n-1} \sum_{j=1}^{n-i} k_{i,j} \left(jc_j|x_i| + id_i|x_j| \right)$$

由式 (2.6.21) 可得

$$\beta_{i,j} \leqslant A\min\{i,j\}, k_{i,j} \leqslant A^2\min\{i,j\}$$

且

$$a_{i,j} \leqslant A(1+A)\min\{i,j\} \tag{2.6.29}$$

于是

$$\varphi_{1,n} \leqslant A^2 \left(\sum_{i=1}^{n} i(c_i + d_i) \right) \left(\sum_{i=1}^{n} i|x_i| \right) \tag{2.6.30}$$

类似地有

$$((i+j)\sigma_1 - i\sigma_i - j\sigma_j)x_i = ((i+j)\sigma_1\sigma_i - i - j\sigma_i\sigma_j)|x_i| \leqslant 2j|x_i|$$

$$\varphi_{2,n} \leqslant A \left(\sum_{i=1}^{n} i(c_i + d_i) \right) \sum_{i=1}^{n} i|x_i| \tag{2.6.31}$$

由式 (2.6.29) 可得

$$\int_0^t \left| \sum_{i=1}^{n} \sum_{j=n+1-i}^{\infty} i\sigma_i a_{i,j} c_i c_j \right| \mathrm{d}s \leqslant (A + A^2) \int_0^t \sum_{i=1}^{n} \sum_{j=n+1-i}^{\infty} (ic_i)(jc_j) \mathrm{d}s$$

由式 (2.6.22) 可得

$$\lim_{n \to +\infty} \int_0^t \left| \sum_{i=1}^{n} \sum_{j=n+1-i}^{\infty} i\sigma_i a_{i,j} c_i c_j \right| \mathrm{d}s = 0$$

同理

$$\lim_{n \to +\infty} \int_0^t \left| \sum_{i=1}^{n} \sum_{j=n+1-i}^{\infty} i\sigma_i a_{i,j} d_i d_j \right| \mathrm{d}s = 0$$

所以

$$\lim_{n \to +\infty} \int_0^t \varphi_{3,n}(s) \mathrm{d}s = 0 \tag{2.6.32}$$

由式 (2.6.21) 可得

$$\int_0^t \left| \sum_{j+k \geqslant n+1} \sigma_1(j+k)\beta_{j,k} c_j c_k \right| \mathrm{d}s \leqslant A \int_0^t \sum_{j+k \geqslant n+1} (jc_j)(kc_k) \mathrm{d}s$$

再一次应用式 (2.6.22) 和 Lebesgue 控制收敛定理可得

$$\lim_{n \to +\infty} \int_0^t \left| \sum_{j+k \geqslant n+1} \sigma_1(j+k)\beta_{j,k} c_j c_k \right| \mathrm{d}s = 0 \tag{2.6.33}$$

如同式 (2.6.32) 一样，有

$$\lim_{n \to \infty} \int_0^t \varphi_{4,n}(s) \mathrm{d}s = 0$$

由于式 (2.6.22) 及式 (2.6.30)～式 (2.6.33) 成立，根据 Lebesgue 控制收敛定理，在式 (2.6.28) 两边令 $n \to +\infty$，可得

$$\sum_{i=1}^{\infty} i|x_i(t)| \leqslant 2A(1+A)\|c^0\| \int_0^t \sum_{i=1}^{\infty} i|x_i(s)|\,\mathrm{d}s$$

由 Bellman 不等式可得 $\displaystyle\sum_{i=1}^{\infty} i|x_i(t)| = 0$，即 $c_i(t) = d_i(t)$。唯一性获证。

2.6.4　系统的演化势态分析

下面研究 Srivastava 模型所刻画系统的演化势态，即讨论 Srivastava 模型解的渐近性。

为了后面证明的需要，先介绍如下的引理。

引理 2.6.3　如果 $c = (c_i)_{i \geqslant 1}$ 是系统 $(2.6.1)$、$(2.6.2)$ 定义在 $[0,T), 0 < T < +\infty$ 上的解，那么

$$\sum_{i=1}^{n} i\left(\frac{1}{2}\sum_{j=1}^{i-1} k_{j,i-j} c_j c_{i-j} - \sum_{j=1}^{n-i} a_{i,j} c_i c_j + \frac{1}{2}\sum_{i+1 \leqslant j+k \leqslant n} N_{j,k}^i \beta_{j,k} c_j c_k \right) = 0 \qquad (2.6.34)$$

证明：在引理 2.6.2 中，令 $g_i = i(1 \leqslant i \leqslant n)$，立即可得

$$\sum_{i=1}^{n} i\left(\frac{1}{2}\sum_{j=1}^{i-1} k_{j,i-j} c_j c_{i-j} - \sum_{j=1}^{n-i} a_{i,j} c_i c_j + \frac{1}{2}\sum_{i+1 \leqslant j+k \leqslant n} N_{j,k}^i \beta_{j,k} c_j c_k \right) = 0$$

于是本引理获证。

下面是本节的又一个重要结果。

定理 2.6.3　设 $c^0 \in X^+$ 并且存在足够大的正整数 $M \geqslant 2$，使得当 $i + j \geqslant M$ 时

$$k_{i,j} = 0 \qquad (2.6.35)$$

进一步假设存在正数 A 以及 $\alpha \in [0,1)$ 满足

$$\beta_{i,j} \leqslant \frac{A(ij)^{\alpha}}{i+j} \quad (i, j \geqslant 1) \qquad (2.6.36)$$

那么系统 $(2.6.1)$、$(2.6.2)$ 在 $[0,+\infty)$ 上存在唯一密度守恒解，并且存在非负实数序列 $c^{\infty} = (c_i^{\infty})_{i \geqslant 1} \in X^+$ 满足

$$c_i^{\infty} = \begin{cases} \limsup\limits_{t \to +\infty} c_i(t), & i < M \\ \lim\limits_{t \to +\infty} c_i(t), & i \geqslant M \end{cases}$$

进一步地，如果存在某一个 $i \geqslant M$，使得 $\beta_{i,i} > 0$，那么 $c_i^{\infty} = 0$。

证明　显然，根据定理 2.6.2，系统 $(2.6.1)$、$(2.6.2)$ 在 $[0,+\infty)$ 上存在唯一密度守恒解 $c(t) = (c_i(t))_{i \geqslant 1}$。现在让 $m \geqslant 1, t_1 \geqslant 0$ 和 $t_2 \geqslant t_1$，从式 $(2.6.1)$ 和式 $(2.6.34)$ 可得

$$\sum_{i=1}^{m} i \frac{\mathrm{d}c_i}{\mathrm{d}t} = \sum_{i=1}^{m} i \left(\frac{1}{2} \sum_{j=1}^{i-1} k_{j,i-j} c_j c_{i-j} - \sum_{j=1}^{m-i} a_{i,j} c_i c_j + \frac{1}{2} \sum_{i+1 \leqslant j+k \leqslant m} N_{j,k}^i \beta_{j,k} c_j c_k \right)$$

$$- \sum_{i=1}^{m} \sum_{j=m-i+1}^{\infty} i a_{i,j} c_i c_j + \frac{1}{2} \sum_{i=1}^{m} \sum_{j+k \geqslant m+1} i N_{j,k}^i \beta_{j,k} c_j c_k$$

$$= - \sum_{i=1}^{m} \sum_{j=m-i+1}^{\infty} i a_{i,j} c_i c_j + \frac{1}{2} \sum_{j+k \geqslant m+1} (j+k) \beta_{j,k} c_j c_k$$

积分上式并且由式 (2.6.35) 知，当 $m \geqslant M-1$ 时

$$\sum_{i=1}^{m} i(c_i(t_2) - c_i(t_1)) = - \int_{t_1}^{t_2} \sum_{i=1}^{m} \sum_{j=m+1-i}^{\infty} i \beta_{i,j} c_i c_j \mathrm{d}s + \frac{1}{2} \int_{t_1}^{t_2} \sum_{j+k \geqslant m+1} (j+k) \beta_{j,k} c_j c_k \mathrm{d}s$$

$$= - \int_{t_1}^{t_2} \sum_{i=1}^{m} \sum_{j=m+1-i}^{\infty} i \beta_{i,j} c_i c_j \mathrm{d}s + \int_{t_1}^{t_2} \sum_{i+j \geqslant m+1} i \beta_{i,j} c_i c_j \mathrm{d}s \qquad (2.6.37)$$

$$= \int_{t_1}^{t_2} \sum_{i=m+1}^{\infty} \sum_{j=m+1-i}^{\infty} i \beta_{i,j} c_i c_j \mathrm{d}s \geqslant \int_{t_1}^{t_2} \sum_{i=m+1}^{\infty} \sum_{j=m+1}^{\infty} i \beta_{i,j} c_i c_j \mathrm{d}s$$

由式 (2.6.37) 知，当 $m \geqslant M-1$ 时，函数 $s_m(t) = \sum_{i=1}^{m} i c_i(t)$ 在 $[0,+\infty)$ 上是单调递增的。由于密度守恒，函数 $s_m(t) \leqslant \|c^0\|$，因此当 $m \geqslant M-1$ 时，极限 $\lim_{t \to +\infty} s_m(t)$ 存在，又因为 $c_m(t) = (s_m(t) - s_{m-1}(t))/m$，所以当 $m \geqslant M$ 时，极限 $\lim_{t \to +\infty} c_m(t)$ 存在，不妨记

$$\lim_{t \to +\infty} c_m(t) = c_m^\infty, m \geqslant M \qquad (2.6.38)$$

由于密度守恒，当 $N \geqslant M$ 有

$$\|c^0\| = \sum_{i=1}^{M-1} i c_i(t) + \sum_{i=M}^{N} i c_i(t) + \sum_{i=N+1}^{\infty} i c_i(t) \qquad (2.6.39)$$

所以 $\sum_{i=M}^{N} i c_i(t) \leqslant \|c^0\|$，根据式 (2.6.38) 可得

$$\sum_{i=N+1}^{\infty} i c_i^\infty \leqslant \|c^0\| \qquad (2.6.40)$$

由式 (2.6.39) 显然可得

$$0 \leqslant c_i(t) \leqslant \|c^0\|, \ 1 \leqslant i \leqslant M-1$$

因此存在非负实数 c_i^∞ 满足

$$\limsup_{t \to +\infty} c_i(t) = c_i^\infty, \quad 1 \leqslant i \leqslant M-1 \qquad (2.6.41)$$

由 (2.6.40) 及 (2.6.41) 可得 $\sum\limits_{i=1}^{\infty} ic_i^{\infty} < +\infty$，即 $c^{\infty} = (c_i^{\infty})_{i \geqslant 1} \in X^+$。

再一次使用式 (2.6.37) 可得

$$\int_0^{\infty} \sum_{i=m+1}^{\infty} \sum_{j=m+1}^{\infty} i\beta_{i,j} c_i c_j \mathrm{d}s < \infty, \quad m \geqslant M-1$$

特别地

$$\int_0^{\infty} \sum_{i=M}^{\infty} \sum_{j=M}^{\infty} i\beta_{i,j} c_i c_j \mathrm{d}s < \infty$$

如果存在某一个 $i \geqslant M$，使得 $\beta_{i,i} > 0$，那么由上式可得

$$\int_0^{\infty} i\beta_{i,i} c_i^2 \mathrm{d}s \leqslant \int_0^{\infty} \sum_{i=M}^{\infty} \sum_{j=M}^{\infty} i\beta_{i,j} c_i c_j \mathrm{d}s < +\infty$$

所以 $i\beta_{i,i} c_i^2 \in L^1(0, +\infty)$，于是利用式 (2.6.38) 可得 $\lim\limits_{t \to \infty} i\beta_{i,i} c_i^2 = i\beta_{i,i}(c_i^{\infty})^2 = 0$，因此 $c_i^{\infty} = 0$。

定理 2.6.4　假设 $c^0 \in X^+$，并且存在足能大的正整数 $M \geqslant 2$，使得当 $i + j \geqslant M$ 时

$$k_{i,j} = 0$$

以及存在正数 A 和 $\alpha \in [0,1)$ 满足

$$\beta_{i,j} \leqslant \frac{A(ij)^{\alpha}}{i+j}, i, j \geqslant 1$$

进一步假设 $\beta_{i,i} > 0(i \geqslant M)$，那么系统 (2.6.1)、(2.6.2) 在 $[0, +\infty)$ 上存在唯一密度守恒解，并且满足

$$\lim_{t \to +\infty} \sum_{i=1}^{M-1} ic_i(t) = \|c^0\|$$

证明　由定理 2.6.2，显然系统 (2.6.1)、(2.6.2) 在 $[0, +\infty)$ 上存在唯一密度守恒解 $c(t) = (c_i(t))_{i \geqslant 1}$。令

$$d = (c_1(t), c_2(t), \cdots, c_{M-1}(t), 0, \cdots, 0, \cdots)$$

由于密度守恒以及函数 $s_m(t) = \sum\limits_{i=1}^{m} ic_i(t), (m \geqslant M-1)$ 在 $[0, +\infty)$ 上单调递增，所以

$$\sum_{i=m}^{\infty} ic_i(t) \leqslant \sum_{i=m}^{\infty} ic_i^0, m \geqslant M, t \geqslant 0$$

于是当 $N > M$ 时

$$\| c(t) - d \| = \sum_{i=M}^{N} ic_i(t) + \sum_{i=N+1}^{\infty} ic_i(t) \leqslant \sum_{i=M}^{N} ic_i(t) + \sum_{i=N+1}^{\infty} ic_i^0 \tag{2.6.42}$$

根据定理 2.6.3，由假设 $\beta_{i,i} > 0 (i \geqslant M)$ 可得

$$\lim_{t \to +\infty} c_i(t) = 0 \quad i \geqslant M$$

于是由式 (2.6.42) 可得

$$\lim_{t \to +\infty} \| c(t) - d \| = 0 \tag{2.6.43}$$

又

$$\sum_{i=1}^{M-1} ic_i(t) = \| (c(t) - d) - c(t) \|$$

所以

$$\| c(t) \| - \| c(t) - d \| \leqslant \sum_{i=1}^{M-1} ic_i(t) \leqslant \| c(t) \| + \| c(t) - d \|$$

由密度守恒可得：$\| c^0 \| - \| c(t) - d \| \leqslant \sum_{i=1}^{M-1} ic_i(t) \leqslant \| c^0 \| + \| c(t) - d \|$

根据式 (2.6.43) 立即可得

$$\lim_{t \to +\infty} \sum_{i=1}^{M-1} ic_i(t) = \| c^0 \|$$

根据定理 2.6.4，显然可得下列结果：

推论 2.6.1 假设 $c^0 \in X^+$，并且 $k_{i,j} = 0 (i,j \geqslant 1)$，以及存在正数 A 和 $\alpha \in [0,1)$ 满足

$$\beta_{i,j} \leqslant \frac{A(ij)^{\alpha}}{i+j}(i,j \geqslant 1)$$

进一步假设 $\beta_{i,i} > 0 (i \geqslant 2)$，那么系统 (2.6.1)、(2.6.2) 在 $[0,+\infty)$ 上存在唯一密度守恒解 $c(t) = (c_i(t))_{i \geqslant 1}$，并且满足 $\lim_{t \to \infty} c_i(t) = \delta_{i,1} c_1^{\infty}$（这里 c_1^{∞} 为常数）以及 $c_1^{\infty} = \| c^0 \|$。

2.7 小 结

本章用二次非线性微分方程组刻画大量粒子组成的系统的凝结和爆炸过程中的动力学行为，这种刻画粒子增长动力学的数学模型在一系列领域中，包括胶体化学、高分子物理化学、天体物理、生物学等领域，都有广泛的实际应用，意义非同一般。

本章所建立的非线性动力学模型中，未知函数有可数无穷多个分量，在方程中以"二次非线性"的方式出现，这一数学结构属于重要的新类型。当前可以称为"二次非线性时代"，二次非线性包含极其丰富的动力学行为，从高度稳定的守恒的可积系统到高度紊乱的混沌系统，尽在其中。

本章获得了各种模型解的存在性、唯一性、稳定性等结论，尤其是巧妙地运用图形求出三重级数之和，进而得出了密度守恒解的存在性；以及构造集合，运用 Fatou 引理证明其测度为零，最终证明了在各种情况下(纯凝结系统、纯爆炸系统、凝结占优系统、爆炸占优系统)解的弱*收敛与强收敛等渐近性态，证明过程复杂，难度较大，获得的结果具有一定的理论意义和实际应用价值。

总的来说，本章从以下几个方面进行了重点探讨。

1. 一般粒子反应系统的非线性动力学演化模型(模型 1)及分析

模型 1：

$$
\begin{cases}
\dfrac{dc_i}{dt} = \dfrac{1}{2}\sum_{j=1}^{i-1} w_{j,i-j} a_{j,i-j} c_j c_{i-j} - \sum_{j=1}^{\infty} a_{i,j} c_i c_j + \dfrac{1}{2}\sum_{j=i+1}^{\infty}\sum_{k=1}^{j-1} N_{j-k,k}^i (1-w_{j-k,k}) a_{j-k,k} c_{j-k} c_k \\
c_i(0) = c_i^0
\end{cases}
$$

建立这一模型的基础是将所研究的系统看作由大量的粒子组成，这些粒子相互碰撞后以一定的概率或者凝结在一起成为更大的粒子，或者爆炸成为更小的粒子。这里假设粒子是离散的，即它们由有限个更小的基本粒子所组成，这些基本粒子可以是原子、分子、细胞等，视应用的情况而定。

研究模型 1 获得了以下主要结论(以下记 $c(t) = (c_i(t))_{i \geqslant 1}$，$\|c(t)\| = \sum_{i=1}^{\infty} ic_i(t)$，$\|c^0\| = \sum_{i=1}^{\infty} ic_i^0$)。

1)解的存在性

当 $c^0 \in X^+$，并且 $a_{i,j} \leqslant B(ij)^\alpha, i,j \geqslant 1$，其中 α, B 是非负常数，$\alpha \in [0,1)$，进一步假设 $N_{i,j}^s$ 有界，那么模型 1 至少存在一个定义在 $[0,+\infty)$ 上的解 $c(t) = (c_i(t))_{i \geqslant 1}$，并且

$$
\sum_{i=1}^{\infty} ic_i(t) \leqslant \sum_{i=1}^{\infty} ic_i^0, \quad t \in [0,+\infty)
$$

2)密度守恒解的存在性

假设模型 1 除满足上述存在性条件外，还满足 $w_{i,j} \leqslant \dfrac{A}{i+j}(i,j \geqslant 1, A$ 为非负常数)，那么模型 1 至少存在一个定义在 $[0,+\infty)$ 上的解 $c(t) = (c_i(t))_{i \geqslant 1}$，并且

$$\sum_{i=1}^{\infty} ic_i(t) = \sum_{i=1}^{\infty} ic_i^0, t \in [0, +\infty) \text{。}$$

3）解的唯一性

若 $c^0 \in X^+$，且存在常数 A，使得 $a_{i,j} \le A\min\{i,j\}, i,j \ge 1$，那么模型 1 有且仅有一解 $c(t) = (c_i(t))_{i \ge 1}$ 满足 $\|c(t)\| = \|c^0\|$。

4）解的渐近性

假设 $N_{i,j}^1 \ge 2$ 且 $w_{i,j} = 0(i, j \ge 1)$，那么存在 $c^{\infty} = (c_i^{\infty}) \in X^+$ 使得 $\lim_{t \to +\infty} c_i(t) = c_i^{\infty}, i \ge 1$，进一步假设 $a_{i,i} \ne 0(i \ge 2)$，那么模型 1 的解弱*收敛到它的平微点；在更强的条件下（即 $a_{i,j} \le A(i+j)$，A 为非负常数），模型 1 的解强收敛到它的平衡点。

2. 仅含基本粒子与其他粒子碰撞的粒子反应系统非线性动力学演化模型（模型2）及分析

模型 2：

$$\begin{cases} \dfrac{dc_1}{dt} = -c_1\left(J_1(c) + \sum_{i=1}^{\infty} J_i(c)\right) \\ \dfrac{dc_i}{dt} = c_1(J_{i-1}(c) - J_i(c)), i \ge 2 \\ \qquad c_i(0) = c_i^0, i \ge 1 \end{cases}$$

其中 $c = (c_i)_{i \ge 1} = (c_i(t))_{i \ge 1}$，$J_i(c) = a_i c_i - b_{i+1} c_{i+1}$，系数 $a_i, b_{i+1}(i \ge 1)$ 是非负常数，$c_i(t)$ 表示系统在时刻 t 单位体积所含的 i -粒子数目，即 $c_i(t)$ 是系统在 t 时刻 i -粒子的密度。

模型 2 刻画了这样的一种粒子反应系统：在系统中只存在基本粒子和其他粒子之间的碰撞，而且两个基本粒子碰撞后必然结合成为一个 2-粒子；基本粒子和 i -粒子碰撞后以一定的概率或者结合成为 $(i+1)$ -粒子，或者爆炸成为一个 $(i-1)$ -粒子和两个基本粒子。

研究模型 2 获得了若干新的结果：

1）解的存在性

若 $c^0 \in X^+$ 并且存在常数 $k > 0$，便得 $0 \le a_i \le ki$ 及 $0 \le b_{i+1} \le k(i+1), i \ge 1$，那么模型 2 至少存在一个定义在 $[0, +\infty)$ 上的解。

2）密度守恒解的存在性

模型 2 的任一解都是密度守恒解。即若 $c(t) = (c_i(t))_{i \ge 1}$ 是模型 2 定义在 $[0, T), 0 < T < \infty$ 的解，那么 $\sum_{i=1}^{\infty} ic_i(t) = \sum_{i=1}^{\infty} ic_i^0$。

3)解的唯一性

若 $c^0 \in X^+$ 并且存在常数 $k > 0$，使得 $0 \leqslant a_i \leqslant k$ 及 $0 \leqslant b_{i+1} \leqslant k(i \geqslant 1)$，那么模型 2 在 $[0, +\infty)$ 上有且仅有一解。

4)解的稳定性

记 $c_i = \theta_i c_1 (i \geqslant 1)$，且 $\sum_{i=1}^{\infty} i\theta_i < +\infty$，令 $\sum_{i=1}^{\infty} i\theta_i c_1^{\theta} = \theta$（$\theta$ 是一个非负实数），$c_i^{\theta} = \theta_i c_1^{\theta}(i \geqslant 1)$ 且 $c^{\theta} = (c_i^{\theta})_{i \geqslant 1}$，并且假设 $\dfrac{c_{i+1}}{c_i} = \dfrac{a_i}{b_{i+1}}$，若存在常数 $k > 0$ 使得 $0 < a_i \leqslant k(i \geqslant 1)$。当 $i \geqslant 2$ 时，$a_i \leqslant b_i$。那么模型 2 的平衡点 $c^{\theta} = (c_i^{\theta})_{i \geqslant 1}$ 在 Lyapunov 意义下是稳定的。

5)解的渐近性

结论 1：在纯凝结与纯爆炸的情形下，模型 2 在 $[0, +\infty)$ 上的解强收敛到平衡点；

结论 2：在凝结占优的情形下，模型 2 在 $[0, +\infty)$ 上的解弱*收敛到平衡点；

结论 3：在爆炸占优的条件下，模型 2 解的 ω 极限集只含有平衡点，在更强的条件下 ω 极限集只含有唯一的平衡点，并且当时间 $t \to \infty$ 时，模型 2 的解强收敛于这一平衡点。

3. 不带质量转移的粒子反应系统的非线性动力学演化模型(模型 3)及分析

模型 3：

$$\begin{cases} \dfrac{dc_1}{dt} = -\sum_{i=1}^{\infty} a_{i,j} c_i c_j + \dfrac{1}{2} \sum_{j=i+1}^{\infty} \sum_{k=1}^{j-1} N_{j-k,k}^i a_{j-k,k} c_{j-k} c_k \\ N_{i,j}^i = l_{[s,\infty)}(i)b_{s,i,j} + l_{[s,\infty)}(j)b_{s,j,i} \\ c_i(0) = c_i^0 \end{cases}$$

模型 3 刻画了这样的一种粒子反应系统：粒子间只会有碰撞爆炸。即模型 3 刻画的是：只会有碰撞爆炸的粒子反应系统的动力学行为。

通过研究，获得了以下结论：

1)密度守恒解的存在性

假设 $c^0 \in X^+$，并且

$$\lim_{i \to +\infty} \max_{1 \leqslant j \leqslant i-1} \left(\frac{a_{i-j,j}}{j(i-j)} \right) = 0$$

进一步假设存在常数 $c_1 > 0$，使得

$$N_{i,j}^s \leqslant c_1, 1 \leqslant s \leqslant \max\{i,j\}, i,j \geqslant 1$$

那么模型 3 至少存在一个定义在 $[0, +\infty)$ 上的解 $c(t) = (c_i(t))_{i \geqslant 1}$，并且满足

$$\|c(t)\| = \|c^0\|, \ t \in [0, +\infty)$$

2)解的渐近性

假设 $c^0 \in X^+$，并且

$$a_{i,j} \leqslant B(ij)^\alpha, i, j \geqslant 1$$

其中 α, B 是非负常数，$\alpha \in [0,1)$，进一步假设存在另一常数 $c_1 > 0$，使得

$$N_{i,j}^s \leqslant c_1, 1 \leqslant s \leqslant \max\{i, j\}, i, j \geqslant 1$$

那么模型 3 至少存在一个定义在 $[0, +\infty)$ 上的密度守恒解 $c(t) = (c_i(t))_{i \geqslant 1}$，并且

(i)存在非负实数列 $c^\infty = (c_i^\infty)_{i \geqslant 1} \in X^+$，满足

$$\lim_{t \to \infty} \|c(t) - c^\infty\| = 0$$

(ii)如果对一切 $i \geqslant 2$ 都有 $a_{i,j} > 0$，那么存在非负实数列 $c^\infty = (c_i^\infty)_{i \geqslant 1} \in X^+$，满足

$$c_i^\infty = \|c^0\| \delta_{i,1} \ \text{且} \ \lim_{t \to \infty} \|c(t) - c^\infty\| = 0$$

4. 仅含弹性碰撞的粒子反应系统的非线性动力学演化模型(模型 4)及分析

模型 4：

$$\begin{cases} \dfrac{\mathrm{d}c_i}{\mathrm{d}t} = \dfrac{1}{2} \sum_{j=1}^{i-1} w_{j,i-j} a_{j,i-j} c_j c_{i-j} - \sum_{j=1}^{\infty} w_{i,j} a_{i,j} c_i c_j, i \geqslant 1 \\ c_i(0) = c_i^0 \end{cases}$$

其中 $a_{i,j}$ 是非负常数，$w_{i,j}$ 是 i-粒子和 j-粒子碰撞后结合成 $(i+j)$-粒子的概率。

模型 4 刻画了这样的一种粒子反应系统：i-粒子和 j-粒子发生碰撞后或者以概率 $w_{i,j}$ 结合成新的粒子 $(i+j)$-粒子，或者没有结合(其概率为 $1 - w_{i,j}$)，碰撞后参与反应的两个粒子质量不变(即发生弹性碰撞)。

研究模型 4 获得了若干新的结果：

1)解的存在性

设 $c^0 \in X^+$，并且 $a_{i,j} \leqslant Aij$ (A 为正常数)及 $\lim\limits_{j \to \infty} \dfrac{a_{i,j}}{j} = 0$，那么模型 4 在 $[0, +\infty)$ 上至少存在一个解 $c(t) = (c_i(t))_{i \geqslant 1}$，且满足 $\sum\limits_{i=1}^{\infty} i c_i(t) \leqslant \sum\limits_{i=1}^{\infty} i c_i^0$。

2)密度守恒解的存在性

假设 $c^0 \in X^+, 0 < T < +\infty$，并且存在两个正常数 A, B 分别使得

$$a_{i,j} \leq Aij, \quad i,j \geq 1$$

$$w_{i,j} \leq \frac{B}{i+j}, \quad i,j \geq 1$$

若 $c(t) = (c_i(t))_{i \geq 1}$ 是模型 4 在 $[0,T)$ 上的任一解，那么 $\sum_{i=1}^{\infty} ic_i(t) = \sum_{i=1}^{\infty} ic_i^0$，$t \in [0,T)$。

3）解的唯一性

假设 $c^0 \in X^+$，并且 $a_{i,j} \leq Aij$（A 为正常数）及 $\lim\limits_{j \to \infty} \dfrac{a_{i,j}}{j} = 0$，并且 $w_{i,j} \leq \dfrac{B}{i+j}(i,j \geq 1)$，那么模型 4 在 $[0,+\infty)$ 上有且仅有一个解 $c(t) = (c_i(t))_{i \geq 1}$，满足

$$\sum_{i=1}^{\infty} ic_i(t) = \sum_{i=1}^{\infty} ic_i^0, t \in [0,+\infty)。$$

4）解的渐近性

假设 $c^0 \in X^+$，并且 $w_{i,j}a_{i,j} \geq \lambda ij$ 与 $a_{i,j} \leq \Lambda ij(i,j \geq 1)$ 同时成立，其中 λ, Λ 是两个正实常数，若 $c(t) = (c_i(t))_{i \geq 1}$ 是模型 4 在 $[0,+\infty)$ 上的解，那么 $\lim\limits_{i \to \infty} \sum_{i=1}^{\infty} ic_i(t) = 0$，特别地，

当 t 足能大时，$\sum_{i=1}^{\infty} ic_i(t) \leq \sum_{i=1}^{\infty} ic_i^0$，即 $\|c(t)\| \leq \|c^0\|$。

5. 带有多重爆炸的粒子反应系统的非线性动力学演化模型（模型 5）及分析

模型 5：

$$\begin{cases} \dfrac{dc_i}{dt} = \dfrac{1}{2} \sum_{j=1}^{i-1} \phi_{j,i-j} c_j c_{i-j} - a_i c_i - \sum_{j=1}^{\infty} (\phi_{i,j} c_i c_j - a_{i+j} b_{i+j,i} c_{i+j}) \\ c_i(0) = c_i^0 \end{cases}$$

其中：$i \geq 1$，当 $i=1$ 时，上式右端的第一项约定为 0。

通过研究，获得了以下关于解的存在性的结果：

设 $c^0 \in X^+$，$\lim\limits_{i \to \infty} \max\limits_{1 \leq j \leq i-1} \left(\dfrac{\phi_{i-j,j}}{j(i-j)} \right) = 0$，并且存在常数 c，使得 $b_{i,j} \leq c, i \geq 2$ 且 $1 \leq j \leq i-1$，同时假设

$$\lim\limits_{j \to \infty} \frac{a_j}{j} = 0$$

那么模型 5 在 $[0,+\infty)$ 上至少存在一个解 $c(t) = (c_i(t))_{i \geq 1}$，并且满足

$$\sum_{i=1}^{\infty} i c_i(t) \leqslant \sum_{i=1}^{\infty} i c_i^0, \quad t \in [0, +\infty)$$

6. Strivastava 模型（模型 6）及分析

模型 6：

$$
\begin{cases}
\dfrac{\mathrm{d}c_i}{\mathrm{d}t} = \dfrac{1}{2} \sum_{j=1}^{i-1} k_{j,i-j} c_j c_{i-j} - \sum_{j=1}^{\infty} (k_{i,j} + \beta_{i,j}) c_i c_j, \ i \geqslant 2 \\[3mm]
\dfrac{\mathrm{d}c_1}{\mathrm{d}t} = -\sum_{j=1}^{\infty} (k_{1,j} + \beta_{1,j}) c_1 c_j + \dfrac{1}{2} \sum_{j=1}^{\infty} \sum_{k=1}^{\infty} (j+k) \beta_{j,k} c_i c_k \\[3mm]
c_i(0) = c_i^0
\end{cases}
$$

其中，$k_{i,j} = k_{j,i} \geqslant 0, \beta_{i,j} = \beta_{j,i} \geqslant 0$，当 $i = 1$ 时，上面第一个方程右边的第一项规定为 0。研究模型 6 获得了以下新结果：

1）解的存在性

设 $c^0 \in X^+$，并且 $\beta_{i,j} \leqslant \dfrac{A(ij)^\alpha}{i+j}, k_{i,j} + \beta_{i,j} \leqslant A(ij)^\alpha, i,j \geqslant 1$，其中 α, A 是非负常数，$\alpha \in [0,1)$，那么模型 6 至少存在一个定义在 $[0, +\infty)$ 上的解 $c(t) = (c_i(t))_{i \geqslant 1}$，并且满足 $\sum_{i=1}^{\infty} i c_i(t) \leqslant \sum_{i=1}^{\infty} i c_i^0$。

2）密度守恒解的存在唯一性

设 $c^0 \in X^+$ 且存在正数 A 使得

$$\beta_{i,j} \leqslant \frac{A(ij)^\alpha}{i+j} \text{ 且 } k_{i,j} \leqslant A\beta_{i,j}(i,j \geqslant 1, \alpha \in [0,1))$$

那么模型 6 在 $[0, +\infty)$ 上存在唯一密度守恒解。

3）解的渐近性

（1）设 $c^0 \in X^+$，并且存在足够大的正整数 $M \geqslant 2$，使得 $i+j \geqslant M$ 时，$k_{i,j} = 0$，进一步假设存在正数 A 以及 $\alpha \in [0,1)$ 满足

$$\beta_{i,j} \leqslant \frac{A(ij)^\alpha}{i+j} \quad (i,j \geqslant 1)$$

那么模型 6 在 $[0, +\infty)$ 上存在唯一密度守恒解 $c(t) = (c_i(t))_{i \geqslant 1}$，并且存在非负实数列 $c^\infty = (c_i^\infty)_{i \geqslant 1} \in X^+$ 满足

$$c_i^\infty = \begin{cases} \limsup\limits_{t \to +\infty} c_i(t), & i < M \\ \lim\limits_{t \to \infty} c_i(t), & i \geq M \end{cases}$$

进一步地，如果存在某个 $i \geq M$，使得 $\beta_{i,i} > 0$，那么 $c_i^\infty = 0$。

(2) 假设 $c^0 \in X^+$，并且存在足够大的正整数 $M \geq 2$，使得 $i + j \geq M$ 时，$k_{i,j} = 0$，以及存在正数 A 和 $\alpha \in [0,1)$ 满足

$$\beta_{i,j} \leq \frac{A(ij)^\alpha}{i+j} \quad (i, j \geq 1)$$

进一步假设 $\beta_{i,i} > 0 (i \geq M)$，那么模型 6 在 $[0, +\infty)$ 上存在唯一密度守恒解 $c(t) = (c_i(t))_{i \geq 1}$，并且满足

$$\lim_{t \to \infty} \sum_{i=1}^\infty i c_i(t) = \|c^0\|$$

(3) 假设 $c^0 \in X^+$，并且 $k_{i,j} = 0 (i, j \geq 1)$，以及存在正数 A 和 $\alpha \in [0,1)$ 满足

$$\beta_{i,j} \leq \frac{A(ij)^\alpha}{i+j} \quad (i, j \geq 1)$$

进一步假设 $\beta_{i,i} > 0 (i \geq 2)$，那么模型 6 在 $[0, +\infty)$ 上存在唯一密度守恒解 $c(t) = (c_i(t))_{i \geq 1}$，并且满足 $\lim\limits_{t \to \infty} \sum\limits_{i=1}^\infty c_i(t) = \delta_{i,1} c_1^\infty$（这里 c_1^∞ 为常数）以及 $c_1^\infty = \|c\|$。

下面简要地将本章的研究成果与当前国内外同类研究作一综合比较。

1）关于模型 1

英国著名学者 J.M.Ball，J.Carr 和 O.Penrose 从应用的角度提出了两种十分重要的假设：$a_{i,j} \leq A(i+j)$ 和 $a_{i,j} \leq B(ij)^\alpha$，其中 α, B, A 是非负常数，法国著名学者 Ph.Laurencot 和波兰著名学者 D.Wrzosek 已经证明了在前一假设下，模型 1 存在密度守恒解；在后一假设下，Laurencot 和 Wrzosek 只证明了解的存在性，并指出胶凝现象有可能发生。至于这一模型解的渐近性态问题，两位学者指出这是一个极其困难的问题。

本章已经证明了在后一假设下，模型 1 存在密度守恒解。在一定的条件下，模型 1 的解弱*收敛到它的平衡点；在更强的条件下，模型 1 的解强收敛到它的平衡点。在一定程度上解决了模型 1 解的渐近性态问题。

2）关于模型 2

从目前现有的资料来看，模型 2 是一个新的数学模型。从形式上看，模型 2 与经典的 Becker-Döring 方程很类似，然而它们具有很多不同的性质。首先他们描述的

对象不同，Becker-Döring 方程刻画的是在线性爆炸系统中粒子之间的反应限制在仅得到一个基本粒子或失去一个基本粒子的凝结爆炸过程，而模型 2 刻画的是非线性爆炸系统。其次它们的数学结构不同，由于模型 2 刻画的粒子反应系统比 Becker-Döring 方程刻画的粒子反应系统复杂，所以模型 2 的数学结构比 Becker-Döring 方程复杂,研究起来更加困难。第三,模型 2 具有许多与 Becker-Döring 方程不同的性质,尤其在解的渐近性方面表现更为突出。

3) 关于模型 3

在很一般的条件下，本章证得了方程密度守恒解是存在的，并且也证明了方程的解强收敛；在更强的条件下证明了方程的解强收敛到平衡点，所获得的结果改进了已有的结论。

4) 关于模型 4

从目前现有的资料看，模型 4 也是一个新的数学模型。虽然形式上看，模型 4 与经典的 Smoluchowski 方程类似，但是它们刻画的粒子反应系统不同。经典的 Smoluchowski 方程刻画的是作布朗运动的胶体粒子密度随时间变化的规律，而模型 4 刻画的是仅含弹性碰撞的粒子反应系统。

5) 关于模型 5

Ph.Laurencot 和 D.Wrzosek 两位学者只给出了密度守恒解的存在性，本章则讨论了一般情况下解的存在性。

6) 关于模型 6

在系数是常数的情况下，Srivastava 教授已经求出了该模型的解，并证明了这一解当时间 t 趋于无穷大时收敛。本章则在更一般的情况下，对该模型的解进行了研究。

最后梳理一下本章所用到的主要思想方法。

总的来说,本章主要运用 Banach 空间微分方程理论对刻画各种粒子反应系统数学模型进行理论分析。其方法是将获得的非线性常微分方程组放在一个恰当的无限维 Banach 空间中进行研究。

运用 Ascoli-Arzela 定理，Banach 不动点定理等工具，证明系统解的存在性。

运用 Gronwall 引理，Bellman 不等式等工具证明系统解的唯一性。

运用 Fatou 引理，测度论等近代分析理论研究解的 ω 极限集的结构；在强收敛和弱*收敛意义下，讨论解的渐近性态(即当时间趋于无穷大时，系统各种粒子密度的变化趋势)。

运用积分不等式等工具研究系统密度守恒解的存在性(即考察系统是否会发生溶胶、冻胶或相变现象)。

技术路线如图 2.7.1 所示。

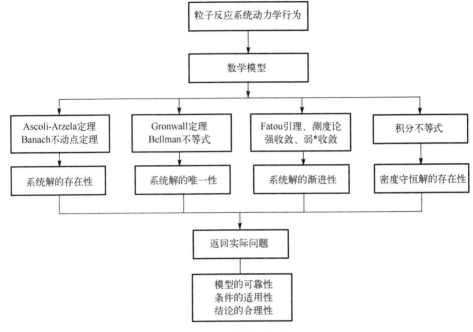

图 2.7.1　技术路线图

第 3 章　粒子反应系统时空模型研究

3.1　非线性动力学演化模型及一般分析

通过第 2 章的分析和讨论，我们知道，凝结–爆炸方程是刻画粒子增长动力学的数学模型，它反映了同时带有凝结和爆炸的粒子反应系统时空进化的规律，这里总是假设每一个粒子可以用它的大小(或体积)来刻画，而大小(或体积)如果用正实数来刻画就构成了连续型模型[34]，如果用正整数来刻画就构成了离散型模型。从物理学的观点来看，基本的假设是两个粒子结合可以形成一个更大的粒子或一个更大的粒子可以发生爆炸形成许多更小的粒子，同时假设这些反应的强弱仅依赖于参与反应的粒子的大小，所建立的模型可以应用在气溶胶物理学、胶体化学、天体物理学和高分子科学等领域。特别地，这个模型所刻画的情形适用于高分子(聚合物)的形成与降解，这里一个聚合物假设是由 i 个基本粒子组成的粒子，其中 i 是聚合物的长度，并且在正整数集中取值，值得强调的是，以下讨论的模型均是为了描述一些高分子(聚合物)在凝结与爆炸双重作用下的时空演化过程，该模型仅考虑了二元反应体系，更准确地说，单位时间内，一个聚合物分子可以断裂成两个较短链长的聚合物分子，两个聚合物分子也可以结合成一个较长链长的聚合物分子。即这里的模型被用来刻画只含有凝结和爆炸的粒子反应系统的时空进化规律，建立的模型只用来讨论这种情况：每单位时间一个聚合物可以分解形成长度更小的两个聚合物，或者两个聚合物可以凝结形成一个更大的聚合物，换句话说，用 A_i 表示由 i 个基本粒子构成的聚合物 $(i \geq 1)$，模型只考虑下面的反应

$$A_i + A_j \xrightarrow{a_{i,j}} A_{i+j} \text{（凝结）}$$

或

$$A_{i+j} \xrightarrow{b_{i,j}} A_i + A_j \text{（分解）}$$

这里 $a_{i,j}$ 和 $b_{i,j}$ 是非负实数，分别称为凝结率和分解率，并且满足

$$a_{i,j} = a_{j,i} \geq 0 \quad \text{且} \quad b_{i,j} = b_{j,i} \geq 0 \quad (i,j \geq 1) \tag{3.1.1}$$

一般来讲，与反应粒子大小有关的动力学参数 $a_{i,j}$ 和 $b_{i,j}$ 由具体的控制反应动力学过程的物理机理来确定，例如，可以用经典的聚合作用中的费洛里–斯托克梅

耶(Flory-Stockmayer)理论来确定 $a_{i,j}$ 和 $b_{i,j}$，Flory-Stockmayer 理论的主要内容如下：

(1)所有的基本粒子(单体)是相同的。

(2)每个单体含有相同数量的活性点(官能团)且对一个 i-粒子(i-聚体)，其所带有的任意一个活性点与一个 j-粒子(j-聚体)结合的可能性相同，不论未键接点的位置位于何处。

(3)未键接点的活性在聚合过程中保持不变。

(4)动力学参数($a_{i,j}$ 和 $b_{i,j}$)跟参与反应的每一个聚合分子(粒子)上未键接点的数量成正比。

(5)无分子内键接的存在。

(6)粒子反应过程(聚合过程)中温度是恒定的。

上述 Flory-Stockmayer 理论中的第二个假设排除了壳取代效应的影响，即未反应点的活性取决于单体分子上反应点的数目，然而也有学者[35]在建立有限维的凝结-爆炸方程时考虑到了壳取代效应的影响。另一个需要说明的是，如果粒子反应系统中，有两种不同类型的基本粒子(单体)存在，这种情形下，也有学者[36]进行了研究，得到了相应的粒子反应系统动力学演化模型。

假设每个基本粒子(单体)上的活性点数量为 σ，有学者[37,38]研究了如下两种情形，第一种情形：假定所有活性点均为同一类型 A，由 Flory-Stockmayer 理论的第二个假设可以得到

$$a_{i,j} = \alpha(((\sigma-2)i+2)((\sigma-2)j+2)), \quad \alpha > 0 \tag{3.1.2}$$

由该式可知，当官能度数 σ 趋于无穷大($\sigma \to +\infty$)时， $a_{i,j} = c^1 ij$ (c^1 是常数)。

第二种情形：假设每个基本粒子(单体)上含有 A 类活性点 $\sigma-1$ 个，B 类活性点 1 个，而且只有一个 A 类活性点可以与一个 B 类活性点反应，由 Flory-Stockmayer 理论的第二个假设可以得到

$$a_{i,j} = \alpha(((\sigma-2)i+1)+((\sigma-2)j+1)), \quad \alpha > 0 \tag{3.1.3}$$

由该式可知，当官能度数 σ 趋于无穷大($\sigma \to +\infty$)时， $a_{i,j} = c^1(i+j)$ (c^1 是常数)。

如果考虑分子内键接的情况，可以假设

$$a_{i,j} = s_i s_j \quad 或 \quad a_{i,j} = s_i + s_j \tag{3.1.4}$$

其中 $s_i = i^w$。因为仅存在分子内键接时，一个聚合物分子中自由活性点数目会减少，此时 $w \in (0,1)$ (参见文献[39])，根据式(3.1.4)，容易得到当 $w \in (0,1)$ 时

$$\lim_{j \to +\infty} \frac{a_{i,j}}{j} = 0 \quad (i \geq 1) \tag{3.1.5}$$

至于动力学参数 $b_{i,j}$ 仿照上面的方法，根据相关理论，在有些情况下，我们可以假设

$$b_{i,j} = \beta_0 (i+j)^\beta$$

其中 $\beta_0 > 0$，$\beta \in R$。

现在介绍刻画以上两个反应的非线性动力学模型。用 $c_i(t,x)$ 表示 i-粒子在时刻 t 和位置 x 处的密度，反应遵从费克(Fick)定律，那么

$$\frac{\partial c_i}{\partial t} - d_i \Delta c_i = R_i(c), \quad (t,x) \in (0,+\infty) \times \Omega \tag{3.1.6}$$

$$\frac{\partial c_i}{\partial \upsilon} = 0, \quad (t,x) \in (0,+\infty) \times \Gamma \tag{3.1.7}$$

$$c_i(0,\cdot) = c_i^0(\cdot), \quad x \in \Omega \tag{3.1.8}$$

其中 $i \geq 1$，Ω 是 $R^d(d \geq 1)$ 的具有边界的开子集，Γ 是 Ω 的光滑边界，υ 是边界 $\partial\Omega$ 的外法向单位向量，我们也用 $c = (c_i)_{i \geq 1}$ 表示局部密度序列，它是定义在 $(0,+\infty) \times \Omega$ 上的实值函数，扩散项系数 $(d_i)_{i \geq 1}$ 是非负实数序列，反应项 $R_i(c)$ 定义为：

$$R_i(c) = \frac{1}{2}\sum_{j=1}^{i-1} a_{i-j,i} c_{i-j} c_j - \frac{1}{2}\sum_{j=1}^{i-1} b_{i-j,j} c_i - c_i \sum_{j=1}^{\infty} a_{i,j} c_j + \sum_{j=1}^{\infty} b_{i,j} c_{i+j} \tag{3.1.9}$$

如果 $i=1$，式(3.1.9)中右端的前两项规定为 0，式(3.1.9)右端第一项描述了更小粒子凝结形成 i-粒子 A_i 的量，第二项描述 i-粒子 A_i 分解成更小粒子的量，第三项描述了 i-粒子 A_i 与其他的粒子结合形成更大的粒子的量，第四项描述了比 i-粒子更大的粒子分解形成 i-粒子 A_i 的增加量。

如果在式(3.1.6)里没有扩散项和爆炸项，这种无限维系统首先被 M.Smoluchowski 提出(参见文献[28]、[29])，因此在相关文献里常常被称作 Smoluchowski 方程。

一类重要的凝结-爆炸模型是 Becker-Döring 模型，该模型描述了这样一种系统，系统中粒子之间的相互反应的结果是参与反应的粒子获得一个基本粒子或者仅失去一个基本粒子，而且当 $i \geq 2$ 和 $j \geq 2$ 时，i-粒子和 j-粒子之间不发生反应。这种模型大量出现在化学物理成核现象的理论研究中(参见文献[13]、[24])。从数学的观点来看，Becker-Döring 模型可以从系统(3.1.6)～(3.1.8)直接得到，只须令

$$\begin{aligned} &a_{1,i} = a_i,\ b_{1,i} = b_{i+1}(i \geq 2) \\ &a_{1,1} = 2a_1,\ b_{1,1} = 2b_2 \\ &a_{i,j} = b_{i,j} = 0 \ \text{当} \min\{i,j\} \geq 2 \text{时} \end{aligned} \tag{3.1.10}$$

根据模型(3.1.6)、(3.1.8)的建立过程，我们指出无论是凝结反应还是爆炸反应只会改变系统中各种粒子的分布，即各种粒子的浓度会随时间和位置的不同而发生

变化。这些反应中粒子既不会消失，也不会凭空产生，因此反应系统的粒子的总质量(例如系统含有的基本粒子的总个数)在整个反应过程中应该保持常数，这一性质在第 2 章中称为密度守恒，也称为质量守恒，质量守恒的数学表达式为

$$\sum_{i=1}^{\infty} i \int_{\Omega} c_i(t,x) \mathrm{d}x = \sum_{i=1}^{\infty} i \int_{\Omega} c_i^0(x) \mathrm{d}x, \quad t \in [0,+\infty) \tag{3.1.11}$$

然而如果我们试图检验上述的等式对于系统 (3.1.6)～(3.1.8) 的解 $c=(c_i)_{i \geqslant 1}$ 是否成立，我们得到：当 $k \geqslant 2$ 时

$$\sum_{i=1}^{k} \int_{\Omega} i c_i(t,x) \mathrm{d}x - \sum_{i=1}^{k} \int_{\Omega} i c_i^0(x) \mathrm{d}x = -\sum_{i=1}^{k} \sum_{j=k+1-i}^{\infty} \int_0^t \int_{\Omega} i(a_{i,j} c_i c_j - b_{i,j} c_{i+j})(s,x) \mathrm{d}x \mathrm{d}s \tag{3.1.12}$$

因此，只要我们能够证明当 $k \to +\infty$ 时，式 (3.1.12) 的右边收敛到 0，那么式 (3.1.11) 就能成立，然而式子

$$\lim_{k \to +\infty} \sum_{i=1}^{k} \sum_{j=k+1-i}^{\infty} \int_0^t \int_{\Omega} i(a_{i,j} c_i c_j - b_{i,j} c_{i+j})(s,x) \mathrm{d}x \mathrm{d}s = 0$$

是否成立？验证它是十分困难的，而且正如我们在下面即将看到的情形，上述极限等式在很多很重要的情形下是不成立的。当溶胶-冻胶相变转移(sol-gel phase transition)或胶凝作用发生时，质量守恒被破坏的情况时有发生，这种现象在由式 (3.1.6)～式 (3.1.8) 刻画的聚合反应粒子系统的时空演化规律研究中扮演着一个非常重要的作用。关于溶胶-冻胶相变转移的若干结果将在第 3.3.3 节中给出。

从数学的观点来看，系统 (3.1.6)～(3.1.8) 是一个带有二次增长非线性反应项的反应扩散方程。然而 i-粒子 ($i \geqslant 1$) 的密度 c_i 的变化依赖于 j-粒子 ($j \geqslant 1$) 密度的变化，现在带有扩散项的刻画凝结爆炸过程的非局部模型也已被建立[40]。这一模型更精确地考虑到参与反应的粒子几何形状的影响，粗略地说，考虑到了质量中心分别位于 $y \in \Omega$ 和 $z \in \Omega$ 的两个不同粒子的凝结过程，以这种方式形成的新的粒子，有它的中心，中心位置为点 $x \in \Omega$，其中 x 落在 y 和 z 的某邻域内，由于参与反应的粒子的形状及几何结构相当复杂，我们假设点 x 服从一定的概率分布，其概率分布密度函数依赖于粒子的形状和几何结构，同样地，粒子分解后产生新的粒子有不同的中心，中心点的坐标也服从某一概率分布(具体内容参见第 3.3.1.5 节)。

现在引进后面分析中将要用到的函数空间，考虑到式 (3.1.11)，为了研究系统 (3.1.6)～(3.1.8) 解的存在性，我们自然会想到 Banach 空间 X

$$X = \left\{ c = (c_i)_{i \geqslant 1}, c_i \in L^1(\Omega), \sum_{i=1}^{\infty} i |c_i|_{L^1} < \infty \right\} \tag{3.1.13}$$

范数定义为

$$\|c\| = \sum_{i=1}^{\infty} i|c_i|_{L^1}, \quad c \in X$$

这里，在 Ω 上 Lebesgue 可积的函数 u 的 L^1 范数用 $|u|_{L^1}$ 表示，即

$$|u|_{L^1} = \int_{\Omega} |u(x)| dx$$

我们也引入 Banach 空间 X 的正锥体 X^+

$$X^+ = \{c = (c_i)_{i \geq 1} \in X, \ c_i \geq 0 \text{在} \Omega \text{中几乎处处成立}, \ i \geq 1\} \tag{3.1.14}$$

在空间齐性的情形下，我们在 X 的子集 X_{hom} 中展开讨论，其中

$$X_{\mathrm{hom}} = \left\{ c = (c_i)_{i \geq 1}, c_i \in R, \sum_{i=1}^{\infty} i|c_i| < \infty \right\} \tag{3.1.15}$$

如果在 X_{hom} 中定义范数

$$\|c\| = \sum_{i=1}^{\infty} i|c_i|, \quad c \in X_{\mathrm{hom}}$$

那么 X_{hom} 也是一个 Banach 空间。

同样地，定义 X_{hom} 的正锥体 X_{hom}^+

$$X_{\mathrm{hom}}^+ = X^+ \bigcap X_{\mathrm{hom}} = \left\{ c = (c_i)_{i \geq 1}, \quad c_i \in R, \ c_i \geq 0, \ \sum_{i=1}^{\infty} i|c_i| < \infty \right\}$$

有了上面的准备工作后，现在可以给出系统 (3.1.6)～(3.1.8) 解的定义。

定义 3.1.1　让 $T_* \in (0, +\infty]$，系统 (3.1.6)～(3.1.8) 在 $[0, T_*]$ 上的解 $c = (c_i)_{i \geq 1}$ 是一个从 $[0, T_*)$ 到 X^+ 的映射，对于每一个 $T \in (0, T_*)$ 和 $i \geq 1$，它满足：

(1) $c_i = C([0, T]; L^1(\Omega))$；

(2) $\sum_{j=1}^{\infty} a_{i,j} c_i c_j \in L^1((0, T) \times \Omega), \quad \sum_{j=1}^{\infty} b_{i,j} c_{i+j} \in L^1((0, T) \times \Omega)$；

(3) c_i 是式 (3.1.6) 第 i 个方程的适度解，即 c_i 满足：对于每一个 $t \in [0, T]$；

$$c_i(t) = e^{d_i L_1 t} c_i^0 + \int_0^t e^{d_i L_1 (t-s)} R_i(c(s)) ds \tag{3.1.16}$$

其中 R_i 由式 (3.1.9) 定义，L_1 是无界线性算子 L 在 $L^1(\Omega)$ 中的闭包，L 是 $L^2(\Omega)$ 中的无界线性算子，并且

$$D(L) = \left\{ w \in H^2(\Omega), \frac{\partial w}{\partial \upsilon} = 0 \text{ 在 } \partial\Omega \text{ 上} \right\}, \quad Lw = \Delta w$$

并且 $e^{d_i L_1 t}$ 是在 $L^1(\Omega)$ 中由 $d_i L_1$ 产生的 C_0-半群。

注意，定义 3.1.1 的第 (2) 条要求保证了 $R_i(c) \in L^1((0, T) \times \Omega)$，因此在式 (3.1.16)

中的积分是存在的，还应注意，如果只是 $c \in X$ ，甚至在下面的假设

$$a_{i,j} \leqslant Aij, \quad i,j \geqslant 1, \quad A \geqslant 0 \tag{3.1.17}$$

下， $R_i(c)$ 中的二次项在 $[0,T] \times \Omega$ 上的可积性也不能被保证。

正是由于这一原因，如果在研究的时候，考虑粒子几何形状变化的因素，那么系统(3.1.6)～(3.1.8)解的存在性的证明将变得非常困难。如果粒子反应系统具有空间齐性，那么这样的困难将不复存在，因为如果

$$c = (c_i)_{i \geqslant 1} \in X_{\text{hom}} \text{ 并且 } a_{i,j} \leqslant Aij, \quad A \geqslant 0$$

那么

$$\sum_{j=1}^{\infty} a_{i,j} c_i c_j \leqslant Ai \| c \|^2, \quad i \geqslant 1$$

最后我们指出，文献[8]讨论了具有空间齐性的情形，那里更强意义下的解的定义被引入。

这一节的最后我们简短地回顾一下研究系统(3.1.6)～(3.1.8)解的存在性所使用的方法。

目前最广泛使用的方法是：削平(截断)系统(3.1.6)～(3.1.8)，得到有限维(N维)的反应扩散方程，用这一近似的反应扩散方程，去逼近系统(3.1.6)～(3.1.8)。运用标准的方法去证明这些近似系统解的存在性，然后令 $N \to +\infty$ ，那么就可以得到系统(3.1.6)～(3.1.8)的解，这就是目前学者们使用的主要方法。为了更详细地说明这种方法，我们考虑下面带有齐性牛曼边界条件(homogeneous Neumann boundary conditions)和初始条件(initial conditions)的系统

$$\frac{\partial c_i^{(N)}}{\partial t} - d_i \Delta c^{(N)} = R_i^{(N)}(c^{(N)}), \quad (t,x) \in (0,+\infty) \times \Omega, \quad N \geqslant 2 \tag{3.1.18}$$

其中 $i \in \{1, \cdots, N\}$ ， $c^{(N)} = (c_i^{(N)})_{1 \leqslant i \leqslant N}$ ，反应项 $R_i^{(N)}(c^{(N)})$ 的表达式为

$$R_i^N(c^{(N)}) = \frac{1}{2} \sum_{j=1}^{i-1} a_{i-j,j} c_{i-j}^{(N)} c_j^{(N)} - \frac{1}{2} \sum_{j=1}^{i-1} b_{i-j,j} c_i^{(N)} - c_i^{(N)} \sum_{j=1}^{N-1} a_{i,j} c_j^{(N)} + \sum_{j=1}^{N-1} b_{i,j} c_{i+j}^{(N)} \tag{3.1.19}$$

如果 $i=1$ ，那么规定式(3.1.19)右端的前两项为0。

事实上，在系统(3.1.6)～(3.1.8)中只要令比 N-粒子更大的粒子反应时凝结率 $a_{i,j}$ 和爆炸率 $b_{i,j}$ 都为0，就可以得到系统(3.1.18)，在文献[8]、文献[23]里对于空间齐性的情形使用了这种近似的方法，在文献[41]里对于系统(3.1.6)～(3.1.8)在条件 $d_i = D > 0$ 下也用到了这种近似的方法。系统(3.1.18)有一个非常值得注意的性质就是：系统(3.1.18)的每一个解 $c^{(N)} = (c_i^{(N)})_{1 \leqslant i \leqslant N}$ 满足

$$\sum_{i=1}^{N} i \int_{\Omega} c_i^{(N)}(t,x) \mathrm{d}x = \sum_{i=1}^{N} i \int_{\Omega} c_i^0(x) \mathrm{d}x, \quad t \geqslant 0 \tag{3.1.20}$$

这个性质其实就是密度守恒(质量守恒)式(3.1.11)的有限形式,让 $N \to +\infty$,那么就有可能证明序列 $(c^{(N)})_{N \geqslant 2}$ 的极限就是系统(3.1.6)~(3.1.8)的解,获得这种收敛性的主要分析基础是式(3.1.20)和 $L^1(\Omega)$ 中线性热半群的紧致性以及对于一切 N,

$$c_i^{(N)} \sum_{j=N_0}^{N-i} a_{i,j} c_j^{(N)}, i \geqslant 1 \text{ 和 } \sum_{j=N_0}^{N-i} b_{i,j} c_{i+j}^{(N)}, i \geqslant 1 \text{ 的一致估计。这最后的一点确保反应项 } R_i^{(N)}(c^{(N)})$$

当 $N \to +\infty$ 收敛到 $R_i(c)$,而这也是最困难的地方。由于在 $L^1((0,T) \times \Omega)$ 中,我们很容易得到 $\sum_{j=1}^{N-i} a_{i,j} c_j^{(N)}$ 的有界性,所以大多数情况下,我们只须证明:每一个 $c_i^{(N)}$ 的 L^∞ 估计不依赖于 N,要做到这一点就需要对动力学系数 $(a_{i,j})$ 和 $(b_{i,j})$ 以及扩散项系数 (d_i) 做一些假设,需要指出的是:也可以用其他的有限维反应扩散方程去逼近系统(3.1.6)~(3.1.8),而且也得到了很多很好的存在性结果(参见文献[14]、[24]、[34]、[42]),同时需要指出的是:削平的方法也能够产生整体性存在结果。

还有一些学者在由函数列作元素的 Banach 空间 Y 中研究系统(3.1.6)~(3.1.8),并把系统(3.1.6)~(3.1.8)记作

$$\frac{dc}{dt} + Ac = F(c)$$

其中 A 是线性算子,即

$$Ac = \left(-d_i \Delta c_i + \frac{1}{2} \sum_{j=1}^{i-1} b_{i-j,j} c_j - \sum_{j=1}^{\infty} b_{i,j} c_{i+j} \right)_{i \geqslant 1}$$

或 $Ac = (-d_i \Delta c_i)_{i \geqslant 1}$,这里的边界条件是带有齐性的牛曼边界条件。$F(c)$ 是非线性项,即

$$F(c) = \left((1/2) \sum_{j=1}^{i-1} a_{i-j,j} c_{i-j} c_j - c_i \sum_{j=1}^{\infty} a_{i,j} c_j \right)_{i \geqslant 1}$$

或 $F(c) = (R_i(c))_{i \geqslant 1}$。

文献[43]研究具有空间齐性的情形和文献[43]、[44]研究一般的情形都使用了上述的方法,上述方法的关键是能够找到一个函数空间 Y,Y 必须满足两条,其一在空间 Y 中 A 是一个具有良好性质的无界线性算子,其二在空间 Y 中非线性项 F 要满足局部李普西茨(Lipschitz)连续的条件,具备这些性质就可以使用不动点定理获得系统(3.1.6)~(3.1.8)解的局部适定性。然而空间 Y 的选取并不容易,特别地,自然函数空间 X 并不适合这种方法。事实上,如果凝结率 $(a_{i,j})$ 和爆炸率 $(b_{i,j})$ 关于 i,j 有界,那么在空间齐性的情形下,非线性映射 F 在空间 X 中只满足局部 Lipschitz 连续性,在空间非齐性的情形下,已经找到不同的空间 Y,但仅仅获得了系统(3.1.6)~

(3.1.8)解的局部存在性和唯一性结果(参见文献[43]、[44])。

解的整体存在性似乎更困难,更加严格的假设必须提出(参见文献[44])。

在空间齐性的情形下,假设凝结率$(a_{i,j})$和爆炸率$(b_{i,j})$有界,在这些前提下,文献[45]运用不同的方法讨论了系统$(3.1.6)\sim(3.1.8)$的解。

当然,对于系统$(3.1.6)\sim(3.1.8)$解的研究,最近有许多学者提出了更加新颖的方法,有兴趣的读者可以参阅文献[5]、[46]、[43]、[33]、[47]。

最后我们指出:在几种特殊的情况下,系统$(3.1.6)\sim(3.1.8)$的公式解已经得到,有兴趣的读者可以参阅文献[5]及文献[5]中所列的参考文献。

3.2　具有空间齐性的粒子反应系统

在模型$(3.1.6)\sim(3.1.8)$中,当所有的函数都独立于位置变量时,这个模型就称为具有空间齐性的凝结爆炸模型(读者可参阅文献[8])。

在麦克利奥德(J.B.Mcleod)工作的基础上(参见文献[18]、[19]),具有空间齐性的离散的凝结爆炸方程解的存在性已有多篇学术论文进行了讨论和研究。

假设初始条件

$$c^0 = (c_i^0)_{i \geqslant 1} \in X_{\mathrm{hom}}^+$$

在文献[23]中证明了,在条件

$$a_{i,j} \leqslant \gamma_i \gamma_j \quad \text{且} \quad \lim_{i \to +\infty} \frac{\gamma_i}{i} = 0 \quad \text{且} \quad b_{i,j} = 0$$

下,系统$(3.1.6)\sim(3.1.8)$的解是存在的。

在文献[8]中证明了,当

$$a_{i,j} \leqslant A(i+j), \quad A \geqslant 0 \tag{3.2.1}$$

成立时,无论爆炸率$(b_{i,j})$取何值,系统$(3.1.6)\sim(3.1.8)$的解是存在的。

从目前现有的文献来看,当凝结率$(a_{i,j})$满足式(3.1.17),而不是满足式(3.2.1)时,一般的离散凝结爆炸方程$(3.1.6)\sim(3.1.8)$的解的存在性问题没有获得任何实质性的结果。目前在此条件下,只获得了两个部分结果。文献[32]指出,假设:存在$\alpha \in (1/2, 1]$和$\gamma \in (\alpha, +\infty)$满足

$$a_{i,j} \leqslant A(ij)^\alpha, \quad i, j \geqslant 1, \quad A \geqslant 0 \tag{3.2.2}$$

并且对一切$u \geqslant 1$,存在$B_u > 0$,使得

$$\sum_{j=1}^{[(i-1)/2]} j^u b_{j,i-j} \geqslant B_u i^{u+\gamma}, \quad i \geqslant 1 \tag{3.2.3}$$

同时初始条件 $c^0 \in X_{\text{hom}}^+$，那么系统(3.1.6)~(3.1.8)的解存在。

这里条件 $\gamma > \alpha$ 确保了在粒子反应时，爆炸占优。如果只考虑倍增类型的凝结率，即假设

$$a_{i,j} = \gamma_i \gamma_j + \alpha_{i,j}, \quad i,j \geqslant 1$$

其中 $\alpha_{i,j} \leqslant A\gamma_i \gamma_j, i,j \geqslant 1, A \geqslant 0$，在这一假设下，文献[24]证明了：当 $c^0 \in X_{\text{hom}}^+$ 和 $b_{i,j} = 0$ 时，系统(3.1.6)~(3.1.8)的解是存在的。可以预言：如果相对凝结而言，爆炸相当弱，那么上述结论也可能成立，这一结果将会补充完善文献[32]的结论，然而截至目前为止，这一预言尚未得到证实。

两个其他重要的研究问题是：系统(3.1.6)~(3.1.8)解的唯一性问题以及总质量守恒问题，这两个问题截至目前为止只是部分地获得了解答，有兴趣的读者可以参阅文献[8]、[24]、[32]、[33]、[47]。

最后要指出的是关于系统(3.1.6)~(3.1.8)的削平系统的极限行为。文献[13]讨论了相当简单但似乎物理背景并不明显的情形，结果是系统(3.1.6)~(3.1.8)没有解，甚至连局部解都没有。然而我们能够证明当方程的个数增加到无限的时候，削平系统的解收敛，而且极限确实是物理学家所猜测的结果，详细讨论请参阅文献[48]。

3.3　带有扩散项的粒子反应系统

3.3.1　解的存在性和基本性质

这一节我们将给出带有扩散项的离散的凝结爆炸方程(3.1.6)~(3.1.8)解的存在性。

3.3.1.1　一般情况

这里的削平系统 (P^N) 和式(3.1.18)不同，文献[14]在原始系统(3.1.6)~(3.1.8)的基础上引进了 (P^N)，其方法是在系统(3.1.6)~(3.1.8)中令

$$a_{i,j} = 0(i > N \text{ 或 } j > N) \quad \text{且} \quad b_{i,j} = 0(i+j > N) \tag{3.3.1}$$

注意这一削平系统 (P^N) 恰好对应于系统(3.1.6)的前 $2N$ 个方程组成的系统。采取非常标准的方法就可以证明削平系统 (P^N) 具有随时间变化的局部非负解 $c^N = (c_i^N)_{1 \leqslant i \leqslant 2N}$ 的存在性和唯一性，而且这一解满足

$$\sum_{i=1}^{2N} \int_\Omega i c_i^N(x,t)\mathrm{d}x = \sum_{i=1}^{2N} \int_\Omega i c_i^0(x)\mathrm{d}x \tag{3.3.2}$$

证明过程参见文献[14]中命题2.1。

让 $N \to +\infty$，那么对于任意的正扩散系数，系统(3.1.6)~(3.1.8)存在随着时间

变化的整体解，具体证明过程见文献[14]中定理 3.1。

定理 3.3.1 假设对于一切 $i \geq 1, d_i > 0$ 且存在 $\gamma_i > 0$，使得

$$b_{i,j-i} \leq \gamma_i a_{i,j} \quad (j \geq i+1) \tag{3.3.3}$$

$$\lim_{j \to +\infty} \frac{a_{i,j}}{j} = 0 \tag{3.3.4}$$

那么系统 $(3.1.6) \sim (3.1.8)$ 在 $[0,+\infty)$ 上存在解 $c = (c_i)$ 且 $c_i \in L^\infty((0,+\infty) \times \Omega)(i \geq 1)$，并且对任意 $t \in [0,+\infty)$ 都有

$$\int_\Omega \sum_{i=1}^\infty i c_i(x,t) \mathrm{d}x \leq \int_\Omega \sum_{i=1}^\infty i c_i^0(x) \mathrm{d}x \tag{3.3.5}$$

上面的假设 $(3.3.3)$ 保证了 (c^N) 的每一个分量关于 N 一致地具有 L^∞ 有界，注意这个假设并没有排除无界的凝结爆炸系数，例如，$a_{i,j} = Ai^w j^w$，$b_{i,j} = B(i+j)^w$，其中 $0 < w < 1$，A,B 是任意的正常数。

如果对扩散项系数再作假设，即

$$d_i = D > 0 (i \geq i_0) \tag{3.3.6}$$

那么在凝结率满足 $(3.2.1)$ 的条件下，系统 $(3.1.6) \sim (3.1.8)$ 存在整体解；在凝结率满足 $(3.1.17)$ 的条件下，系统 $(3.1.6) \sim (3.1.8)$ 只存在局部解。无论哪种情况下，我们都可以证明总的质量是守恒的(即存在密度守恒解)，详细讨论过程可以阅读文献[14]，而且假设 $(3.3.6)$ 使得我们能够应用最大值原理对满足式 $(3.1.6)$ 的解的余项进行估计。如果使用更强的假设，即在 $(3.3.6)$ 中令 $i_0 = 1$ 并且对动力学系数提出更严格的限制条件，那么系统 $(3.1.6) \sim (3.1.8)$ 随时间变化的整体密度守恒解的存在唯一性能够被证明(详见文献[41])。

值得注意的是，如果假设 $(3.2.1)$ 成立，$c^0 \in X_{\mathrm{hom}}^+$ 且 $b_{i,j}$ 没有任何限制，在这样的条件下文献[8]证明了系统 $(3.1.6) \sim (3.1.8)$ 存在具有空间齐性且随时间变化的整体解，进一步地可以证明这些解是密度守恒解，然而截至目前为止，如果扩散项系数任意取值，其他条件相同，那么系统 $(3.1.6) \sim (3.1.8)$ 是否存在密度守恒解仍然是一个没有解决的问题。不过值得庆幸的是，学者们还是获得了如下的结果，详细讨论参见文献[41]、[44]。

假设动力学系数满足

$$a_{i,j} \leq A \quad \text{且} \quad \sum_{j=1}^{i-1} b_{i-j,j} \leq B, \quad i,j \geq 1 \tag{3.3.7}$$

除了在一维情形下(见文献[44])，系统 $(3.1.6) \sim (3.1.8)$ 只存在随时间变化的局部解。

3.3.1.2　Beck-Döring 模型

带有扩散项的 Beck-Döring 模型如下

$$
\begin{cases}
\dfrac{\partial c_1}{\partial t} - d_1 \Delta c_1 = -w_1(c) - \displaystyle\sum_{j=1}^{\infty} w_j(c) \\[3mm]
\dfrac{\partial c_i}{\partial t} - d_i \Delta c_i = -w_{i-1}(c) - w_i(c), \quad i \geqslant 2, \quad (t,x) \in (0,+\infty) \times \Omega \\[3mm]
\dfrac{\partial c_i}{\partial v} = 0, (t,x) \in (0,+\infty) \times \Gamma \\[3mm]
c_i(0,\cdot) = c_i^0(\cdot)
\end{cases} \tag{3.3.8}
$$

其中

$$
\begin{aligned}
& w_i(c) = a_i c_1 c_i - b_{i+1} c_{i+1}, \quad i \geqslant 1 \\
& a_{1,i} = a_i, \quad b_{1,i} = b_{i+1}, \quad i \geqslant 2 \\
& a_{1,1} = 2a_1, \quad b_{1,1} = 2b_2 \\
& a_{i,j} = b_{i,j} = 0, \quad \min\{i,j\} \geqslant 2
\end{aligned} \tag{3.3.9}
$$

首先注意到由于粒子间反应受到限制，在式 (3.3.8) 中各项的结构比较简单，因而这一模型的分析相比较一般系统 (3.1.6)～(3.1.8) 要稍微简单一些，类似于一般的情形，通过一个恰当的近似，系统 (3.3.8) 解的存在性已在文献[49]中获得了证明。事实上，这种情形也可以用类似文献[13]的方法来证明，这时我们不需要证明削平的近似序列的第一分量具有一致 L^∞ 有界。

定理 3.3.2　假设 $c_1^0 \in L^\infty(\Omega), c^0 \in X^+$，并且存在 $k>0$ 和 $\gamma>0$，使得：

(1) $0 < a_i < ki, \quad i \geqslant 1$

(2) $0 < b_i < \gamma a_i, \quad i \geqslant 1$ $\tag{3.3.10}$

那么系统 (3.3.8) 存在一个定义在 $t \in [0,+\infty)$ 上密度守恒解 $c = (c_i)_{i \geqslant 1}$，同时

$$
c_1 \in L^\infty((0,+\infty) \times \Omega)
$$

这里假设式 (3.3.10) 只是被用来证明削平系统近似解序列的第一分量具有 L^∞ 有界性。这些解的更深入的性质也得到了研究。例如解的分量的正则性和每一个解的分量都大于 0 等等。详细结果参见文献[49]。

在这一节的最后，我们指出系统 (3.3.8) 的唯一性结果。只要扩散项系数降到 0 的速度不是太快，而且粒子反应系统初始状态里较大粒子足够少，那么系统 (3.3.8) 的解是唯一的 (详细结果参见文献[49])。

定理 3.3.3　假设定理 3.3.2 的条件成立，并且存在 $\alpha \in [0,1], \beta \geqslant 0$，整数 $k>d/2$，使得

$$a_i \leqslant k_0 i^\alpha \quad 且 \quad k_1 i^{-\beta} \leqslant d_i \leqslant k_2, \quad i \geqslant 1$$

这里 $k_j (j = 0, 1, 2)$ 为正实数，如果 $\sum i^{1+\alpha+(\alpha+\beta)^k} c_i^0 \in L^\infty(\Omega)$，那么系统 (3.3.8) 存在唯一解 $c = (c_i)_{i \geqslant 1}$，且 $c_1 \in L^\infty((0, +\infty) \times \Omega)$。

3.3.1.3　凝结方程

这一节考虑带有扩散项的纯凝结方程，也就是在系统 (3.1.6) ～ (3.1.8) 中令 $b_{i,j} = 0(i, j \geqslant 1)$。由于纯凝结方程是系统 (3.1.6) ～ (3.1.8) 的特殊情况，因此解的存在性结论可以从一般情况中直接得到，具体结果详见定理 3.3.1 和文献 [14]、[25]、[41]，这里集中讨论所谓的双线性核的情况，即

$$a_{i,j} = C + B(i + j) + Aij \tag{3.3.11}$$

其中 A, B, C 是三个非负实数。注意：如果 $A > 0$ 或 $B > 0$，定理 3.3.1 并没有包含这种情形。在这种情形下，如果扩散项系数满足式 (3.3.6)，那么凝结方程变成了有限维的反应扩散方程。文献 [25] 证明了：如果 $A = 0$，那么凝结方程存在唯一的质量守恒解，其中 $t \in [0, +\infty)$；如果 $A \neq 0$，那么凝结方程只在 $t \in [0, T_{max})$ 上存在唯一的质量守恒解，其中 $T_{max} < +\infty$。文献 [25] 中使用的方法，最近也被用来获得了一个类似的存在性结果：当凝结率满足式 (3.3.11)，扩散项系数满足 $d_i = 0(i \geqslant i_0)$，那么部分扩散凝结方程的解是存在的。详细讨论参见文献 [50]。

获得的另外一个最新成果是：只要凝结系数满足式 (3.1.2)，扩散项系数 $d_i > 0(i \geqslant 1)$，那么纯凝结方程存在一个随时间变化的整体解，详细讨论参见文献 [51]。

定理 3.3.4　假设 $d_i > 0(i \geqslant 1)$ 并且

$$Aij \leqslant a_{ij} \leqslant \overline{A}ij (其中 A, \overline{A} > 0, i, j \geqslant 1) \tag{3.3.12}$$

那么纯凝结方程存在解 $c(t)(t \in [0, +\infty))$，并且对于足够大的 t 满足

$$\|c(t)\| < \|c^0\| \tag{3.3.13}$$

3.3.1.4　爆炸方程

现在介绍纯爆炸方程，也就是在系统 (3.1.6) ～ (3.1.8) 中令 $a_{i,j} = 0(i, j \geqslant 1)$，值得注意的是，纯爆炸方程的解即使存在也未必具有唯一性，详细情况可以参阅文献 [8]，然而对于密度守恒解，纯爆炸方程的解却具有唯一性，参见文献 [52]。

定理 3.3.5　假设 $c = (c_i)_{i \geqslant 1}$ 和 $\hat{c} = (\hat{c}_i)_{i \geqslant 1}$ 是带有扩散项的纯爆炸方程的两个质量守恒解，那么

$$\|c(t) - \hat{c}(t)\| \leqslant \|c(0) - \hat{c}(0)\|, \quad t \geqslant 0 \tag{3.3.14}$$

这里对于爆炸系数 $b_{i,j}$ 没有任何限制。由这一递减性质可以直接得出下面的排序

性质：

推论 3.3.1　假设 $c = (c_i(t))_{i \geq 1}$ 和 $\hat{c} = (\hat{c}_i(t))_{i \geq 1}$ 是带有扩散项的纯爆炸方程的两个质量守恒解，如果 $c_i(0) \leq \hat{c}_i(0), (i \geq 1)$。那么 $c_i(t) \leq \hat{c}_i(t) (i \geq 1, t \geq 0)$。

这条性质也使我们能够找到一个不降（分量方式的意义下）的序列，它收敛到纯爆炸方程的解，这就是下面的结果（证明过程详见参考文献[52]）。

定理 3.3.6　假 设 $c^0 \in X$，并 且 存 在 $B > 0$，使 得 $b_{i,j} \leq Bij (i, j \geq 1)$，或 者 $\sum_{i=1}^{\infty} i \ln i |c_i^0|_{L^1} < \infty$，那么在这两种情况下，带有扩散项的纯爆炸方程存在唯一的质量守恒解 $c = (c_i(t))$，$t \in [0, +\infty)$。

3.3.1.5　非局部模型

这一节介绍一个刻画带有凝结爆炸的粒子反应系统的新的数学模型。这一模型在文献[40]中被详细地进行了研究。事实上，这一模型是离散的凝结爆炸模型的一般化。它的主要创新点是建模时充分考虑到了参与反应的粒子的几何特征，我们假设两个不同粒子，一个粒子的质量中心位于 $y \in \Omega$，另一个粒子的质量中心位于 $z \in \Omega$，它们可以发生凝结反应，形成一个质量中心位于 $x \in \Omega$ 的新的更大的粒子，其中 x 位于点 y 和 z 的某一邻域内。由于粒子的形状和几何结构可能相当复杂，我们假设 x 服从某种概率分布（分布函数与粒子的几何结构和形状密切相关）。类似地，大粒子爆炸分解后形成的新的小粒子也有不同的质量中心，质量中心的位置坐标也服从某种概率分布。同时我们假设粒子反应遵从 Fick 定律，变量 x 表示反应系统中粒子的中心坐标。

为了表示非局部模型，在式 (3.1.6) 中的反应率 $(R_j)_{j \geq 1}$ 表示成下面的形式

$$R_j[c](t,x) = \left(\frac{1}{2}\right) \sum_{k=1}^{j-1} \int_{\Omega \times \Omega} A_{j-k,k}(x,y,z) c_{j-k}(t,y) c_k(t,z) \mathrm{d}y\mathrm{d}z$$

$$- c_j(t,x) \sum_{k=1}^{\infty} \int_{\Omega} a_{j,k}(x,y) c_k(t,y) \mathrm{d}y$$

$$+ \sum_{k=1}^{\infty} \int_{\Omega} B_{j,k}(x,y) c_{j+k}(t,y) \mathrm{d}y - (1/2) c_j(t,x) \sum_{k=1}^{j-1} b_{j-k,k}(x) \quad (3.3.15)$$

其中系数 $a_{j,k} = a_{j,k}(x,y)$ 是凝结率，它表示每单位时间中心位于 x 的 j-粒子与中心位于 y 的 k-粒子结合形成 $(j+k)$-粒子的数量，我们假设

$$a_{j,k}(x,y) = a_{k,j}(y,x), \quad a_{j,k}(x,y) \geq 0 \quad (j,k \geq 1; x,y \in \Omega)$$

函数 $A_{j,k}$ 属于 $L^\infty(\Omega^3)$ 并且满足

$$A_{j,k}(x,y,z) = \tilde{A}_{j,k}(x,y,z) a_{j,k}(y,z)$$

这里 $\tilde{A}_{j,k} = \tilde{A}_{j,k}(\cdot,y,z)$ 是概率密度，表明质量中心为 y 的 j-粒子和质量中心为 z 的 k-粒子结合后，形成的新的 $(j+k)$-粒子的中心位于 $x \in \Omega$ 的可能性的大小。

类似地，系数 $b_{j,k} = b_{j,k}(x)$ 是爆炸率，它表示每单位时间，质量中心位于 x 的 $(j+k)$-粒子分解成 j-粒子和 k-粒子的数量；我们假设 $b_{j,k}(x) = b_{k,j}(x)$，并且 $b_{j,k}(x) \geqslant 0 \, (j,k \geqslant 1; x \in \Omega)$。函数 $B_{j,k}$ 属于 $L^{\infty}(\Omega^3)$ 并且

$$B_{j,k}(x,y) = \tilde{B}_{j,k}(x,y)b_{j,k}(y)$$

这里 $\tilde{B}_{j,k} = \tilde{B}_{j,k}(\cdot,y)$ 是概率密度，它表示质量中心位于 y 的 $(j+k)$-粒子爆炸分解形成质量中心位于 x 的 j-粒子的可能性。

这里，当所有的函数独立于位置变量时，这个模型就成为文献[8]中已经讨论过的具有空间齐性的凝结爆炸模型。另一方面，假设

$$a_{j,k}(x,y) = \alpha_{j,k}\delta(y-x), \quad b_{j,k}(x) = \beta_{j,k},$$
$$A_{j,k}(x;y,z) = \alpha_{j,k}\delta(y-x)\delta(z-y), \quad B_{j,k}(x,y) = \beta_{j,k}\delta(y-x)$$

这里 $j,k \geqslant 1$。如果 $\alpha_{j,k}$，$\beta_{j,k}$ 是常量，那么从形式上讲我们便得到了前面几节已经研究过的带有扩散项的一般的凝结爆炸模型。

从数学的观点来看，系统 (3.1.6) 与非局部模型之间的主要不同存在于双线性项的可积性方面，这里双线性项的可积性由每一个乘积项（因子）的可积性决定。因此对于空间齐性情形的若干已获得的结果，在相当适度的假设下，对于非局部模型也是成立的，而且对于扩散项系数和凝结爆炸率都不需要给出特殊的限制。

为了陈述已经获得的结果，我们先介绍下面的 Banach 空间

$$X_r = \left\{ c = (c_j)_{j \geqslant 1} : c_j \in L^1(\Omega), \quad \sum_{j=1}^{\infty} j^r |c_j|_{L^1} < \infty \right\}, \quad (r \geqslant 0)$$

Banach 空间 X_r 中的范数定义为 $\| c \|_r = \sum_{j=1}^{\infty} j^r |c_j|_{L^1}$。

显然：$X_1 = X$；当 $r \geqslant 1$ 时 $X_{1+r} \subset X$。

文献[40]获得的存在性结果与文献[8]中获得的存在性结果类似，在文献[40]中给出了如下的定理。

定理 3.3.7　假设 $d_j > 0 \, (j \geqslant 1)$ 并且存在 $\alpha > 0$，使得

$$\| A_{j,k} \|_{L^{\infty}(\Omega^3)} \leqslant \alpha(j+k), \quad (j,k \geqslant 1) \tag{3.3.16}$$

同时下列两个条件只要有一个满足：

(i) $c^0 \in X_{1+r}, \, (r > 0)$；

(ii) $c^0 \in X$ 并且存在 $\beta_j > 0 \, (j \geqslant 1)$ 使得

$$\| B_{j,k-j} \|_{L^{\infty}(\Omega^2)} \leqslant \beta_j k, \quad k \geqslant 1$$

那么非局部模型存在一个随时间变化的整体解，而且这个解还是质量守恒解。

值得注意的是，文献[8]中证明的方法经过适当的改进后就可以应用到非局部模型，并且只要对初始条件提出适当的假设，而爆炸率无须提出任何约束条件。

最后，我们指出：在下面的假设下（比较式(3.3.7)）

$$\| A_{j,k} \|_{L^\infty(\Omega^3)} \leqslant A, \quad \sum_{k=1}^{j-1} \| B_{j-k,k} \|_{L^\infty(\Omega^2)} \leqslant B, \quad (j,k \geqslant 1)$$

算子 $F(c) = (R_i[c])_{i \geqslant 1}$ 在 Banach 空间 X 中是局部 Lipschitz 连续的。

利用这一结论我们能够证明：在 Banach 空间 X 中，非局部模型是适定的。即非局部模型有一个随时间变化的整体解，这一整体解是唯一的，并且是质量守恒解，同时这一整体解对初值具有连续相依性。详细讨论参见文献[40]。

3.3.2　系统的演化势态分析

这一节专门讨论带有扩散项的离散的凝结爆炸方程解的极限行为，即系统的演化势态分析。截至目前为止，学者们只是讨论了一些特殊的情形，获得的结果也不是很多。一般的情形，即使是在空间齐性的情况下，讨论解的极限行为仍然十分困难。这里主要介绍关于 Becker-Döring 模型、纯爆炸模型和纯凝结模型解的极限行为的若干结果。在文献[53]中，对一般的凝结爆炸模型也获得了若干有意义的结果。

3.3.2.1　Becker-Döring 模型

我们现在讨论 3.3.1.2 节介绍过的带有扩散项的 Becker-Döring 方程。假设

$$a_i > 0 \quad \text{并且} \quad b_{i+1} > 0, \quad (i \geqslant 1) \tag{3.3.17}$$

在上面的假设下，方程(3.3.8)具有空间齐性的解的极限行为已经彻底解决，详细讨论见文献[13]，文献[54]将文献[13]中已获得的结果推广到了空间非齐性的情况。这里要强调的是，由于扩散项的原因，当时间 t 趋于 ∞ 时，解将会不依赖于空间位置变量，因此我们可以预期空间齐性解将具有极限行为。

下面首先引进 ω 极限集合的概念。若 $c = (c_i(t))_{i \geqslant 1}$ 是系统(3.3.8)在 $[0, +\infty)$ 上的解，如果存在非负实数列 $\{t_j\}_{j=1,2,\cdots}, t_j \to \infty$，使

$$\lim_{j \to +\infty} c_i(t_j) = y_i, \quad i \geqslant 1 \tag{3.3.18}$$

则称 $y = (y_i)_{i \geqslant 1}$ 是解 $c(t) = (c_i(t))_{i \geqslant 1}$ 的 ω 极限点，解 $c = (c_i(t))_{i \geqslant 1}$ 的 ω 极限点组成的集合称为它的 ω 极限集合，简称 ω 极限集，记作 $\omega(c)$。

令 $Q_1 = 1$，$Q_{i+1} = \dfrac{a_i}{b_{i+1}} Q_i (i \geqslant 1)$。下面的结论在研究 Becker-Döring 模型解的渐近行为时具有非常重要的意义。

定理 3.3.8　　系统(3.3.8)的平衡点是一个与时间无关的，具有空间齐性的解 c，它满足 $c \in X^+$，并且 $a_i c_1 c_i = b_{i+1} c_{i+1} (i \geqslant 1)$。

显然，方程(3.3.8)的平衡点 $c = (c_i)_{i \geqslant 1}$ 具有形式

$$c_i = Q_i c_1^i (i \geqslant 2) \quad \text{且} \quad \sum i Q_i c_1^i < \infty$$

令 $z_\varepsilon = \left(\limsup_{i \to \infty} Q_i^{1/i} \right)^{-1} \in [0, +\infty]$，

$\rho_\varepsilon = |\Omega| \sup\limits_{0 \leqslant z \leqslant z_\varepsilon} \sum\limits_{i=1}^{\infty} i Q_i z^i \in [0, +\infty]$，这里 $|\Omega|$ 为集合 Ω 的测度。

关于系统(3.3.8)的平衡点已经获得了一个十分好的结果，详细研究请参考文献[13]中命题 4.1。

定理 3.3.9　　假设 $z_\varepsilon > 0$

(i) 令 $\rho \in [0, +\infty), 0 \leqslant \rho \leqslant \rho_\varepsilon$，那么系统(3.3.8)存在一个平衡点 c^ρ，满足 $\|c^\rho\|_x = \rho$。并且 $c_i^\rho = Q_i (z(\rho))^i (i \geqslant 1)$，其中 $z(\rho)$ 是 $[0, z_\varepsilon]$ 中唯一的实数，满足 $\sum i Q_i (z(\rho))^i = \rho$。

(ii) 如果 $\rho_\varepsilon < \rho < +\infty$，那么系统(3.3.8)不存在范数等于 ρ 的平衡点。

文献[54]给出了下面的结果：

定理 3.3.10　　假设 $z_\varepsilon > 0$，c^0 满足

$$\sum_{i=1}^{\infty} \int_\Omega c_i^0 \left| \ln \left(\frac{c_i^0}{Q_i} \right) \right| \mathrm{d}x = V_0 < +\infty \tag{3.3.19}$$

那么 $\omega(c)$ 是 X^+ 的非空子集，$\omega(c)$ 中的任一元素 y 都是平衡点，且满足 $\|y\| \leqslant \|c^0\|$。

由定理 3.3.10 和密度守恒可以得出：如果 $\|c^0\|_X > \rho_\varepsilon$，那么集合 $\{c(t), t \geqslant 0\}$ 在 Banach 空间 X 中不是相对紧的，这就是为什么比 X 中的范拓扑更弱的拓扑被选择用来定义方程(3.3.8)解 c 的 ω 极限集 $\omega(c)$ 的原因。

对于方程(3.3.8)的空间齐性解，文献[13]、[55]获得了一个更强的结论，即 $\omega(c)$ 成为单点集，此单点集中唯一的元素是方程(3.3.8)的平衡点，这一结果比定理 3.3.10 的结论更强，对于一般的情形，人们还不知道怎样改进这一结论。然而，如果扩散项系数不是太快的降到 0，那么一个更精细的结果已经获得，这一结果类似于文献[13]、[55]中的相应结果，同时文献[54]获得了下面的结果：

定理 3.3.11　　假设 $Z_\varepsilon > 0, Z_\varepsilon = \lim\limits_{i \to \infty} Q_i^{-1/i}$，$c^0$ 满足(3.3.19)，并且存在正实数 δ_1 和 δ_2 满足

$$\delta_1 i^{-2/d} \leqslant d_i \leqslant \delta_2 i, \quad i \geqslant 1 \tag{3.3.20}$$

那么存在唯一的 $\rho \in [0, \min\{\rho_\varepsilon, \|c^0\|_X\}]$，满足 $\omega(c) = \{c^\rho\}$。并且

$$\lim_{t \to \infty} \left| c_i(t) - c_i^\rho \right|_{L^1} = 0 \quad (i \geqslant 1)$$

值得注意的是，尽管定理 3.3.11 的表述类似于文献[13]、[55]中具有空间齐性情形下相应的结果，但是证明方法是不同的。不过，用来证明两个结果的基本工具都是就系统(3.3.8)构造一个适当的 Liapunov 函数，即要找到一个映射 $v: t \to v(c(t))$，这个映射对系统(3.3.8)的每一个解 $c(t)$ 是不增的。在空间齐性的情形下，在空间 X_{hom} 中，这个 Lyapunov 函数具有一些弱连续性质，这就保证了我们在证明过程中可以使用不变性原理。在一般情况下，在 Banach 空间 X 中，Liapunov 函数不具有连续性质，那么就得采用不同的方法进行证明。详细讨论见文献[54]。

定理 3.3.11 留下的悬而未决的主要问题是 ρ 的取值大小，学者们的猜想是：如果 $\|c^0\| \leqslant \rho_\varepsilon$，那么 $\rho_\varepsilon = \|c^0\|$，并且 $t \to \infty$ 时，$c(t)$ 收敛到 c^ρ（按 Banach 空间 X 中范数收敛）；如果 $\|c^0\| > \rho_\varepsilon$，那么 $\rho = \rho_\varepsilon$。如果对动力学系数和初始条件提出一些假设，在没有扩散项的情况下，这一猜想确实被证实（详细讨论见文献[13]中定理 5.6）。

3.3.2.2　凝结方程

这一节我们讨论带有扩散项的纯凝结方程，即 $b_{i,j} = 0(i, j \geqslant 1)$。由于反应系统内发生的唯一反应是凝结反应，所以至少当凝结率是正的时候，我们期待 i-粒子 $(i \geqslant 1)$ 的局部密度 $c_i(t)$，当 $t \to +\infty$ 时收敛到 0。更准确地说，假设 $a_{i,i} > 0$ 并且 $c_i^0 \in L^\infty(\Omega)$ $(i \geqslant 1)$，那么

$$\lim_{t \to \infty} \left| c_i(t) \right|_{L^\infty} = 0 \quad (i \geqslant 1)$$

其中 c 是初始条件为 $c(0) = c^0$ 的带有扩散项的纯凝结方程的解。这一结果文献[25]中定理 3.2 给出了详细证明。

当凝结率 $a_{i,j} \geqslant Aij(i, j \geqslant 1)$ 时，一个更强的结果存在，那就是反应粒子系统总的质量衰减到 0，即发生了冻胶现象（详细讨论见文献[24]、[51]），在下面的 3.3.3 节中还会介绍这方面的情况。

3.3.2.3　爆炸方程

现在考虑纯爆炸的情形，即 $a_{i,j} = 0(i, j \geqslant 1)$。文献[52]证明了下面的结果：

定理 3.3.12　假设存在一个正实数 B 满足 $b_{i,j} \leqslant Bij$，$c^0 = (c_i^0)_{i \geqslant 1} \in X^+$，$c = (c_i(t))_{i \geqslant 1}$ 是带有扩散项的纯爆炸方程的质量守恒解，那么存在一个非负实数序列 $F = (F_i)_{i \geqslant 1}$ 满足

$$\sum_{i=1}^{\infty} iF_i = \frac{\|c^0\|_X}{|\Omega|} \quad \text{并且} \quad \lim_{t \to \infty} \|c(t) - F\|_X = 0$$

另外，当 $v_i = \sum\limits_{j=1}^{i-1} b_{j,i-j} > 0$ 时，$F_i = 0$。

特别地，如果 $v_i > 0 (i \geq 2)$，那么系统的最终状态是空间齐性的，而且系统中仅存在单体(基本粒子)。

3.3.2.4　一般情况

正如前面所指出的那样，对于一般的情况，即使在空间齐性的情况下，离散的凝结爆炸方程解的渐近行为仍然没有被解决。在更严格的平衡条件下，即存在一个正实数序列 $(Q_i)_{i \geq 1}$ 满足

$$Q_1 = 1, \quad a_{i,j}Q_iQ_j = b_{i,j}Q_{i+j}, \quad (i,j \geq 1) \tag{3.3.21}$$

在空间齐性的情形下，文献[56]～[58]获得了若干结果；在 $d_i = D > 0(i \geq 1)$ 的条件下，文献[53]也获得了一些结果。这些结果的得来是由于找到了恰当的 Lyapunov 函数，它使得上面所述的 Becker-Döring 方程的解具有一些共同的性质。当动力学系数不满足(3.3.21)式时，物理学家们已经进行了一些研究，但遗憾的是获得的成果不多。文献[53]获得了一个很好的数学结果，这一结果表明：在对动力学系数进行非常强的假设下，存在性结果获得了证明。

3.3.3　溶胶-冻胶相变转移

这一部分讨论可以用凝结爆炸方程刻画的溶胶-冻胶相变转移(sol-gel phase transition)现象，这一现象本质上讲就是在有限的时间内质量守恒被破坏，于是冻胶产生了。也就是说，如果大粒子产生的速度足够快，系统总质量快速地转移到更大的粒子，逐渐地形成了超大粒子(形成冻胶)，它的质量并不贡献到 $\sum\limits_{i=1}^{\infty} ic_i$。

我们把粒子反应系统所处的这两个阶段分别称为溶胶和冻胶。所谓溶胶，就是粒子反应系统处于液体状态，系统无沉淀产生，系统中的粒子都是由有限基本粒子构成，它的质量并不大。系统的总质量有时也称为系统的密度 M_s 定义如下

$$M_s(t,x) = \sum_{i=1}^{\infty} ic_i(t,x)$$

如果溶胶的质量只是在有限的时间间隔 $[0, t_g](t_g < +\infty)$ 内保持，那么时间 $t = t_g$ 被称为凝结时间，系统在 $t = t_g$ 时发生的现象被称作溶胶冻胶相变转移现象。当时间 $t > t_g$ 时，溶胶的总质量 $|M_s(t)|_{L^1}$ 随着 $t \to \infty$ 而逐渐下降，即冻胶产生了。

这一现象首先在费洛格-斯托克梅耶(Florg-Stockmayer)冻胶动力学模型中被观察到，这一模型对应着 $d_i = 0(i \geq 1)$，$a_{i,j} = ij(i,j \geq 1)$，在这种情形下，文献[23]给出了一个公式解 $(j \geq 1)$

$$c_j(t) = \frac{j^{j-2}t^{j-1}}{j!}e^{-jt}, \quad t \leqslant 1, \quad \text{以及} \quad c_j(t) = \frac{j^{j-2}e^{-j}}{j!}\frac{1}{t}, \quad t \geqslant 1 \tag{3.3.22}$$

由此，我们得到当 $t \in [0,1]$ 时 $M_s(t) = 1$；当 $t \geqslant 1$ 时 $M_s(t) = \dfrac{1}{t}$，所以溶胶冻胶相变转移确实在 $t_g = 1$ 时发生，而且解的二阶矩 M_2 在 $t = t_g = 1$ 时爆炸，即

$$\lim_{t \to 1^-} \sum_{i=1}^{\infty} i^2 c_i(t) = +\infty \tag{3.3.23}$$

这里 $M_2(t) = \displaystyle\sum_{i=1}^{\infty} i^2 c_i(t)$，称为解 $c = (c_i(t))_{i \geqslant 1}$ 的二阶矩。

研究结果表明：冻胶现象的发生依赖于凝结系数 $(a_{i,j})$ 的结构。例如文献[8]指出，只要 $(a_{i,j})$ 满足式(3.2.1)，在空间齐性的情形下，随时间变化的整体密度守恒解存在（此时冻胶并没有发生）。当考虑到扩散项时，如果扩散项系数和初始条件具备一定的假设条件，那么也有类似的结果，详细讨论参见文献[14]、[41]、[43]、[44]。

当凝结系数 $a_{i,j} = i^\omega j^\omega (i, j \geqslant 1; \omega \in [0,1))$ 时，$\omega = \dfrac{1}{2}$ 是临界值。事实上，文献[59]中已经获得了这样一个结论：当 $\omega \in \left[\dfrac{1}{2}, 1\right]$ 时，随着时间变化的整体（公式）解存在，但是随着时间的演化，溶胶的总质量并不守恒。普遍认为，在这种情况下，对任何初始条件，冻胶现象应该出现，文献[33]用概率的方法已经证实了这一结论确实存在。更深入的结果有兴趣的读者可以参考文献[60]～[63]。

文献[51]获得了如下结论：如果

$$\underline{A}ij \leqslant a_{ij} \leqslant \bar{A}ij(\underline{A}, \bar{A} > 0; \quad i, j \geqslant 1)$$

并且 $d_i = D > 0(i \geqslant 1)$，$M_2(0) = \displaystyle\sum_{i=1}^{\infty} i^2 c_i^0 < \infty$，那么带有扩散项的凝结方程确实存在溶胶冻胶相变转移现象。凝结时间 t_g 满足下面的估计

$$\frac{1}{\bar{A}\|M_2(\cdot,0)\|_{L^\infty(\Omega)}} \leqslant t_g \leqslant \frac{|\Omega|}{4\underline{A}\|c^0\|_X}$$

从现在开始将集中讨论 $d_i = 1$，$a_{i,j} = ij(i, j \geqslant 1)$ 时的情况。

当 $N \geqslant 3$ 时，我们们 $c^N = (c_i^N)_{1 \leqslant i \leqslant 2N}$ 表示削平系统 (P^N) 的解（有关 (P^N) 的定义参见本章 3.3.1.1 节）。注意由文献[14]、[25]我们知道 c^N 满足

$$\sum_{i=1}^{2N} \int_\Omega i c_i^N(t,x) dx = \sum_{i=1}^{2N} \int_\Omega i c_i^0(x) dx, \quad t \geqslant 0$$

从 c^N 中抽取一个子列(仍用 c^N 表示),可以证明当 $N \to +\infty$ 时 c^N 的极限就是凝结扩散方程随时间变化的整体解。具体过程如下:

$$\sum_{i=1}^{2N} ic_i^N \to \mu \quad (N \to +\infty)$$

这里 μ 满足

$$\frac{\partial \mu}{\partial t} - \Delta\mu = 0, \quad (t,x) \in (0,T) \times \Omega$$

$$\mu(0,x) = M_s(0,x), \quad (x \in \Omega)$$

$$\frac{\partial \mu}{\partial v} = 0, \quad (x \in \partial\Omega, t > 0)$$

我们定义冻胶密度 $M_g = \mu - M_s$,文献[51]已经证明

$$\sum_{i=1}^{N} ic_i^N \to M_s, \quad \sum_{i=N+1}^{2N} ic_i^N \to M_g, \quad N \to \infty$$

而且

$$\left| M_s(t) \right|_{L^1} + \left| M_g(t) \right|_{L^1} = \| c^0 \|, \quad (t > 0)$$

同时文献[51]也证明了 M_s 和 M_g 满足

$$\frac{\partial M_s}{\partial t} - \Delta M_s = -G$$

$$\frac{\partial M_g}{\partial t} - \Delta M_g = G$$

上式在广义函数 $D'((0,+\infty) \times \Omega)$ 的意义下是成立的。其中 G 是诺当(Radon)测度,即

$$G = \lim_{N\to\infty} \sum_{i=1}^{N} \sum_{j=N-i+1}^{\infty} i^2 c_i^N c_j^N, \quad (t,x) \in D'((0,+\infty) \times \Omega) \tag{3.3.24}$$

这里 G 刻画了冻胶的产生率,所以当 $0 < t < t_g$ 时,$G = 0$。

在冻胶时间 t_g 附近,解 $c = (c_i)_{i \geq 1}$ 的行为也有相应的结果被获得。为了更好地研究冻胶过程,我们必须变换凝结扩散方程的形式。令

$$g = g(t,x,z) = \sum_{i=1}^{\infty} i(1 - e^{-iz})c_i(t,x), \quad (x \in \Omega, t > 0, z > 0)$$

文献[51]中,定理 2.7 指出 g 满足方程

$$\frac{\partial g}{\partial t} - \Delta_x g = \frac{\partial g}{\partial z} \cdot g - G, \quad (z > 0) \tag{3.3.25}$$

上式在广义函数的意义下是成立的,其中 G 由式(3.3.24)所定义,Δ_x 表示关于变量

x 的 Laplace 算子，并且对于 $t > 0$ 和几乎每一 $x \in \Omega$ 都有 $g(t,x,0) = 0$。当初值具有空间齐性的特点时（例如当扩散项可以忽略时），我们可以得到如式(3.3.22)所表示的具体解，这时我们看到在 $z = 0$ 和 $t = t_g$ 时异常现象出现了，即在同样的时刻解的二阶矩发生了爆炸（见式(3.3.23)）。

文献[51]指出，对于带有扩散项的纯凝结模型，我们也可以利用渐近展开级数的方法来进行讨论。通过对式(3.3.25)的一个恰当的分析来研究 $\dfrac{\partial g}{\partial z}$ 的爆炸点，一旦在这一点上有突破，我们就能够通过对 $\dfrac{\partial g}{\partial z}$ 的爆炸点的研究来获得大小为 k，质量中心在点 x 处的粒子的分布情况，进一步就可以讨论冻胶是否会发生。特别地，我们得到了

$$c_k(t,x) \sim \frac{a}{k^{5/2}}, \quad \text{当} 1 \ll k \ll \frac{\|\ln|x|\|^2}{|x|^4}$$

这里 $a = a(t,x) > 0$，$t \geq t_g$。

注意这里出现了一个空间断开点，超过了这一断开点，粒子的分布信息无法获得。有趣的是：式(3.3.22)给出的齐性公式解恰恰满足估计

$$c_k(t) \sim \frac{a}{k^{5/2}}, \quad \text{当} k \gg 1 \text{且} t \geq t_g \text{时}$$

3.4　小　　结

本章的主要目的是回顾已经取得的成果，在叙述现有成果之前，我们首先对这一模型的物理背景进行了一些必要的介绍，随后引进了在后面将要使用的函数集合和刻画所要研究问题的数学形式,最后对凝结-爆炸方程的研究方法进行了一个简短的介绍。在凝结-爆炸模型研究领域，学者们目前的主要工作集中在对带有扩散项的离散的凝结-爆炸方程的数学分析，尤其在凝结-爆炸模型解的适定性方面开展了大量的研究，包括解的定性性质，诸如渐近行为，冻胶是否发生等方面。当然也研究了带有空间齐性的离散的和连续的凝结-爆炸方程。总的来说，本章分为两部分：第一部分介绍带有空间齐性的离散的凝结-爆炸方程，第二部分是本章的核心内容，主要分析带有扩散项的离散的凝结-爆炸方程，获得的主要结果包括：解的存在性(第3.3.1 节)，渐近行为(第3.3.2 节)和冻胶的产生(第3.3.3 节)。

第 4 章　战争系统随机模型研究

4.1　引　　言

　　无论是在自然界还是在现实生活中，事物的发展变化都有一定的规律性，通过对某一事物的规律的研究，我们可以建立确定性的模型来描述这一事物的性质，如第 2 章和第 3 章讨论过的微分方程模型。然而人们逐渐认识到，世界本质上是随机的，几乎处处充满着不确定性，因此现实世界的现象的任何实际模型，必须考虑到随机性的可能[64]。例如在一些服务系统中(病人候诊、电话通信、购物排队、水库调度、存货控制)等，都是具有不确定的因素，而在通信、雷达探测、地震探测的传递和接收信号中，也常常会受到随机噪声的干扰，由于确定性的因素一般都是影响事物发展的主要原因，因此我们在建模的过程中往往忽略随机因素，只关注确定性的因素。用确定性模型分析随机性的对象，得到的结果会产生细小的偏差，可能在短时间内不会出现异常，但长期使用确定模型分析事物，偏差最终会积累成错误。就是说，通常我们所关注的量并不是事先可确定的，这种量所展示的内在变化必须考虑在模型之中。通常使用模型实质上是具有随机性的，为此，我们在研究某一现象的本质时，不仅要考虑它的确定性因素，同时也要考虑它的随机性因素。而在研究一些事物的随机性时，人们更愿意相信事物的变化率是随机的，比方说股票价格的波动。这也是研究随机微分方程模型的意义所在。

　　早在第一次世界大战期间，兰切斯特(F.W.Lanchester)就提出了几个预测战争结局的数学模型[65-70]，但是这些模型只考虑了确定性的影响因素：双方战斗人数的多少和战斗力的强弱。由于战争中有很多不确定因素，因此仅靠战场上的战斗人数和战斗力优劣来预测战争的局势不够全面,但是在科学研究和解决实际问题的探讨中，我们仍然能够借鉴这种思路和方法。

　　在实际交战过程中，存在着许多人们难以掌控的不确定性因素，如交战双方的地理位置的不确定性，自然气候的不确定性，政治因素、心理因素的不确定性，正是由于这些不确定性因素的影响，导致了交战过程中战斗力的随机性。因此，经典的战争微分方程模型对双方战斗人数的预测和战争胜负的估计是不能解释"瞬息万变""反败为胜"的。为了完善描述战争双方战斗力的变化过程，我们引入随机微分方程模型来分析战争结局。

随机微积分与随机微分(积分)方程来源于马尔科夫链的构造,后者起源于柯尔莫哥洛夫(Kolmogorov)的分析方法与费勒(Feller)的半群方法。随机微分方程是一个边缘性学科,它与许多学科有着密切的关联。1902 年,吉布斯(Gibbs),玻尔磁曼(Boltzman)等学者用统计力学对积分问题做的研究中,最早提出了随机微分方程问题[71],他们研究的起始状态就是随机的,随后法国学者兰格文(Langevin)在研究布朗运动的过程中得出了如下的 Langevin 微分方程

$$m\frac{\mathrm{d}v}{\mathrm{d}t} = -\rho v + u(t)$$

其中 v 为液体微粒在某一方向的运动速度,$-\rho$ 表示介质对微粒的作用,$u(t)$ 是介质中分子的运动对微粒的碰撞而产生的随机作用力。1900 年,贝奇里尔(Bachelier)[72]就使用布朗运动的随机过程来分析巴黎证券交易所的股票价格的变化,爱因斯坦(Einstein)在 1906 年研究布朗运动的相关工作中给出了关于布朗运动随机过程的一个数学等式。直到 1923 年,维纳(Wiener)[73]本人就布朗运动给出了一系列的严格研究成果,这也是将布朗运动称之为 Wiener 过程的原因所在。由于 Wiener 过程是不确定性的随机过程,日本学者伊藤清(Itô)在 1944 年定义了与之相应的随机系统里不同于通常微分理论中黎曼积分的伊藤清积分,从此才有了更为理想的描述各种自然物理现象的微分方程即随机微分方程,直到 1951 年伊藤清的著作《随机微分方程》(Stochastic Differential Equation)问世,提出了伊藤型的随机微分方程模型[74-77]

$$\mathrm{d}x(t) = b(x(t),t)\mathrm{d}t + \sigma(x(t),t)\mathrm{d}B(t), \quad x(t_0) = x_0$$

这就是 Itô 过程,此处 $B(t)$ 为布朗运动的随机干扰作用。1973 年费希尔(Fischer)和迈伦·肖尔斯(Myron Scholes)利用随机分析和均衡理论建立了著名的布莱克-肖尔斯(Black-Scholes)期权定价模型,它是数学模型在金融中的伟大应用。1993 年,姜树海建立了水库调洪演算的随机数学模型[78-80]。2007 年,米肯斯(Mickens)建立了一个人口随机模型[81,82]

$$\frac{\mathrm{d}N}{\mathrm{d}t} = a(t)N(t), \quad N(0) = N_0$$

这里 N_0 是常数,$N(t)$ 是 t 时刻的人数,$a(t)$ 是 t 时刻的相对人口数增长率。在某些随机的因素干扰下,$a(t)$ 可能并不是完全确定的。因此,

$$a(t) = r(t) + \sigma(t)\frac{\mathrm{d}B(t)}{\mathrm{d}t}$$

其中 $r(t)$ 为确定函数,$\frac{\mathrm{d}B(t)}{\mathrm{d}t}$ 为"噪声"。

近年来,随机微分方程的理论得到了迅速发展,并积累了非常丰富的成果,现

在随机微分方程模型已经广泛地应用于生物学、物理学、机械、控制论、信号处理、生态学等各个方面，特别是随着金融市场的不断发展，随机微分方程在金融经济学中的应用也越来越广泛，如短期利率模型，就是随机微分方程模型[83-88]。

本章在 F.W.Lanchester 提出的几个预测战争结局的数学模型的基础上，主要研究战争过程的随机影响因素对战争胜负所产生的作用的相关问题，分析战争过程中随机因素，以便更清晰全面地运用数学模型来刻画战争过程的本质。本章结合了战争中的确定条件和不确定条件，建立了三个战争系统的随机数学模型，并给出了随机项的意义。

具体来讲，本章的研究内容分以下几部分。第 4.1 节论述应用随机微分方程建立模型的意义，并介绍了随机模型的发展状况。第 4.2 节简要地介绍随机过程中几个常用的基本概念和若干引理。第 4.3 节通过分析战争过程的随机作用因素，假设战争具有马尔可夫性，从而在经典战争模型的基础上建立了正规战的随机微分方程模型(此模型为线性的)，游击战的随机微分方程模型，混合战的随机微分方程模型，后两个模型都是非线性的。在本章中随机作用项刻画了战斗中士兵的心理因素。第4.4 节对建立的模型进行分析。对于正规战争模型，由于此模型是线性模型，因此可求解该模型并得到解的表达式。根据 Itô 微积分公式，导出了这个随机微分方程的 Itô 解，得出了双方胜负的判别条件。游击战争模型是非线性模型，故采用定性分析的方法来确定双方胜负的判别条件。混合战争模型采用的是随机微分方程解的比较定理的方法，得到了双方的胜负判别条件。第 4.5 节对建立的三种战争模型进行数值模拟计算，以验证第 4.4 节中得出的结论。并以硫磺岛战役作为正规战争的实际例子，分别用传统微分方程模型和本章建立的随机微分方程模型模拟计算了硫磺岛战役的过程，经过对比发现使用随机微分方程模型模拟硫磺岛战役过程更为精确。

4.2　概念与引理

本节将介绍随机过程中几个广泛应用的引理，这些引理将用于战争系统非线性动力学模型的建立与分析以及数值模拟计算。其中随机过程的基本概念、马尔可夫过程和维纳过程用于第4.3 节非线性动力学模型的建立。重对数律、Itô 引理和随机微分方程的比较定理将在第4.4 节模型的分析中用到。Euler 法将用于第4.5 节的数值模拟计算中。

定义 4.2.1　设 $(\Omega, \mathfrak{R}, P)$ 是概率空间，T 是已给定的参数集合，如果对于每个 $t \in T$，都有一个随机变量 $X(t,e)$ 与之对应（其中 $e \in \Omega$），则称随机变量族 $\{X(t,e), t \in T\}$ 是 $(\Omega, \mathfrak{R}, P)$ 上的随机过程,简记为随机过程 $\{X(t), t \in T\}$。T 称为参数集，一般表示为时间。

从数学的角度来说，随机过程 $\{X(t,e), t \in T\}$ 是定义在 $T \times \Omega$ 上的二元函数。对于

固定的 t, $X(t,e)$ 则是概率空间 $(\Omega, \mathfrak{R}, P)$ 上的随机变量, 对于固定的 e, $X(t,e)$ 是定义在 T 上的普通函数, 称为随机过程 $\{X(t,e), t \in T\}$ 的一个样本函数或轨道。

定义 4.2.2　如果随机过程 $\{X(t), t \in T\}$ 对任意正整数 n 及 $t_1 < t_2 < \cdots < t_n$, $P(X(t_1) = x_1, X(t_2) = x_2, \cdots, X(t_{n-1}) = x_{n-1}) > 0$, 其条件分布满足

$$P\{X(t_n) \leqslant x_n \mid X(t_1) = x_1, X(t_2) = x_2, \cdots, X(t_{n-1}) = x_{n-1}\}$$
$$= P\{X(t_n) \leqslant x_n \mid X(t_{n-1}) = x_{n-1}\}$$

则称 $\{X(t), t \in T\}$ 为马尔可夫过程。上式称为随机过程 $\{x(t), t \in T\}$ 的马尔可夫性(或无后效性), 其中 P 表示概率。

马尔可夫过程[64,89-93]是具有无后效性的随机过程。所谓"无后效性"是指: 当过程在时刻 t_m 所处的状态为已知时, 过程在大于 t_m 时刻所处状态的概率特性只与过程在 t_m 时刻所处的状态有关, 而与过程在 t_m 时刻以前的状态无关。

在马尔可夫随机过程的研究中, 有一种特殊的马尔可夫过程, 它被称为基本维纳过程[94-96], 它是一个高斯(Gauss)过程, 且具有独立增量。

定义 4.2.3　设 $\{X(t), t \geqslant 0\}$ 是随机过程, 如果对任意正整数 n 和 $t_1 < t_2 < \cdots < t_n \in T$, 随机变量 $X(t_2) - X(t_1), X(t_3) - X(t_2), \cdots, X(t_n) - X(t_{n-1})$ 是相互独立的, 则称 $\{X(t), t \in T\}$ 为独立增量过程, 又称为可加过程。

定义 4.2.4　一个随机过程 $\{X(t), t \geqslant 0\}$ 称为平稳过程, 如果对于一切 $n, s, t_1, t_2, \cdots, t_n$, 随机变量 $X(t_1), X(t_2), \cdots, X(t_n)$ 和 $X(t_1 + s), X(t_2 + s), \cdots, X(t_n + s)$ 有相同的联合分布。也就是说, 如果选取任意固定点 s 作为原点, 过程都具有相同的概率规律, 则称这个随机过程是平稳的。

在定义维纳过程前, 我们先对随机游动进行讨论, 在对称的随机游动中每个单位时间都是等可能的向右或向左走一个单位步长。即这是一个具有转移概率为 $P_{i,i+1} = \dfrac{1}{2} = P_{i,i-1}, (i = 0, \pm 1, \cdots)$ 的马尔可夫链。假设现在通过取越来越小的步长来加快这个随机过程, 那么我们以正确的方式趋近于极限, 就可以得到维纳过程。

假定每个 Δt 时间单位都是以相同的概率向右或向左移动一步大小为 Δx, 并以 $X(t)$ 表示在时刻 t 的位置, 则

$$X(t) = \Delta t(X_1 + \cdots + X_{[t/\Delta t]}) \tag{4.2.1}$$

其中, 如果步长 Δx 的第 i 步是向左移动的, 则 $X_i = -1$, 如果步长 Δx 的第 i 步是向右移动的, 则 $X_i = 1$。$[t/\Delta t]$ 是等于或者小于 $t/\Delta t$ 的最大正整数, 并假设 X_i 是独立的, 且 $P\{X_i = 1\} = P\{X_i = -1\} = \dfrac{1}{2}$。

由于 X_i 的期望为 0, 方差为 1, 根据式(4.2.1)可得

$$\mathrm{E}[X(t)] = 0, \quad \mathrm{Var}(X(t)) = (\Delta x)^2 \left[\frac{t}{\Delta t}\right] \tag{4.2.2}$$

令 Δx 与 Δt 趋近于 0。但是，我们必须让极限过程得出的结果是非平凡的。例如，假设令 $\Delta x = \Delta t$，且 $\Delta t \to 0$，则由上面的式 (4.2.2) 可看到，$X(t)$ 的期望与方差将都趋近于 0，故 $X(t)$ 将以概率 1 等于 0。如果有任意的一个正常数 σ，并且令 $\Delta x = \sigma \sqrt{\Delta t}$，那么根据式 (4.2.2) 可知，当 Δt 趋近 0 时，则有

$$E[X(t)] = 0, \quad \mathrm{Var}(X(t)) \to \sigma^2 t$$

当我们取 $\Delta x = \sigma \sqrt{\Delta t}$ 时，并令 $\Delta t \to 0$，根据式 (4.2.1) 及中心极限定理可知以下条件是合理的：

(1) $X(t)$ 是期望为 0，方差为 $\sigma^2 t$ 的正态随机过程，并且，随机游动在不重叠的时间区间的变化值是独立的。

(2) $\{X(t), t \geq 0\}$ 是定义 4.2.3 中的独立增量过程。

(3) $\{X(t), t \geq 0\}$ 是定义 4.2.4 中的平稳过程。

依据上述讨论，现在我们可以正式地定义维纳过程了。

定义 4.2.5　随机过程 $\{W(t), t \geq 0\}$ 称为维纳过程，有时也称为布朗运动过程，如果

(1) $W(0) = 0$；

(2) $\{W(t), t \geq 0\}$ 有平稳独立增量；

(3) 对于任意的 $t > 0, W(t)$ 是均值为 0，方差为 $\delta^2 t$ 的正态随机变量。

引理 4.2.1（重对数律）　$W(t)$ 是一个维纳过程，满足

$$\limsup_{t \to \infty} \frac{W(t)}{\sqrt{2t \ln \ln t}} = 1, \mathrm{a.s.}$$

其中 a.s. 表示几乎必然。

以日本数学家基尤克·伊藤清 (Kiyoshi Itô) 命名的 Itô 微积分，提出了解决随机过程（如维纳过程）的微积分方法。该理论的核心技术是引入了 Itô 微积分的概念。

Itô 微分公式由下面的规则来计算

$$\mathrm{d}t \cdot \mathrm{d}t = \mathrm{d}t \cdot \mathrm{d}W(t) = \mathrm{d}W(t) \cdot \mathrm{d}t = 0, \quad \mathrm{d}W(t) \cdot \mathrm{d}W(t) = \mathrm{d}t$$

设 $f(\cdot, \cdot), g(\cdot, \cdot)$ 是二元连续函数，$W(t)$ 是一维维纳过程，一个（一维的）Itô 过程（或随机积分）是一个具有如下形式的随机过程 $X(t)$

$$X(t) = X(0) + \int_0^t f(s, X(s)) \mathrm{d}s + \int_0^t g(s, X(s)) \mathrm{d}W(s) \tag{4.2.3}$$

或者写成微分形式

$$\mathrm{d}X(t) = f(t, X(t)) \mathrm{d}t + g(t, X(t)) \mathrm{d}W(t) \tag{4.2.4}$$

引理 4.2.2（Itô 引理或公式）　设 $X(t)$ 是一个 Itô 过程，$F(t, x) \in C^2([0, +\infty) \times \mathbf{R})$（即 F 是 $[0, \infty) \times \mathbf{R}$ 上的二阶连续可微的函数），那么 $V(t) = F(t, X(t))$ 也是一个 Itô 过程，且满足

$$dV(t) = \frac{\partial F}{\partial t}(t, X(t))dt + \frac{\partial F}{\partial x}(t, X(t))dX(t) + \frac{1}{2}\frac{\partial^2 F}{\partial x^2}(t, X(t)) \cdot (dX(t))^2$$

这里 $(dX(t))^2 = dX(t) \cdot dX(t)$。

Itô 随机积分是黎曼-斯蒂阶(Riemann-Stieltjes)积分的推广，用以解决随机过程的积分及不可微函数的积分(如维纳过程)。类似 Riemann-Stieltjes 积分的定义，Itô 积分在概率意义上被定义为黎曼(Riemann)和的极限，而样本路径的 Riemann 和极限未必存在。$H(t)$ 是左连续的(适应的)局部有界过程。令 $\Delta > 0, N = t / \Delta$，且 $t_i = i\Delta, 0 \leqslant i \leqslant N$，则到时间 t，H 关于 $W(t)$ 的 Itô 积分是一个随机变量

$$\int_0^t H(s)dW(s) = \lim_{\Delta \to 0} \sum_{i=1}^N H(t_{i-1})(W(t_i) - W(t_{i-1}))$$

可以证明该极限依概率收敛。

下面给一个例子以便更好地理解 Itô 公式。

例 4.1.1　使用 Itô 公式求解积分

$$\int_0^t W(s)dW(s)$$

令 $X(t) = W(t)$、$F(t,x) = \frac{1}{2}x^2$，那么 $V(t) = F(t, X(t)) = \frac{1}{2}W^2(t)$，则由 Itô 公式可得

$$dV(t) = \frac{\partial F}{\partial t}dt + \frac{\partial F}{\partial x}dW(t) + \frac{1}{2}\frac{\partial^2 F}{\partial x^2}(dW(t))^2$$

$$= W(t)dW(t) + \frac{1}{2}(dW(t))^2$$

$$= W(t)dW(t) + \frac{1}{2}dt$$

因此

$$d\left(\frac{1}{2}W^2(t)\right) = W(t)dW(t) + \frac{1}{2}dt$$

由上式可得

$$\int_0^t W(s)dW(s) = \frac{1}{2}W^2(t) - \frac{1}{2}t$$

从上述例子可知，运用 Itô 公式来求解带有 $W(t)$ 随机项的微积分时，计算将更简单。

引理 4.2.3[77]　随机积分具有性质

$$E\left[\int_0^t H(s)dW(s)\right] = 0$$

$$\mathrm{E}\left[\int_0^t H(s)\mathrm{d}W(s)\right]^2 = \int_0^t H^2(s)\mathrm{d}t$$

其中 E 表示期望。

引理 4.2.4[97-103]　　设方程 (4.2.4) 中 $f_i(t,X(t))(i=1,2)$ 为二元连续函数，且 $f_1(t,X(t)) \leqslant f_2(t,X(t))$, $g(t,X(t))$ 满足条件

$$|g(t,X_1(t)) - g(t,X_2(t))|^2 \leqslant \rho(|X_1(t) - X_2(t)|), \quad 且 \forall t \geqslant 0, \quad X_1(t),X_2(t) \in \mathrm{R}$$

这里函数 $\rho:[0,+\infty) \to [0,+\infty)$，且 $\int_{+0} \rho^{-1}(u)\mathrm{d}u = +\infty$，又设 $X^{(i)}(t)(i=1,2)$ 是随机微分方程在同一个概率空间上对同一个维纳过程的解，而且 $X^{(1)}(0) \leqslant X^{(2)}(0)$，a.s.，则 $X^{(1)}(t) \leqslant X^{(2)}(t)$，a.s.。

引理 4.2.5　他那卡-梅耶 (Tanaka-Meyer) 公式

$$\begin{cases} (X(t)-a)^+ = (X(0)-a)^+ + \int_0^t I_{(a,+\infty)}(X(s))\mathrm{d}X(s) + \dfrac{1}{2}L_t^a \\ (X(t)-a)^- = (X(0)-a)^- + \int_0^t I_{(-\infty,a)}(X(s))\mathrm{d}X(s) + \dfrac{1}{2}L_t^a \\ |X(t)-a| = |X(0)-a| + \int_0^t \mathrm{sgn}(X(s)-a)\mathrm{d}X(s) + L_t^a \end{cases}$$

其中 φ^+ 表示数 φ 的正部，I_A 为集 A 的示性函数，sgn 为符号函数，a 为任意常数，L_t^a 为关于 t 连续关于 a 右连续左极限的修正。

考虑方程 (4.2.4) 的数值计算[104-106]，首先对时间区间 $[t_0,T]$ 进行离散化

$$t_0 = \tau_0 < \tau_1 < \tau_2 \cdots < \tau_n < \cdots < \tau_M = T$$

采用类似于微分方程数值计算的欧拉 (Euler) 法 (参见第 1 章第 1.2.3.3 节)，构造方程 (4.2.4) 的连续解过程

$$X = \{X(t), t_0 \leqslant t \leqslant T\}$$

方程 (4.2.4) 的数值解的 Euler 法迭代公式

$$X(\tau_{n+1}) = X(\tau_n) + f(\tau_n, X(\tau_n))(\tau_{n+1} - \tau_n) + g(\tau_n, X(\tau_n))(W(\tau_{n+1}) - W(\tau_n)) \quad (4.2.5)$$

如果方程 (4.2.4) 的扩散项系数 $g(t,X(t))$ 恒为零，则方程 (4.2.4) 退化为一般的常微分方程，式 (4.2.5) 就是常微分方程的 Euler 法 (参见第 1 章 1.2.3.3 节)。对于式 (4.2.5)，有如下性质：

(i) 对于一个最大步长为 φ 的离散逼近序列 X^φ，它在 T 时刻强收敛于一个 Itô 过程 X，如果它满足

$$\lim_{\varphi \downarrow 0} \mathrm{E}(|X(T) - X^\varphi(T)|) = 0$$

(ii) 对于一个最大步长为 φ 的离散逼近序列 X^φ，它在 T 时刻以 γ (>0) 阶强收敛于一个 Itô 过程 X，如果存在一个不依赖于 φ 的正常数 C 及一个 φ_0 (>0)，使得下式成立

$$\mathrm{E}(\| X(T) - X^\varphi(T)\|) \leqslant C\varphi^\gamma, \quad \forall \varphi \in (0, \varphi_0)$$

引理 4.2.6 如果方程 (4.2.4) 中的系数函数 $f(t, X(t))$ 和 $g(t, X(t))$ 满足 Lipschitz 条件和线性增长条件，则迭代公式 (4.2.5) 为 $\gamma = 0.5$ 阶强收敛[107-110]。

4.3 动力学演化模型的建立

本节将分析战争过程中随机因素，并对战争过程做了适当的假设，如战争过程是具有马尔可夫性质的过程，再结合经典的战争模型建立了三种战争的随机微分方程模型。在模型的建立中我们用到了第 4.2 节的知识。

分别用 $x(t)$ 和 $y(t)$ 表示甲乙交战双方 t 时刻的战斗人数。文献[65]~[70]中经典的战争模型有如下假设：

(1) 每一方的战斗减员率取决于双方的战斗人数和战斗力，甲方乙方的战斗减员率分别用 $p(x, y)$ 和 $q(x, y)$ 表示；

(2) 甲乙双方的增员率是给定的函数，分别用 $u(t)$ 和 $v(t)$ 表示。

由此得出关于 $x(t), y(t)$ 的微分方程为

$$\begin{cases} \dot{x} = -p(x, y) + u(t) \\ \dot{y} = -q(x, y) + v(t) \end{cases}$$

4.3.1 战斗人数的随机特性分析

在实际战争中，由于政治因素、经济因素和心理因素的不确定性，导致了不同时刻战斗人员的随机变化。地理环境、自然气候的不确定性，也导致了不同时刻战斗减员率和非战斗减员率的随机变化。不确定的因素意味着不利状态发生的可能性是存在的，与之相对应，有利状态发生的可能性也是存在的。

战局的多变性，反映了战争胜负的难料性。比方说，心理因素就对战争的胜负有很大的影响。在战争中士兵的心理因素的不稳定可能会引起一些难以预料的结果。甲乙双方交战中，处于优势的一方士兵可能信心倍增，越战越勇，也可能轻视对方，懈怠作战。处于弱势的一方士兵可能有畏惧的心理，消极作战甚至逃跑，也可能带着不怕牺牲的决心去战斗，不同的心理因素、不同的策略可以导致不同结果。因此，心理因素会导致每个时段战争战斗人数的随机波动。假定在甲乙双方的交战中，长时段甲方一直是绝对优势，乙方仅能退防，人们一般会认为甲方最终会取得胜利。而实际中是可能发生逆转的，在国内外就有很多的例子可以证明这一点，例如，中

国历史上著名的楚汉之争。最初楚军有 40 万，而汉军不足 10 万，双方经过 5 年的战斗，楚军由强变弱，汉军由弱变强，最终汉军获胜。这说明战争中战斗人数的变化具有随机性，它是一个随机过程。因此，在对战争过程进行数学建模时，应当设置它的随机作用项。

4.3.2　正规战争的动力学演化模型

经典的正规战争模型

$$\begin{cases} \dfrac{\mathrm{d}x}{\mathrm{d}t} = -ay(t) + u(t) \\[2mm] \dfrac{\mathrm{d}y}{\mathrm{d}t} = -bx(t) + v(t) \end{cases} \tag{4.3.1}$$

其中 $a > 0$，是乙方每个士兵对甲方士兵的平均杀伤率；$b > 0$ 是甲方每个士兵对乙方士兵的平均杀伤率；$u(t)$ 和 $v(t)$ 表示增员率，意义同前。

在战争中，参战士兵往往不能纵观全局，只是根据当前的战局确定下一步的行动，因此战斗人数的当前值确定了下一时段人数的变化，或者说战斗人数当前值的变化由前一时段的人数确定，而受以往时段战斗人数的多寡影响不大。从数学上来说，战争局势变化的这种性质是马尔可夫过程所具有的性质。因此，我们假设：战斗人数的变化遵循马尔可夫过程。

设交战双方的随机因素相互独立，在交战过程中，记 x_i 表示第 i 天甲方的战斗人数，Δx_i 表示甲方日增量人数：$\Delta x_i = x_{i+1} - x_i$，且人数增量独立，因此根据以上战争过程的马尔可夫性假设，可用随机过程中的维纳过程来表示战争中的不确定性因素，可得出

$$\Delta x_i = \mu_i + \theta_1 x_i \cdot \varepsilon \sqrt{\Delta t}$$

其中 ε 是一个标准正态分布变量，μ_i 是变化量的均值，θ_1 表示为战场上甲方士兵的受到随机因素影响而产生非战斗减员的比例 $(\theta_1 \geq 0)$，$\theta_1 x_i \cdot \varepsilon \sqrt{\Delta t}$ 是引起波动的随机变化量。考虑时间的连续性，取时间步长为 Δt，可推得 $\mu_i = -ay_i \Delta t + u(t) \cdot \Delta t$，其中 a 是敌对方每个士兵对本方士兵的平均杀伤率，这样就有

$$\Delta x_i = -ay_i \Delta t + u(t) \cdot \Delta t + \theta_1 x_i \cdot \varepsilon \sqrt{\Delta t}$$

那么，在连续意义下可得

$$\mathrm{d}x = -ay\mathrm{d}t + u(t) \cdot \mathrm{d}t + \theta_1 x \cdot \mathrm{d}W_1(t), \ t \geq 0 \tag{4.3.2}$$

结合式 (4.3.1) 与式 (4.3.2) 可得随机微分方程模型

$$\begin{cases} \mathrm{d}x = [-ay(t) + u(t)]\mathrm{d}t + \theta_1 x(t)\mathrm{d}W_1(t) \\ \mathrm{d}y = [-bx(t) + v(t)]\mathrm{d}t + \theta_2 y(t)\mathrm{d}W_2(t) \end{cases} \tag{4.3.3}$$

其中，$W_1(t)$、$W_2(t)$ 都是一维的维纳过程，它们的方差都是 $\delta^2 t$，其中 $\delta = 1$（下面出现的维纳过程与此处相同，不再加以说明），而且

$$x(t) \geqslant 0, y(t) \geqslant 0, u(t) \geqslant 0, v(t) \geqslant 0, x(0) = x_0, y(0) = y_0, t \geqslant 0 \tag{4.3.4}$$

记 $S(t) = \begin{pmatrix} x(t) \\ y(t) \end{pmatrix}$，$A = \begin{pmatrix} 0 & -a \\ -b & 0 \end{pmatrix}$，$U(t) = \begin{pmatrix} u(t) \\ v(t) \end{pmatrix}$，$G_1 = \begin{pmatrix} \theta_1 & 0 \\ 0 & 0 \end{pmatrix}$，$G_2 = \begin{pmatrix} 0 & 0 \\ 0 & \theta_2 \end{pmatrix}$，$G = \begin{pmatrix} \theta_1 & 0 \\ 0 & \theta_2 \end{pmatrix}$，则式 (4.3.3) 可写为向量形式

$$\mathrm{d}S(t) = (AS(t) + U(t))\mathrm{d}t + G_1 S(t)\mathrm{d}W_1(t) + G_2 S(t)\mathrm{d}W_2(t) \tag{4.3.5}$$

当 $(u(t), v(t)) = (0,0)$ 时，式 (4.3.5) 可写为

$$\mathrm{d}S(t) = AS(t)\mathrm{d}t + G_1 S(t)\mathrm{d}W_1(t) + G_2 S(t)\mathrm{d}W_2(t) \tag{4.3.6}$$

4.3.3 游击战争的动力学演化模型

经典的游击战争模型

$$\begin{cases} \dot{x} = -cx(t)y(t) + u(t) \\ \dot{y} = -dx(t)y(t) + v(t) \end{cases} \tag{4.3.7}$$

这里 c 为乙方的战斗有效系数，d 为甲方的战斗有效系数，忽略非战斗减员因素并设 $u(t) = v(t) = 0$，则式 (4.3.7) 可简化为

$$\begin{cases} \dot{x} = -cx(t)y(t) \\ \dot{y} = -dx(t)y(t) \end{cases} \tag{4.3.8}$$

根据第 4.3.1 节中的战争过程的随机分析与 4.3.2 节中的假设及式 (4.3.2) 的建立，结合式 (4.3.7) 与式 (4.3.8) 可得游击战争的随机微分方程模型

$$\begin{cases} \mathrm{d}x = -cx(t)y(t)\mathrm{d}t + \theta_1 x(t)\mathrm{d}W_1(t) \\ \mathrm{d}y = -dx(t)y(t)\mathrm{d}t + \theta_2 y(t)\mathrm{d}W_2(t) \end{cases} \tag{4.3.9}$$

4.3.4 混合战争的动力学演化模型

经典的混合战争模型

$$\begin{cases} \dot{x} = -cx(t)y(t) + u(t) \\ \dot{y} = -bx(t) + v(t) \end{cases} \tag{4.3.10}$$

其中，x 表示甲方为游击战，y 表示乙方为正规战，c 表示乙方的战斗有效系数，b 表示甲方的战斗有效系数。忽略非战斗减员并设 $u(t) = v(t) = 0$，式 (4.3.10) 可简化为

$$\begin{cases} \dot{x} = -cx(t)y(t) \\ \dot{y} = -bx(t) \end{cases} \tag{4.3.11}$$

结合得到式(4.3.2)的分析过程与式(4.3.11)可得混合战争的随机微分方程模型

$$\begin{cases} dx(t) = -cx(t)y(t)dt + \theta_1 x(t)dW_1(t) \\ dy(t) = -bx(t)dt + \theta_2 y(t)dW_2(t) \\ x(t) \geqslant 0, y(t) \geqslant 0, t \geqslant 0 \end{cases} \qquad (4.3.12)$$

通过分析战争过程的随机性，在已有的战争模型的基础上建立了三类随机战争模型，尽管三个模型建立的方式相同，但模型的结构却完全不同，有的模型是线性模型，有的模型是非线性模型，模型的结构的差异表明在模型的分析上必须采用不同的方法来研究。

4.4　系统的演化势态分析

在这一节，我们讨论双方胜负的判定情况。由于正规战争的微分方程模型是线性的，因此我们可以直接求解，通过解析表达式来分析战争结局，在求解的过程中用到了常数变易法和矩阵变换等方法[111-113]，求解的积分公式将使用 Itô 积分，即引理 4.2.2；游击战争随机模型是非线性的，且模型的解析表达式难以求出，因此在分析模型讨论战争的胜负时，我们将采用定性的分析方法。在分析中用到引理 4.2.2、引理 4.2.3、引理 4.2.5；混合战争模型是正规战争随机模型与游击战争随机模型的结合，因此对于模型的分析，既不能使用求解析表达式的方法，也不能使用游击战争模型的分析方法。为了得到混合战争随机模型的判断胜负的结论，我们将使用随机微分方程的比较定理来分析模型，即引理 4.2.4。

4.4.1　正规战模型分析

线性随机微分方程模型(4.3.5)，可使用常数变异法，根据 Itô 公式，求出解析解，我们有如下结论。

定理 4.4.1　方程(4.3.5)的 Itô 解为

$$S(t) = \Phi(t)\left\{ S(0) + \int_0^t \Phi^{-1}(s)U ds \right\}$$

其中 $\Phi(t) = \exp\left[\left(A - \dfrac{1}{2}G^2 \right)t + G_1 \cdot W_1(t) + G_2 \cdot W_2(t) \right]$。

证明　先求出方程(4.3.6)的解。设

$$P(t) = \exp\left[\left(-A + \frac{1}{2}G^2 \right)t - G_1 W_1(t) - G_2 W_2(t) \right]$$

应用引理 4.2.2(Itô 公式)，得

$$dP(t) = \operatorname{dexp}\left[\left(-A + \frac{1}{2}G^2\right)t - G_1W_1(t) - G_2W_2(t)\right]$$

$$= P(t) \cdot \left[-A + \frac{1}{2}G^2\right]dt - P(t)\left(G_1W_1(t) + G_2W_2(t)\right) + \frac{1}{2}P(t)G^2dt \tag{4.4.1}$$

和

$$d[P(t) \cdot S(t)] = dP(t) \cdot S(t) + P(t) \cdot dS(t) + dP(t) \cdot dS(t) \tag{4.4.2}$$

结合式 (4.3.6)、式 (4.4.1) 和式 (4.4.2)，解得

$$d[P(t) \cdot S(t)] = 0$$

将上式再积分，得 $P(t) \cdot S(t) = C$，即

$$\left\{\exp\left[\left(-A + \frac{1}{2}G^2\right)t - G_1W_1(t) - G_2W_2(t)\right]\right\} \cdot S(t) = C$$

其中 C 为任意的二维常向量。所以

$$S(t) = \left\{\exp\left[\left(A - \frac{1}{2}G^2\right)t + G_1W_1(t) + G_2W_2(t)\right]\right\} \cdot C$$

$$= \Phi(t) \cdot C$$

显然 $\Phi(t)$ 为方程 (4.3.6) 的解矩阵。设方程 (4.3.5) 的解是

$$S(t) = \Phi(t)C(t) \tag{4.4.3}$$

又设 $dC = Fdt$，于是有

$$d[S(t)] = d[\Phi(t)C] = (d\Phi(t)) \cdot C + \Phi(t) \cdot (dC) + (d\Phi(t)) \cdot (dC)$$

$$= A\Phi(t)C \cdot dt + G\Phi(t)C \cdot dW + \Phi(t)F \cdot dt$$

代入方程 (4.3.5) 得

$$(AS(t) + U(t))dt + GS(t)dW(t) = AS(t)dt + GS(t)dW(t) + \Phi(t)F \cdot dt$$

化简得 $\Phi(t)F = U(t)$，因此 $F = \Phi^{-1}(t)U(t)$，积分得

$$C(t) = S(0) + \int_0^t \Phi^{-1}(s)U(s)ds$$

上式代入式 (4.4.3)，得到方程 (4.3.5) 的解为

$$S(t) = \Phi(t)\left\{S(0) + \int_0^t \Phi^{-1}(s)U(s)ds\right\}$$

证毕。

定理 4.4.2 在方程 (4.3.6) 中，$E[S(t)] = \begin{pmatrix} E[x(t)] \\ E[y(t)] \end{pmatrix} = \exp(At) \cdot E[S(0)]$。

证明　方程(4.3.6)的两边同乘以 $\exp(-At)$ 得

$$\exp(-At)\mathrm{d}S(t) = \exp(-At)[AS(t)\mathrm{d}t + G_1S(t)\mathrm{d}W_1(t) + G_2S(t)\mathrm{d}W_2(t)] \qquad (4.4.4)$$

利用引理 4.2.2(Itô 引理)，直接计算得

$$\mathrm{d}[\exp(-At)S(t)] = \exp(-At)\mathrm{d}S(t) - \exp(-At)AS(t)\mathrm{d}t$$

代入式(4.4.4)得

$$\exp(-At)S(t) - S(0) = \int_0^t \exp(-As)G_1S(s)\mathrm{d}W_1(s) + \int_0^t \exp(-As)G_2S(s)\mathrm{d}W_2(s) \qquad (4.4.5)$$

又由引理 4.2.3，有

$$\mathrm{E}\left[\int_0^t \exp(-As)G_1S(s)\mathrm{d}W_1(s)\right] = 0, \quad \mathrm{E}\left[\int_0^t \exp(-As)G_2S(s)\mathrm{d}W_2(s)\right] = 0$$

因此对 (4.4.5)式两边取期望，得

$$\exp(-At)\mathrm{E}[S(t)] = \mathrm{E}[S(0)]$$

即

$$\mathrm{E}[S(t)] = \exp(At)\mathrm{E}[S(0)]$$

证毕。

由定理 4.4.2 可知，

$$\mathrm{E}\big[x(t)\big] = \frac{1}{2\sqrt{b}}\Big[\big(\sqrt{b}\mathrm{E}(x(0)) + \sqrt{a}\mathrm{E}(y(0))\big)\mathrm{e}^{-\sqrt{ab}t} + \big(\sqrt{b}\mathrm{E}(x(0)) - \sqrt{a}\mathrm{E}(y(0))\big)\mathrm{e}^{\sqrt{ab}t}\Big]$$

$$\mathrm{E}\big[y(t)\big] = \frac{1}{2\sqrt{a}}\Big[\big(\sqrt{b}\mathrm{E}(x(0)) + \sqrt{a}\mathrm{E}(y(0))\big)\mathrm{e}^{-\sqrt{ab}t} + \big(\sqrt{a}\mathrm{E}(y(0)) - \sqrt{b}\mathrm{E}(x(0))\big)\mathrm{e}^{\sqrt{ab}t}\Big]$$

由上式可知，随机过程 $x(t)$、$y(t)$ 在 t 时刻的均值由交战双方初值的均值和平均杀伤率确定的。而且当 $\sqrt{b}\mathrm{E}(x(0)) - \sqrt{a}\mathrm{E}(y(0)) > 0$ 和 $t \to +\infty$ 时，有

$$\mathrm{E}[x(t)] \to +\infty$$

习惯上判断甲方胜；当 $\sqrt{a}\mathrm{E}(y(0)) - \sqrt{b}\mathrm{E}(x(0)) > 0$ 和 $t \to +\infty$ 时，有

$$\mathrm{E}[y(t)] \to +\infty$$

习惯上判断乙方胜。这种判断往往是不准确的，因为这没有考虑到战争过程中的随机因素。

定理 4.4.3　在方程(4.3.6)中，如果 $4ab > \theta_1^2\theta_2^2$，则

(i) 若 $\dfrac{\sqrt{(\theta_1^2 - \theta_2^2)^2 + 16ab} - \theta_1^2 + \theta_2^2}{4a} > \dfrac{y_0}{x_0}$，则甲方胜，a.s.；

(ii) 若 $\dfrac{\sqrt{(\theta_1^2 - \theta_2^2)^2 + 16ab} - \theta_1^2 + \theta_2^2}{4a} = \dfrac{y_0}{x_0}$，则双方胜、负的概率均等，a.s.；

(iii) 若 $\dfrac{\sqrt{(\theta_1^2-\theta_2^2)^2+16ab}-\theta_1^2+\theta_2^2}{4a}<\dfrac{y_0}{x_0}$，则甲方输，a.s.。

证明 由定理 4.4.1 及其证明可知，方程 (4.3.6) 的 Itô 解为

$$S(t)=\exp\left[\left(A-\frac{1}{2}G^2+\frac{G_1W_1(t)+G_2W_2(t)}{t}\right)t\right]\cdot S(0)$$

矩阵 $\left(A-\dfrac{1}{2}G^2+\dfrac{G_1W_1(t)}{t}+\dfrac{G_2W_2(t)}{t}\right)$ 的特征根为 λ_1，λ_2，计算得

$$\lambda_1=\frac{\dfrac{2\theta_1W_1(t)+2\theta_2W_2(t)}{t}-\sqrt{\left(\dfrac{2\theta_1W_1(t)-2\theta_2W_2(t)}{t}-\theta_1^2+\theta_2^2\right)^2+16ab}-\theta_1^2-\theta_2^2}{4}$$

$$\lambda_2=\frac{\dfrac{2\theta_1W_1(t)+2\theta_2W_2(t)}{t}+\sqrt{\left(\dfrac{2\theta_1W_1(t)-2\theta_2W_2(t)}{t}-\theta_1^2+\theta_2^2\right)^2+16ab}-\theta_1^2-\theta_2^2}{4}$$

因此可计算出甲乙双方的战斗人数变化规律为

$$x(t)=\frac{\left(\lambda_2+\dfrac{\theta_1^2}{2}-\dfrac{\theta_1W_1(t)}{t}\right)x_0+ay_0}{\lambda_2-\lambda_1}e^{\lambda_1 t}-\frac{\left(\lambda_1+\dfrac{\theta_1^2}{2}-\dfrac{\theta_1W_1(t)}{t}\right)x_0+ay_0}{\lambda_2-\lambda_1}e^{\lambda_2 t}$$

$$y(t)=\frac{bx_0+\left(\lambda_2+\dfrac{\theta_2^2}{2}-\dfrac{\theta_2W_2(t)}{t}\right)y_0}{\lambda_2-\lambda_1}e^{\lambda_1 t}-\frac{bx_0+\left(\lambda_1+\dfrac{\theta_2^2}{2}-\dfrac{\theta_2W_2(t)}{t}\right)y_0}{\lambda_2-\lambda_1}e^{\lambda_2 t}$$

$$(4.4.6)$$

下面来计算 $x(t),y(t)$ 的极限。根据引理 4.2.1 (重对数律)，得

$$\lim_{t\to\infty}\frac{\theta_1W_1(t)}{t}=0，\text{a.s.}，\qquad \lim_{t\to\infty}\frac{\theta_2W_2(t)}{t}=0，\text{a.s.}$$

因此

$$\lim_{t\to+\infty}\lambda_1=\lim_{t\to+\infty}\frac{\dfrac{2\theta_1W_1(t)+2\theta_2W_2(t)}{t}-\sqrt{\left(\dfrac{2\theta_1W_1(t)-2\theta_2W_2(t)}{t}-\theta_1^2+\theta_2^2\right)^2+16ab}-\theta_1^2-\theta_2^2}{4}$$

$$=\frac{-\sqrt{(\theta_1^2-\theta_2^2)^2+16ab}-\theta_1^2-\theta_2^2}{4}=\frac{-L-\theta_1^2-\theta_2^2}{4}，\text{a.s.}$$

其中 $L=\sqrt{(\theta_1^2-\theta_2^2)^2+16ab}$。进一步可得

$$\lim_{t\to+\infty}e^{\lambda_1 t}=0，\quad \text{a.s.} \qquad (4.4.7)$$

注意到定理 4.4.3 的假设条件：$4ab > \theta_1^2\theta_2^2$，故类似地，有

$$\lim_{t\to+\infty}\lambda_2 = \frac{L-\theta_1^2-\theta_2^2}{4} > 0, \quad \text{a.s.}, \quad \lim_{t\to+\infty}e^{\lambda_2 t} = +\infty, \quad \text{a.s.} \tag{4.4.8}$$

和

$$\lim_{t\to+\infty}\frac{\left(\lambda_2+\dfrac{\theta_1^2}{2}-\dfrac{\theta_1 W_1(t)}{t}\right)x_0 + ay_0}{\lambda_2-\lambda_1} = \frac{(\theta_1^2-\theta_2^2+L)x_0+4ay_0}{2L}, \quad \text{a.s.} \tag{4.4.9}$$

$$\lim_{t\to+\infty}\frac{\left(\lambda_1+\dfrac{\theta_1^2}{2}-\dfrac{\theta_1 W_1(t)}{t}\right)x_0 + ay_0}{\lambda_2-\lambda_1} = \frac{(\theta_1^2-\theta_2^2-L)x_0+4ay_0}{2L}, \quad \text{a.s.} \tag{4.4.10}$$

$$\lim_{t\to+\infty}\frac{\left(\lambda_2+\dfrac{\theta_2^2}{2}-\dfrac{\theta_2 W_2(t)}{t}\right)y_0 + bx_0}{\lambda_2-\lambda_1} = \frac{(\theta_2^2-\theta_1^2+L)y_0+4bx_0}{2L}, \quad \text{a.s.} \tag{4.4.11}$$

$$\lim_{t\to+\infty}\frac{\left(\lambda_1+\dfrac{\theta_2^2}{2}-\dfrac{\theta_2 W_2(t)}{t}\right)y_0 + bx_0}{\lambda_2-\lambda_1} = \frac{(\theta_2^2-\theta_1^2-L)y_0+4bx_0}{2L}, \quad \text{a.s.} \tag{4.4.12}$$

将式 (4.4.7)～式 (4.4.12) 代入式 (4.4.6)，并结合式 (4.3.4) 有如下情形：

(i) 当 $\dfrac{\sqrt{(\theta_1^2-\theta_2^2)^2+16ab}-\theta_1^2+\theta_2^2}{4a} > \dfrac{y_0}{x_0}$ 和 $t\to+\infty$ 时，则 $x(t)>0$，a.s.，$y(t)=0$，

a.s.，故甲方胜，a.s.；

(ii) 当 $\dfrac{\sqrt{(\theta_1^2-\theta_2^2)^2+16ab}-\theta_1^2+\theta_2^2}{4a} = \dfrac{y_0}{x_0}$ 和 $t\to+\infty$ 时，则 $x(t)=0$，a.s.，$y(t)=0$，

a.s.，故双方胜、负的概率均等，a.s.；

(iii) 当 $\dfrac{\sqrt{(\theta_1^2-\theta_2^2)^2+16ab}-\theta_1^2+\theta_2^2}{4a} < \dfrac{y_0}{x_0}$ 和 $t\to+\infty$ 时，则 $x(t)=0$，a.s.，$y(t)>0$，

a.s.，故甲方输，a.s.。

证毕。

在传统的微分方程中，战争的胜负只与 $x(0),y(0),a,b$ 有关；而在随机微分方程中，由定理 4.4.3 知战争的胜负还与 θ_1,θ_2 有关。这就是反败为胜，以少胜多的道理。由于战争的随机因素很多且局势变化无常，因此，用随机微分方程来分析战争更为合理。

4.4.2 游击战模型分析

不同于线性模型 (4.3.5)，非线性的随机微分方程难以得到解析表达式，因此在分析游击战争随机模型 (4.3.9) 胜负的条件前，有必要先做一些辅助性的工作。

作相似变换 $\xi = dx, \eta = cy$，方程 (4.3.9) 可写为

$$\begin{cases} d\xi = -\xi(t)\eta(t)dt + \theta_1\xi(t)dW_1(t) \\ d\eta = -\xi(t)\eta(t)dt + \theta_2\eta(t)dW_2(t) \end{cases} \tag{4.4.13}$$

定理 4.4.4　在方程 (4.4.13) 中，当 $\xi(0) > 0$，$\eta(0) > 0$ 时，都有 $\xi(t) > 0$，$\eta(t) > 0$ $(\forall t > 0)$。

证明　由方程 (4.4.13) 可得

$$\begin{cases} \xi(t) = \xi(0) \cdot \exp\left(-\int_0^t \eta(s)ds - \dfrac{\theta_1^2 t}{2} + \theta_1 W_1(t) \right) \\ \eta(t) = \eta(0) \cdot \exp\left(-\int_0^t \xi(s)ds - \dfrac{\theta_2^2 t}{2} + \theta_2 W_2(t) \right) \end{cases} \tag{4.4.14}$$

因为 $\xi(0) > 0$，故 $\xi(t) > 0(\forall t > 0)$。同理，有 $\eta(t) > 0(\forall t > 0)$。
证毕。

定理 4.4.5　在方程 (4.4.13) 中，有

$$\xi(t+h) \leqslant \xi(t), \eta(t+h) \leqslant \eta(t), \forall t \in [0, +\infty), h > 0，\text{a.s.}$$

证明　利用引理 4.2.2(Itô 引理)，由式 (4.4.13) 可得

$$d\ln\xi(t) = -\eta(t)dt - \frac{\theta_1^2}{2}dt + \theta_1 dW_1(t)$$

$$d\ln\eta(t) = -\xi(t)dt - \frac{\theta_2^2}{2}dt + \theta_2 dW_2(t)$$

积分可得

$$\ln\xi(t) - \ln\xi(0) = -\int_0^t \eta(s)ds - \frac{\theta_1^2 t}{2} + \theta_1 W_1(t) \tag{4.4.15}$$

$$\ln\eta(t) - \ln\eta(0) = -\int_0^t \xi(s)ds - \frac{\theta_2^2 t}{2} + \theta_2 W_2(t) \tag{4.4.16}$$

$\forall t \in [0, +\infty), h > 0$，由式 (4.4.15) 得

$$\ln\xi(t+h) - \ln\xi(t) = -\int_t^{t+h} \eta(s)ds - \frac{\theta_1^2}{2}h + \theta_1(W_1(t+h) - W_1(t)) \tag{4.4.17}$$

由定理 4.4.4 得 $\int_t^{t+h} \eta(s)ds > 0$，因此由式 (4.4.17) 得

$$[\ln\xi(t+h)-\ln\xi(t)]^+ \leqslant \theta_1\left(W_1(t+h)-W_1(t)\right)^+$$
$$\leqslant \theta_1\cdot\mathrm{sgn}(W_1(t+h)-W_1(t))$$

故

$$\mathrm{E}[\ln\xi(t+h)-\ln\xi(t)]^+=0$$

因此

$$\ln\xi(t+h)-\ln\xi(t)\leqslant 0，\text{a.s.}$$

即 $\xi(t+h)\leqslant\xi(t),\forall t\in[0,+\infty),h>0$，a.s.。同理由式 (4.4.16) 可证

$$\eta(t+h)\leqslant\eta(t),\forall t\in[0,+\infty),h>0，\text{a.s.}$$

证毕。

定理 4.4.4 和定理 4.4.5 表明，交战双方的战斗力是几乎必然有界的。

定理 4.4.6　在方程 (4.3.9) 中，$\mathrm{E}(cy-dx)=c\mathrm{E}y(0)-d\mathrm{E}x(0)$。

证明　对方程 (4.4.13) 作减法运算可得

$$\eta(t)-\xi(t)-\eta(0)+\xi(0)=\int_0^t\theta_2\eta(s)\mathrm{d}W_2(s)-\int_0^t\theta_1\xi(s)\mathrm{d}W_1(s) \tag{4.4.18}$$

又由引理 4.2.3，有

$$\mathrm{E}\left[\int_0^t\theta_1\xi(s)\mathrm{d}W_1(s)\right]=0,\mathrm{E}\left[\int_0^t\theta_2\eta(s)\mathrm{d}W_2(s)\right]=0$$

因此对式 (4.4.18) 两边取期望，得

$$\mathrm{E}(\eta(t)-\xi(t))=\mathrm{E}(\eta(0)-\xi(0))$$

即

$$\mathrm{E}(cy(t)-dx(t))=c\mathrm{E}y(0)-d\mathrm{E}x(0)$$

证毕。

由定理 4.4.6 可知，随机过程 $x(t),y(t)$ 在 t 时刻的均值关系由交战双方初值的均值和平均杀伤率确定。为了简化问题，一般用均值来判断，当 $c\mathrm{E}y(0)-d\mathrm{E}x(0)>0$ 时判断乙方胜，当 $c\mathrm{E}y(0)-d\mathrm{E}x(0)<0$ 时判断甲方胜。这种判断方式没有考虑到战争过程中的随机因素，因此往往不能准确反映战场上"瞬息万变""反败为胜"的情况。由于方程 (4.4.13) 是非线性随机微分方程，一般难以求出其解的解析表达式，因此我们采用定性分析方法来估计战争的结果。

定理 4.4.7　在方程 (4.3.9) 中，

(i) 当 $cy(0)+\dfrac{\theta_1^2-\theta_2^2}{2}<0$ 时，则甲方胜，a.s.；

(ii) 当 $dx(0)+\dfrac{\theta_2^2-\theta_1^2}{2}<0$ 时，则乙方胜，a.s.。

证明　由式(4.4.13)可得

$$0 \geqslant \frac{\mathrm{d}\ln\xi(t)}{\mathrm{d}t} - \frac{\theta_1\mathrm{d}W_1(t)}{\mathrm{d}t} + \frac{\theta_1^2}{2} = -\eta(t) \tag{4.4.19}$$

$$0 \geqslant \frac{\mathrm{d}\ln\eta(t)}{\mathrm{d}t} - \frac{\theta_2\mathrm{d}W_2(t)}{\mathrm{d}t} + \frac{\theta_2^2}{2} = -\xi(t) \tag{4.4.20}$$

结合式(4.4.19)和式(4.4.20)，由定理 4.4.5 可得

$$\frac{\mathrm{d}\ln\xi(t)}{\mathrm{d}t} - \frac{\theta_1\mathrm{d}W_1(t)}{\mathrm{d}t} + \frac{\theta_1^2}{2} \geqslant -\eta(0) + \frac{\mathrm{d}\ln\eta(t)}{\mathrm{d}t} - \frac{\theta_2\mathrm{d}W_2(t)}{\mathrm{d}t} + \frac{\theta_2^2}{2} \tag{4.4.21}$$

$$\frac{\mathrm{d}\ln\eta(t)}{\mathrm{d}t} - \frac{\theta_2\mathrm{d}W_2(t)}{\mathrm{d}t} + \frac{\theta_2^2}{2} \geqslant -\xi(0) + \frac{\mathrm{d}\ln\xi(t)}{\mathrm{d}t} - \frac{\theta_1\mathrm{d}W_1(t)}{\mathrm{d}t} + \frac{\theta_1^2}{2} \tag{4.4.22}$$

根据引理 4.2.4 及其证明，对式(4.4.21)积分可得

$$\ln\xi(t) - \ln\eta(t) \geqslant \ln\xi(0) - \ln\eta(0) - \eta(0)t - \frac{\theta_1^2 - \theta_2^2}{2}t + \theta_1W_1(t) - \theta_2W_2(t)$$

对上式左右两边同除以 t，并由相似变换 $\xi = dx, \eta = cy$ 可得

$$\frac{\ln x(t) - \ln y(t)}{t} \geqslant \frac{\ln x(0) - \ln y(0)}{t} - cy(0) - \frac{\theta_1^2 - \theta_2^2}{2} + \frac{\theta_1W_1(t) - \theta_2W_2(t)}{t}$$

由引理 4.2.1(重对数律)可得

$$\lim_{t \to +\infty} \frac{\ln x(t) - \ln y(t)}{t} \geqslant -cy(0) - \frac{\theta_1^2 - \theta_2^2}{2}, \quad \text{a.s.}$$

因此，当 $cy(0) + \dfrac{\theta_1^2 - \theta_2^2}{2} < 0$ 时，有 $\lim\limits_{t \to +\infty} \dfrac{\ln x(t) - \ln y(t)}{t} > 0$，a.s.，这表明当时间足够长时，总有 $x(t) > y(t)$，a.s.，因此甲方胜，a.s.，即定理的情形(i)成立。

同理，由式(4.4.22)可得

$$\lim_{t \to +\infty} \frac{\ln y(t) - \ln x(t)}{t} \geqslant -dx(0) - \frac{\theta_2^2 - \theta_1^2}{2}, \quad \text{a.s.}$$

因此，当 $dx(0) + \dfrac{\theta_2^2 - \theta_1^2}{2} < 0$ 时，乙方胜，a.s.，即定理的情形(ii)成立。

证毕。

在经典的微分方程中，游击战争的胜负只与 $x(0), y(0), c, d$ 有关；而在随机微分方程中，由定理 4.4.7 知战争的胜负还与随机因素 θ_1, θ_2 有关。因此在战争中，很多随机影响因素的作用就有可能导致以少胜多、反败为胜的情况。由于战争的随机因素众多且变化无常，因此，用随机微分方程来描述和分析战争更为合理。

4.4.3　混合战模型分析

混合战争中既有正规战又有游击战，因此混合战争随机模型不仅难以求得解的解析表达式，也不能模仿游击战争随机模型的分析方法来研究模型。在这一部分我们采用随机微分方程的比较定理来分析模型，常见的比较定理形式是方程的扩散系数不变，通过漂移系数的比较来得到结论的，因此本部分也将使用这种方法。

定理 4.4.8　在方程 (4.3.12) 中，当 $x(0) > 0$ 时，$x(t) > 0 (\forall t > 0)$；当 $y(0) > 0$ 时，$y(t) > 0 (\forall t > 0)$。

证明　由式 (4.3.12) 可得

$$x(t) = x(0) \cdot \exp\left(-\int_0^t cy(s)\mathrm{d}s - \frac{\theta_1^2}{2}t + \theta_1 \mathrm{d}W_1(t) \right)$$

因为 $x(0) > 0$，故 $x(t) > 0 (\forall t > 0)$。同理可证：当 $y(0) > 0$ 时，$y(t) > 0 (\forall t > 0)$。
证毕。

定理 4.4.9　在方程 (4.3.12) 中，都有

$$x(t) \geqslant x(t+h), y(t) \geqslant y(t+h), \forall t \in [0, +\infty), h > 0，\text{ a.s.}$$

证明　应用引理 4.2.5，由式 (4.3.12) 可得

$$(x(t+h) - a)^+ = (x(t) - a)^+ + \int_t^{t+h} I_{(a,+\infty)}(x(s))\mathrm{d}x(s) + \frac{1}{2}L_h^a$$

固定 $t = t_1$，令 $a = x(t_1)$，由于 $L_h^a = 0$，因此对上式两边求期望，应用引理 4.2.3 可得

$$\mathrm{E}(x(t+h) - a)^+ = \mathrm{E}\int_{t_1}^{t_1+h} I_{(a,+\infty)}(x(s)) \cdot [-cx(s)y(s)]\mathrm{d}s$$

因为 $x(t) > 0$，$y(t) \geqslant 0$，故 $\mathrm{E}(x(t) - a)^+ = 0$，所以 $x(t) \geqslant x(t+h)$，a.s.。

再一次应用引理 4.2.5，由式 (4.3.12) 可得

$$(y(t+h) - a)^+ = (y(t) - a)^+ + \int_t^{t+h} I_{(a,+\infty)}(y(s))\mathrm{d}y(s) + \frac{1}{2}L_h^a$$

固定 $t = t_1$，令 $a = y(t_1)$，由于 $L_h^a = 0$，因此对上式两边求期望，应用引理 4.2.3 可得

$$\mathrm{E}(y(t+h) - a)^+ = \mathrm{E}\int_{t_1}^{t_1+h} I_{(a,+\infty)}(y(s)) \cdot [-bx(s)]\mathrm{d}s$$

由定理 4.4.8 可知 $x(t) > 0$，故 $\mathrm{E}(y(t) - a)^+ = 0$，所以 $y(t) \geqslant y(t+h)$，a.s.
证毕。

根据定理 4.4.8 和定理 4.4.9 可知，$x(t), y(t)$ 有界，并且 $x(t), y(t)$ 是递减的，a.s.。

定理 4.4.10　在方程 (4.3.12) 中，

(i) 当 $bx(0) - \dfrac{cy^2(0)}{2} < 0$ 且 $\theta_1 \geqslant 2\theta_2$ 时，则乙方胜，a.s.；

(ii) 当 $cy^2(0) - bx(0) < 0$ 且 $\theta_2 \geqslant \theta_1$ 时，则甲方胜，a.s.。

证明　(i) 由式 (4.3.12) 和引理 4.2.2 可得

$$\mathrm{d}y^2(t) = 2y(t)\mathrm{d}y(t) + \theta_2^2 y^2(t)\mathrm{d}t \tag{4.4.23}$$

对式 (4.3.12) 做基础运算可得

$$b\mathrm{d}x(t) - cy(t)\mathrm{d}y(t) = \theta_1 bx(t)\mathrm{d}W_1(t) - \theta_2 cy^2(t)\mathrm{d}W_2(t) \tag{4.4.24}$$

令 $\theta_1 = 2\theta_2$ 结合式 (4.4.23) 式 (4.4.24) 可得

$$b\mathrm{d}x(t) - \frac{c}{2}\mathrm{d}y^2(t) = -\frac{c\theta_2^2}{2}y^2(t)\mathrm{d}t + \theta_1 bx(t)\mathrm{d}W_1(t) - \theta_2 cy^2(t)\mathrm{d}W_2(t)$$

令 $M_1(t) = bx(t) - \dfrac{c}{2}y^2(t)$，$a = bx(0) - \dfrac{c}{2}y^2(0)$，$L_t^a = 0$，当 $\theta_1 = 2\theta_2$ 时，由引理 4.2.3 和引理 4.2.4 可得

$$(M_1(t) - a)^+ = \int_0^t I_{(a,+\infty)}(M_1(s))\mathrm{d}M_1(s)$$

对上式两边求期望，因为 $y(t) \geqslant 0$，可得

$$\mathrm{E}(M_1(t) - a)^+ = \mathrm{E}\int_0^t I_{(a,+\infty)}(M_1(s)) \cdot \left[-\frac{c\theta_2^2}{2}y^2(s)\right]\mathrm{d}s = 0$$

当 $bx(0) - \dfrac{cy^2(0)}{2} < 0$ 且 $\theta_1 = 2\theta_2$ 时，则 $bx(t) - \dfrac{c}{2}y^2(t) < 0$ a.s.，又式 (4.3.12) 中的随机项是负影响的，比例 θ_1, θ_2 越大减员越快，因此当 $bx(0) - \dfrac{cy^2(0)}{2} < 0$ 且 $\theta_1 \geqslant 2\theta_2$ 时，乙方胜，a.s.。

(ii) 对式 (4.3.12) 做基础运算可得

$$cy(0)\mathrm{d}y(t) - b\mathrm{d}x(t) = cbx(t) \cdot [y(t) - y(0)] + \theta_2 cy(0)y(t)\mathrm{d}W_2(t) - \theta_1 bx(t)\mathrm{d}W_1(t)$$

令 $M_2(t) = cy(0)y(t) - bx(t)$，$a = cy^2(0) - bx(0)$，$L_t^a = 0$，当 $\theta_2 = \theta_1$ 时，由引理 4.2.3 和引理 4.2.4 可得

$$(M_2(t) - a)^+ = \int_0^t I_{(a,+\infty)}(M_2(s))\mathrm{d}M_2(s)$$

对上式两边求期望，应用定理 4.4.8 和定理 4.4.9 得

$$\mathrm{E}(M_2(t) - a)^+ = \mathrm{E}\int_0^t I_{(a,+\infty)}(M_2(s)) \cdot cbx(s)[y(s) - y(0)]\mathrm{d}s = 0$$

在式 (4.3.12) 中的随机项是负影响的，比例 θ_1, θ_2 越大减员越快，因此当 $cy^2(0) - bx(0) < 0$ 且 $\theta_2 \geqslant \theta_1$ 时，则 $cy(0)y(t) - bx(t) < 0$ a.s.，故甲方胜，a.s.。

证毕。

在随机微分方程中，由定理 4.4.10 可知混合战争的胜负不仅与 $x(0), y(0), b, c$ 有关；而且还与 θ_1, θ_2 有关。这也说明，由于战争的随机因素很多且局势变化无常，因此，再一次说明，用随机微分方程来分析战争是更为合理的。

只有对建立的模型进行严格的分析讨论，才能够更好地理解和运用模型，因此在本节中，使用已知的随机微分方程理论对三种战争模型判断胜负的结论加以严格的数学证明。从逻辑上讲，定理 4.4.1 的证明是为了证明定理 4.4.3，而定理 4.4.2 的结论是为了和定理 4.4.3 的结论进行比较。定理 4.4.4、定理 4.4.5、定理 4.4.6 是为证明定理 4.4.7 打基础。定理 4.4.8、定理 4.4.9 是为定理 4.4.10 的证明作准备，这是本节几个主要定理的内在关系。

4.5　动力学模型的数值模拟

数值模拟计算不仅为实际问题的解决提供了良好的依据，更是对已得到的结论加以模拟验证，本节将使用 MATLAB 对建立的三种模型进行模拟计算。

4.5.1　正规战数值模拟计算

以硫磺岛战役为例，首先应用定理 4.4.3 分析战争的胜负情况，进一步对建立的战争随机微分方程进行数值模拟计算。由文献[65]～[70]可知 $a=0.0544$，$b=0.0106$。

4.5.1.1　实例分析

根据式 (4.2.5) 可知方程 (4.3.3) 数值解的 Euler 法迭代公式为

$$\begin{cases} x(\tau_{n+1}) = x(\tau_n) - ay(\tau_n) \cdot (\tau_{n+1} - \tau_n) + \theta_1 x(\tau_n)(W_1(\tau_{n+1}) - W_1(\tau_n)) \\ y(\tau_{n+1}) = y(\tau_n) - bx(\tau_n) \cdot (\tau_{n+1} - \tau_n) + \theta_2 y(\tau_n)(W_2(\tau_{n+1}) - W_2(\tau_n)) \end{cases}$$

美军在第 7 天停止增兵，日军无增兵，因此以第 7 天双方的战斗人数为 x_0, y_0，即 $x_0 = 66644$，$y_0 = 17916$。应用定理 4.4.3，分析在以下三种情况下双方的胜负。

(1) 双方都无非战斗减员的情况

图 4.5.1 为 $\theta_1 = 0, \theta_2 = 0$ 时 (模型退化为微分方程)，双方战斗人数的数值计算结果。因此，当不考虑随机因素影响时，美军胜。

(2) 日方无非战斗减员的情况

当 $\theta_2 = 0$ 时，根据定理 4.4.3，可知：

①如果 $\theta_1 < 0.22274$，则 $\dfrac{\sqrt{\theta_1^4 + 16ab} - \theta_1^2}{4a} > \dfrac{y_0}{x_0}$，美军胜，a.s.；

②如果 $\theta_1 = 0.22274$，则 $\dfrac{\sqrt{\theta_1^4 + 16ab} - \theta_1^2}{4a} = \dfrac{y_0}{x_0}$，双方胜、负的概率均等，a.s.；

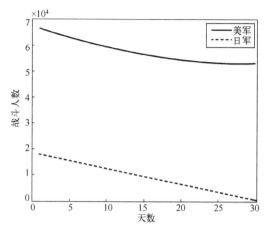

图 4.5.1 无随机因素数值模拟结果

③如果 $\theta_1 > 0.22274$ ，则 $\dfrac{\sqrt{\theta_1^4 + 16ab} - \theta_1^2}{4a} < \dfrac{y_0}{x_0}$ ，日军胜，a.s.。

由上述分析可知，在硫磺岛战役中日军在理论上也有取胜的可能性，只要美军受到随机因素影响而出现非战斗减员人数比例超过 22.274%，则日军胜，a.s.。因此，随机因素影响是能够影响双方的胜负。图 4.5.2 和图 4.5.3 为 $\theta_2 = 0$ 时，双方战斗人数的轨线图。

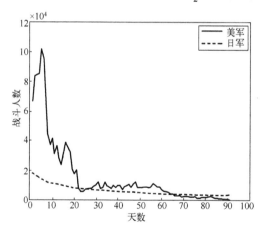

图 4.5.2 $\theta_1 < 0.22274$ 时双方战斗人数轨线

(3)美军无非战斗减员的情况

当 $\theta_1 = 0$ 时，总有

$$\frac{\sqrt{\theta_2^4 + 16ab} + \theta_2^2}{4a} > \frac{y_0}{x_0}$$

因此由定理 4.4.3 可得，美军胜，a.s.。

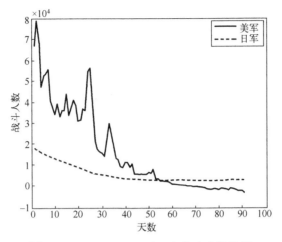

图 4.5.3　$\theta_1 > 0.22274$ 时双方战斗人数轨线

4.5.1.2　模拟计算

这里取 $\theta_1 = 0.003$，$\theta_2 = 0.001$。可知式(4.3.5)满足 Lipschitz 条件和线性增长条件，因此它为 $\gamma = 0.5$ 阶强收敛，应用 MATLAB 编程模拟(程序见附录 1)，其结果见图 4.5.4。

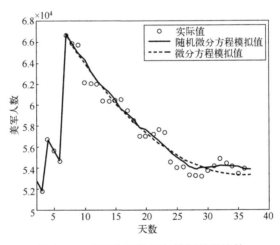

图 4.5.4　美军实际数据与模拟结果比较

图 4.5.4 给出了美军实际人数、微分方程模拟的美军战斗人数和轨道为 2 时随机微分方程模拟的美军战斗人数。由图 4.5.4 可知，两种方法的模拟结果与实际值基本相近。但根据实际情况可知，战争过程中战斗人数变化不可能是一条确定的轨线，而是随机地落在区间的某一点上。如图 4.5.5 所示，轨道 1 到 150 时，美军战斗人数的随机分布。因此，采用随机微分方程的方法来分析战争战斗人数变化，得到的信息将会更全面。

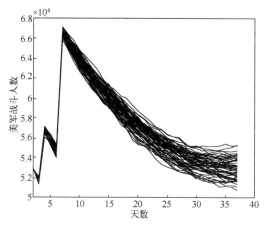

图 4.5.5 美军战斗人数随机分布

4.5.2 游击战数值模拟计算

根据式 (4.2.5) 可知方程 (4.3.9) 数值解的 Euler 法迭代公式为

$$\begin{cases} x(\tau_{n+1}) = x(\tau_n) - cx(\tau_n)y(\tau_n) \cdot (\tau_{n+1} - \tau_n) + \theta_1 x(\tau_n)(W_1(\tau_{n+1}) - W_1(\tau_n)) \\ y(\tau_{n+1}) = y(\tau_n) - dx(\tau_n)y(\tau_n) \cdot (\tau_{n+1} - \tau_n) + \theta_2 y(\tau_n)(W_2(\tau_{n+1}) - W_2(\tau_n)) \end{cases} \quad (4.5.1)$$

根据引理 4.2.6 可知，这个迭代公式为 0.5 阶强收敛。下面我们应用式 (4.5.1) 来验证定理 4.4.7 的结果。

（1）$x(0) = 5000, y(0) = 12000, c = 0.00001, d = 0.00001, \theta_1 = 0.1, \theta_2 = 0.6$ 时，根据定理 4.4.7，可知 $cy(0) + \dfrac{\theta_1^2 - \theta_2^2}{2} < 0$，甲方胜，a.s.，应用 MATLAB 编程模拟（程序见附录 2），其结果见图 4.5.6。模拟结果与定理 4.4.7 的结论一致。

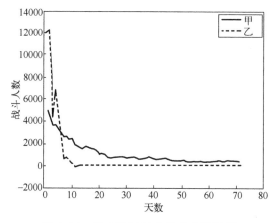

图 4.5.6 甲方胜时双方战斗人数轨线

在经典的游击战争微分方程中，无随机因素的影响，上述初值可判定乙方胜利。但有随机因素时，甲方在理论上也有取胜的可能性。因此，随机因素是能够影响双方胜负的结果。

(2) $x(0) = 10000, y(0) = 5000, c = 0.00001, d = 0.00001, \theta_1 = 0.5, \theta_2 = 0.1$ 时，根据定理 4.4.7，可知 $dx(0) + \dfrac{\theta_2^2 - \theta_1^2}{2} < 0$，乙方胜，a.s.，其模拟结果见图 4.5.7。

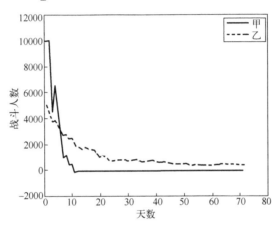

图 4.5.7　乙方胜时双方战斗人数轨线

战争双方战斗力变化过程中，存在着许多不确定性的因素。本小节对游击战争模型进行了分析，得出了当 $cy(0) + \dfrac{\theta_1^2 - \theta_2^2}{2} < 0$ 时甲方胜，a.s.；当 $dx(0) + \dfrac{\theta_2^2 - \theta_1^2}{2} < 0$ 时，乙方胜，a.s.的结论。最后，运用 Euler 法进行了实例分析和模拟计算。实例分析和模拟计算的结果和理论分析的结果一致，表明随机微分方程适用于战争的模拟分析。本章的定理不能解决当 $cy(0) + \dfrac{\theta_1^2 - \theta_2^2}{2} \geqslant 0$ 和 $dx(0) + \dfrac{\theta_2^2 - \theta_1^2}{2} \geqslant 0$ 时判断甲乙双方的胜负问题，这一问题将是今后研究工作的方向。

4.5.3　混合战数值模拟计算

根据式 (4.2.5) 可知方程 (4.3.12) 数值解的 Euler 法迭代公式为
$$\begin{cases} x(\tau_{n+1}) = x(\tau_n) - cx(\tau_n)y(\tau_n) \cdot (\tau_{n+1} - \tau_n) + \theta_1 x(\tau_n)(W_1(\tau_{n+1}) - W_1(\tau_n)) \\ y(\tau_{n+1}) = y(\tau_n) - bx(\tau_n) \cdot (\tau_{n+1} - \tau_n) + \theta_2 y(\tau_n)(W_2(\tau_{n+1}) - W_2(\tau_n)) \end{cases} \quad (4.5.2)$$

依据引理 4.2.6 可知，上述这个迭代公式为 0.5 阶强收敛。下面我们应用式 (4.5.2) 来验证定理 4.4.10 的结果。

(1) $x(0) = 8000, y(0) = 10000, c = 0.00001, b = 0.06, \theta_1 = 0.2, \theta_2 = 0.1$ 时，根据定

理 4.4.10，可知 $bx(0) - \dfrac{cy^2(0)}{2} < 0$ 且 $\theta_1 \geq 2\theta_2$，乙方胜，a.s.，应用 MATLAB 编程模拟，图 4.5.8 为计算模拟结果（程序见附录 3）。

（2）$x(0) = 3000, y(0) = 10000, c = 0.000001, b = 0.06, \theta_1 = 0.1, \theta_2 = 0.1$ 时，根据定理 4.4.10，可知当 $cy^2(0) - bx(0) < 0$ 且 $\theta_2 \geq \theta_1$ 时，甲方胜，a.s.，图 4.5.9 为计算模拟结果。

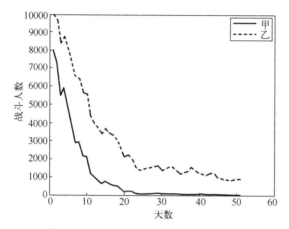

图 4.5.8 乙方胜时双方战斗人数轨线

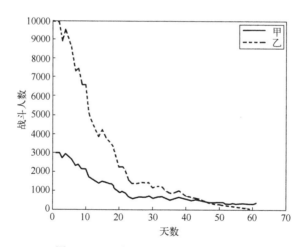

图 4.5.9 甲方胜时双方战斗人数轨线

本节主要做数值模拟计算。在 4.5.1 节中，以硫磺岛战役为实例，模拟对比了微分方程模型和随机微分方程模型的结果，发现随机模型更趋近于实际结果，并通过数值模拟验证了定理 4.4.3 中正规战争双方胜负结论的正确性。4.5.2 节中，数值模拟验证了定理 4.4.7 的结论，而 4.5.3 节的数值模拟验证了定理 4.4.10。这些数值模拟结果再次表明了随机因素对战争胜负起着不容忽视的作用。

4.6　小　　结

本章分析了战争中双方战斗人数的不确定性因素，论述了战争中战斗人数变化是一个随机过程，通过假设战争过程具有马尔可夫性质，从而在经典战争模型的基础上建立了三种战争的随机微分方程模型。

正规战争的随机微分方程模型

$$\begin{cases} \mathrm{d}x = [-ay(t) + u(t)]\mathrm{d}t + \theta_1 x(t)\mathrm{d}W_1(t) \\ \mathrm{d}y = [-bx(t) + v(t)]\mathrm{d}t + \theta_2 y(t)\mathrm{d}W_2(t) \end{cases}$$

该模型为线性的，因此本章使用常数变易法依据 Itô 积分规则，求解了这个模型的 Itô 解，得到了双方胜负的判别依据。

游击战争的随机微分方程模型

$$\begin{cases} \mathrm{d}x = -cx(t)y(t)\mathrm{d}t + \theta_1 x(t)\mathrm{d}W_1(t) \\ \mathrm{d}y = -dx(t)y(t)\mathrm{d}t + \theta_2 y(t)\mathrm{d}W_2(t) \end{cases}$$

由于此模型为非线性的，难以得到解的解析表达式，故本章采用定性的分析方法研究了游击战争随机模型，并得到双方胜负的部分判断条件。

混合战争的随机微分方程模型

$$\begin{cases} \mathrm{d}x(t) = -cx(t)y(t)\mathrm{d}t + \theta_1 x(t)\mathrm{d}W_1(t) \\ \mathrm{d}y(t) = -bx(t)\mathrm{d}t + \theta_2 y(t)\mathrm{d}W_2(t) \\ x(t) \geqslant 0, y(t) \geqslant 0, t \geqslant 0 \end{cases}$$

在混合战争的随机微分方程模型的研究中，本章借用了随机微分方程的比较定理方法分析得出了此模型中双方胜负的条件。

最后使用 MATLAB 编程对建立的模型进行了数值模拟计算，对得到的双方胜负的判别结论加以验证。并以硫磺岛战役为实际例子，比较微分方程和随机微分方程建立的模型在描述正规战争的差异，数值模拟表明随机模型描述战争过程更为精确。

第 5 章　微观交通运输系统灰色 GM 模型研究

本章主要介绍交通流理论和混沌理论，并以其为指导基础借助灰色模型相关理论对微观交通运输系统进行非线性动力学混沌识别研究。主要讨论交通流时间序列的特征提取及交通流的混沌识别问题。

5.1　交通流理论

道路中运动车辆构成的车流称之为交通流。人(驾驶员)、车(车辆)、路(道路)是构成交通流的三个基本要素。换句话说，交通流由许多单个驾驶员与车辆组成，以独特的方式在车辆间、道路以及总体环境之间产生影响。一段时间内一条道路上依次通过的车辆就构成了交通流。由于交通流在研究交通问题中的重要性，如何更准确地获得交通流在其运动过程中的规律性就成为人们关心的问题，交通流理论就是在这种要求下诞生的。

5.1.1　交通流理论概述

交通流理论是交通工程学的基础理论，它是运用数学和物理学的定理来描述交通流特性的一门边缘科学。它以分析的方法阐述交通现象及其机理，探讨人和车在单独或成列运行中的运动规律及人流或车流流量、流速和密度之间的变化关系，以求在交通规划、设计和管理中达到协调和提高各种交通设施使用效果的目的。交通流理论加深了人们对复杂多体系统远离平衡态时演变规律的认识，促进了统计物理、非线性动力学、应用数学、流体力学、交通工程学等多学科的交叉渗透和相互发展。

交通流的研究创始于 19 世纪 30 年代，在这个时期主要研究的是具有交通密度低、各个车辆之间的车头间距较大、车辆处于自由行驶状态下的交通流特征的自由交通流，主要采用概率论和数理统计的方法建立数学模型用以描述交通流量和速度的关系。在 19 世纪中叶随着道路里程和汽车拥有量大幅度增加，主要的研究对象开始转变为密度较高、各个车辆之间的间距很小、车辆行驶受到前导车影响和限制的非自由交通流，出现了新的交通流理论，如车辆跟驰理论、基于流体力学的交通波理论、排队理论等。20 世纪 90 年代至今，随着城市交通问题的不断加重，对交通流的研究不断深入，交通流理论的内容和研究手段都得到极大扩展并取得了一些突破性的成果，交通流的新思路、新方法和新策略不断涌现，如模拟技术、神经网络、模糊控制、人工智能等。

根据研究的手段和方法，可将交通流理论划分为两类：传统交通流理论和现代交通流理论。其中传统交通流理论是用数理统计和微积分等传统数学和物理方法为基础的交通流理论，其明显特点是交通流模型的限制条件比较苛刻，模型的物理意义明确，有交通流分布的统计特性模型、车辆跟驰模型、车辆排队模型等。这些模型在实际应用中比较成熟。现代交通流理论是指以现代科学技术和方法例如神经网络、模糊控制、混沌分形等为主要研究手段，所采用模型注重与真实交通流的拟合效果。这类模型主要用于对复杂交通流现象的模拟、解释和预测。

5.1.2 交通流中的混沌

交通流系统具有很强的不确定性和复杂性，随着对交通流研究的不断深入，交通流特性也日趋明显。

在实际的交通系统中，交通流的运行被许多诸如车辆的特性、司机的心理因素、天气变化等不确定因素制约和影响，因此交通流也体现出不确定性，且随着预测时间的缩短，其不确定性逐渐增强。交通流中各种不确定因素的综合作用，导致了交通流的无序及阻塞现象的发生。

从统计的意义上来说，交通需求确实具有一定的规律，但是交通控制与诱导的实时性要求是以分甚至秒为度量单位的，这时候瞬间交通需求表现出强烈的波动性，而且交通系统是以人为主体的主动系统，它不同于物质流的控制系统，交通管理者无法强迫出行者提供他们的出行去向和出行时间，也就是说交通需求从根本上就具有不确定性。

除此之外，交通流还具备网状特性、长程相关性等不同的性质，以上这些特性说明交通流是一个相互联系、相互影响的不断变化的复杂的整体，交通流任何的变化都绝非偶然，而是其相互影响的必然结果，都可能对下一时刻的交通流的变化起着决定性作用。

交通流系统这一复杂系统中各种不确定因素的综合将导致交通的无序运动和堵塞。因此，从不同的研究角度研究交通流复杂行为，对最大限度地利用和管理现有的交通资源，指导交通规划，进行交通控制都具有现实的意义；而且对相关领域的其他学科发展也有理论意义。目前，非线性科学已经成为交通流研究的主要工具，它从交通流中最常见的现象(交通流失稳)出发，挖掘交通流状态变化的内部机制，从理论上讲，由于交通流系统中的相关参数达到临界值后，导致系统状态变化，产生各种各样的复杂行为，从而将交通流推向失控的边缘而不再保持其有序性，而交通流的有序运动一旦受到某不确定干扰因素的影响，就会产生混沌现象。

对交通流中混沌现象的研究正是对交通流中的各种非线性行为作出合理解释的

有效途径，切合目前交通流理论的发展方向，这个研究方向也与实际交通系统中的各种现象，如车辆的时走时停、各种原因引起的交通阻塞和交通阻塞的消散，道路上交通流在稀少、密度加大、拥挤、饱和、堵塞这些状态之间的不断变化等，保持了高度的一致性。

5.2　混　沌　理　论

非线性动力学研究非线性力学系统各种运动状态的定量和定性规律，尤其是运动模式和演化行为及系统的复杂行为，对有限维系统来说，研究的中心问题是混沌和分形。混沌无处不在。事实上世界上除了确定性现象和随机现象外，更多更广泛的乃是混沌现象。亚马逊河流丛林中的一只蝴蝶偶尔扇动翅膀，导致了美国得克萨斯的一场飓风，这就是著名的"蝴蝶效应"。它指出了混沌系统处于不稳定的平衡点上，小的变化可以非线性地放大为大的变化。然而混沌运行的变化又非任意而为，非周期性背后隐藏着有序性。具体说来，混沌研究自然界非线性过程内随机性所具有的特殊规律性，揭示了非线性系统中有序和无序的统一，确定性和随机性的统一。交通混沌研究的首要问题是认识交通流系统中的"混沌"，认识交通混沌的本质。只有认识混沌和了解交通混沌的意义，才有可能运用混沌理论来研究遇到的实际问题。

5.2.1　混沌的基本概念与特性

动力系统是指随时间确定性地变化的系统，系统的状态可由一个或几个变量的数值来确定。在某些动力系统中，两个几乎一致的状态经过充分长时间后会变得毫不一致，这种敏感地依赖于初始条件的内在变化的系统就是混沌系统。同一系统内具有对初始条件敏感依赖性的变化就称为混沌。混沌是一种不可预测的随机行为，又是一种包含有序的特殊状态，是指在毫不相干的事件之间，存在潜伏的内在关联。所谓混沌运动就是指确定性系统中局限于有限相空间内高度不稳定的运动。由于这种不稳定性，系统长时间行为会显示出某种混乱性。混沌学就是研究非线性系统复杂、随机、不可预言的行为现象，其深刻之处就在于揭示出确定性系统的随机性，同时力求在无序中寻求有序，以揭示"不可预言性"背后的"并非彻底不可预言性"的东西。

最早创立混沌理论的著名气象学家洛任兹(Lorenz)，他在研究天气预报方程时得出一个确定的系统能够以简单的方式表现出非周期的形态，并发表了自己的研究成果。Lorenz 认为，"我用混沌这个术语来泛指这样的过程——它们看起来是随机发生的，而实际上其行为却由精确的法则决定"[114]。后来 Lorenz 指出：混沌系统是指敏感地依赖于初始条件的内在变化的系统，而对于外来变化的敏感性本身并不意味着混沌。混沌理论创始人诺曼·帕卡德指出，在决定论中也会存在随机行为，这就是混沌的一种特定属性。初始状态失之毫厘，最终状态就会谬以千里。初始状态微小的差别随系统的演化越变越大[115]。国内著名学者郝柏林教授对混沌的定义是：某些完全确定论的系统，不加任何随机因素就可能出现与布朗运动不能区分的行为："差之毫厘，差之千里"的对初值细微变化的敏感依赖性，使得确定论系统的长期行为必须借助概率论方法描述，这就是混沌[116]。

由于混沌系统的奇异性和复杂性至今尚未被人们彻底了解，不同领域的学者从不同角度给出了定义，因此至今混沌还没有一个统一的定义。下面给出了其中影响较大的两种数学定义。

1. 李-约克(Li-Yorke)的混沌定义[117]

李天岩和约克于1975年首先提出在"周期3意味着混沌"的文章中给出了混沌的一种数学定义：

定义 5.2.1 设有连续自映射 $f: I \to I \subset R$，I 是 R 中的一个子区间。如果存在不可数集合 $S \subset I$ 满足：

(1) S 不包含周期点；

(2) 任给 $X_1 \neq X_2 \in S$，有 $\limsup\limits_{t \to \infty} |f^t(X_1) - f^t(X_2)| > 0$ 及 $\liminf\limits_{t \to \infty} |f^t(X_1) - f^t(X_2)| = 0$；

这里 $f^t(\cdot) = f(f(\cdots f(\cdot)))$ 表示 t 重函数关系；

(3) 任给 $X_1 \in S$ 及 f 的任意周期点 $P \in I$ 有 $\limsup\limits_{t \to \infty} |f^t(X_1) - f^t(P)| > 0$；则称 f 在不可数集 S 上是混沌的。

这个定义表明了混沌运动的重要特征：①存在可数无穷多个稳定的周期轨道；②存在不可数无穷多个稳定的非周期轨道；③至少存在一个不稳定的非周期轨道。

2. 德范尼(Devaney)的混沌定义[118-120]

1989 年，Devaney R. L.给出了混沌的数学确切定义：

定义 5.2.2 设度量空间 V 上的映射 $f: V \to V$ 称为是混沌的，若其满足：

(1) 对初值的敏感依赖性，存在 $\delta > 0$，对任意的 $\varepsilon > 0$ 和任意的 $x \in V$，在 x 的 ε 邻域 I 内存在 y 和自然数 t，使得 $d(f^t(x), f^t(y)) > \delta$；

(2) 拓扑传递性，对 V 上的任意开集 X, Y，存在 $k > 0, f^k(X) \cap Y \neq \varnothing$（如一映射具有稠轨道，则它显然是拓扑传递）；

(3) f 的周期点集在 V 中稠密。

不管对混沌的各种定义有何区别，但是混沌的本质特性是相同的。综合来说有以下几点：

(1) 有界性。混沌是有界的，它的运动轨线始终局限于一个确定的区域，这个区域称为混沌吸引域。无论混沌系统内部多么不稳定，它的轨线都不会走出混沌吸引域，所以从整体上来说混沌系统是稳定的。

(2) 内在随机性。所谓内在随机性，就是在一个原来完全确定的系统中，在没有外在干扰的情况下产生的随机性。不受外界干扰的混沌系统虽能用确定的微分方程表示，但其运动状态却具有某些"随机"性，那么产生这些随机性的根源只能在系统本身，即混沌系统内部自发地产生这种随机性。

（3）遍历性。混沌运动在其混沌吸引域内是各态历经的，即在有限时间内混沌变量能在一定范围内按其自身规律不重复地遍历所有状态。

（4）分形性。混沌的奇异吸引子在微小尺度上具有与整体自相似的几何结构，对它的空间描述只能采用分数维。这是混沌运动与随机运动的重要区别之一。

（5）标度不变性。它是一种无周期的有序，在由分岔导致混沌的过程中，遵循费根鲍姆常数系。

（6）不可分解性：指混沌系统不能被分解为两个不相互影响的子系统。

（7）对初始条件的敏感依赖性。只要初始条件稍有差别或是微小的扰动就会使系统的最终状态出现巨大的差异。但这种差异随时间的变化并不是呈简单的线性关系，所以从整体上来说混沌系统是不稳定的。

（8）长期行为的不可预测性。由于混沌系统所具有的局部不稳定性及对初始条件的敏感依赖性，初始状态初始条件仅限于某个有限精度，而很小的差异可能导致混沌系统运动较长时间之后状态的很大差异，所以对混沌系统的短期行为可预测而长期行为无法预测。

（9）普适性。普适性是混沌内在规律性的一种体现。所谓普适性是指不同系统在趋向混沌态时所表现出来的某些共同特征，它不依赖具体的系统方程或参数而变。

5.2.2　混沌的识别方法

交通流系统是复杂巨系统，组成系统的各要素之间存在着复杂的非线性关系导致其混沌现象的产生。如何利用交通流的混沌现象进行交通流的控制是当前该领域研究的前沿课题。但交通流控制的前提是对混沌现象进行实时快速地识别。虽然从很多方面都对混沌进行了不同的定义，但是根据混沌的定义来识别混沌有许多不便。所以，从混沌理论出现以来，便有许多学者致力于研究混沌的识别问题。然而到目前为止，还不存在一个普适性的混沌识别方法。由于混沌状态的高度复杂性，利用解析的方法来识别是很困难的，随着计算机技术的飞速发展，人们在研究混沌识别问题时，通常采用数值方法。发展至今，混沌识别方法大体上可以分为两类：

第一类为定性方法。所谓定性方法，就是仅通过对被分析对象的时域或频域特征曲线的观察，直观地确定混沌的存在与否。该类方法是基于从理论上对混沌的认识，采用实验的手段来观察混沌现象，故相对简单、直观，不需要复杂的计算。这类方法包括庞加莱（Poincare）截面法、频闪法、功率谱法、主分量分析（PCA 分布）法等。定性方法简单易行，识别方便，因而成为识别混沌的最基本手段，很多学者在研究混沌现象时，都采用了此类方法。但是，这类方法也有其不可否认的缺点，其中最主要的缺点就是因为利用直观法得到的识别结果受很多因素的影响，例如采样点的多少、实验人员主观因素等的影响，所以必然会造成精确性低、误差大。

第二类为定量方法。所谓定量方法，就是通过一定的方法计算混沌的某个特征量，根据得到的特征量数值判别混沌是否存在。这类方法包括 Lyapunov 指数法、关联维数法、柯尔莫哥洛夫(Kolmogorov)熵法、替代数据法等方法。和定性方法不同，定量方法需要经过一定量的计算过程，根据得到的具体数值判别混沌的存在与否。因此，定量方法比直观法要复杂一些。但是，定量方法通过具体的数值而不是直观的图形判别混沌，具有定性方法不可比拟的精确性。

在实际应用的时候，为了获得更加精确的结果，常常不是单纯使用某一种方法，而是采用定性和定量相结合的分析方法，如用 Lyapunov 指数分析法、功率谱法相结合的手段来研究混沌的性质。以下介绍几种常见的混沌识别方法。

1. 定性混沌识别方法

1) Poincare 截面法[120,121]

在相空间中适当(要有利于观察系统的运动特征和变化，如截面不能与轨迹相切，更不能包含轨线)选取一截面，称此截面为 Poincare 截面，相空间的连续轨迹与 Poincare 截面的交点成为截点。通过观察 Poincare 截面上截点的情况可以判断是否发生混沌；当 Poincare 截面上有且只有一个不动点或少数离散点时，运动是周期的；当 Poincare 截面上有一封闭曲线时，运动是准周期的；当 Poincare 截面上是一些成片的具有分形结构的密集点时，运动便是混沌。

2) 频闪法[118,120]

对于相平面上连续运动轨道，每隔一定时间间隔观测一次轨道上的代表点，可以得到一系列的离散点，研究轨道运动，就归结为研究这些离散点的运动。对于定态，观测到的是一个固定点；对于周期运动，因轨道是闭曲线，所以观测到的仍是一个不动点；若采样点是分布在一定的区域内的密集点，并且具有层次结构，则相应的运动是混沌的。

3) 主分量分析(PCA 分布)[118,122]

由于周期信号、混沌信号、噪声的主分量分布之间存在着显著差异，则可以根据主分量谱图判定混沌。对于周期信号，主分量谱图中只有开始的几个点有值，且第一个点的值远大于其他点；噪声的主分量谱图应是一条与 X 轴接近平行的直线；混沌信号的主分量谱图应是一条过定点且斜率为负的直线。

4) 功率谱法[120,121]

传统的谱分析是判别混沌的一个重要手段。根据傅里叶分析，任何一个周期运动都可以看成基振与其一系列谐振的叠加，各谐振的振幅和频率的关系为离散谱线；而对于任何一个非周期运动，我们不能展开成傅里叶级数，而只能展开成傅里叶积分，即非周期运动的频率谱是连续的。若某动力学系统的频谱定常、连续并可重现，则可确定该系统是混沌的。

2. 定量混沌识别方法

1）Lyapunov 指数法[118,123]

混沌运动的基本特点是运动对初值条件极为敏感。两个很靠近的初值产生的轨道，随时间推移按指数方式分离，Lyapunov 指数就是定量描述用于量度在相空间中初始条件不同的两条相邻轨迹随时间按指数律吸引或分离的程度的量，将这种轨迹收敛或发散的比率称为 Lyapunov 指数。对于系统 $x_{n+1} = f(x_n)$，其 Lyapunov 指数为

$$\lambda = \lim_{n \to \infty} \frac{1}{n} \sum_{i=0}^{n-1} \ln |f'(x_i)| \text{。}$$

Lyapunov 指数 λ 实际上就是系统在各次迭代点处导数绝对值的对数平均，它从统计特性上反映了非线性系统的动力学特性。在混沌的诊断中，λ 起着非常重要的作用：若 $\lambda < 0$，则表明体系的相体积在该方向上是收缩的，此方向的运动是稳定、收缩的，因此，系统收敛于不动点；若 $\lambda > 0$（且有限），则表明了体系在某个方向上不断膨胀和折叠，以致本来邻近的轨线变得越来越不相关，从而使初态有任何不确定性的系统的长期行为成为不可预测的，即我们所谓的初值敏感性，因此，系统既不会稳定在不动点，也不存在稳定的周期解，同时也不会发散，表明系统进入混沌。所以混沌系统至少有一个 Lyapunov 指数是大于零的。

2）关联维数的计算（G-P 算法）[124]

关联维是分形维的一种，用来描述混沌吸引子的分形特征，在所有分形维的定义中，只有关联维是针对吸引子的一维混沌时间序列来定义的，因此对于时间序列的分析和处理来说尤为重要。它刻画了一维时间序列最后收缩到的子空间的维度，可以描述系统在整个变化中稳定性和确定性的程度，也表征了描述一个复杂系统所需的最少实质性状态变量。

根据嵌入理论和重构状态空间思想，1983 年，格瓦斯伯格（Grassberger）和帕卡德（Procaccia）提出了从时间序列直接计算关联维数的算法，简称 G-P 算法。计算序列的关联维数 D_2，并根据关联维数的值来判定序列的特性。这种方法的判断准则是：当 $D_2 = 1$ 时，系统处于自持周期振荡状态；$D_2 = 2$ 时，系统具有两种不可约频率的准周期振荡；当 D_2 不是整数或大于 2 时，系统表现出对初始条件敏感的混沌振荡。

3）Kolmogorov 熵法[125,126]

熵是系统在单位时间内产生的平均信息量的一个上限。Kolmogorov 熵表示状态信息随时间而丢失的速度，也反映了系统的无序程度，实际上它是所有正 Lyapunov 指数的和。因此 Kolmogorov 熵也是表征混沌系统的特征量之一。在不同类型的动力系统中，K 的值不同。在随机系统中，$K = \infty$；在规则系统中，$K = 0$；在确定性混沌系统中 $K > 0$。

当不知道系统的微分方程时，K 值是难以计算的。但由于 K 是 q 阶任伊(Renyi)熵的下界，且 $K_q \leqslant K_{q+1}$，$K_1 = K_0$。因此常计算 K_2 熵作为 K 的近似。

4) 替代数据法[127]

替代数据法是由塞尔(Theiler)等人提出来的。该方法的实现步骤为：首先作零假设(假设所讨论的时间序列为线性随机序列)；按照一定的算法由待检验序列出发产生出一组既满足假设条件又保留了原序列的傅里叶功率谱值的替代数据；分别计算待检验数据及替代数据的 Lyapunov 指数或关联指数等指标；再根据原序列和替代数据指标的显著性差异水平，在一定的置信度内决定接受零假设还是拒绝零假设；如果待检验序列和替代数据的特征指数无显著差别，则零假设为真，待检验数据是由随机过程产生；否则，若待检验数据和替代数据的特征指数之间有显著差异，则可拒绝序列是由线性过程决定的零假设，数据中必定含有非线性混沌成分。

纵观各种混沌识别方法不难发现，定性混沌识别方法有着许多人为的影响因素，使用时很难掌握一个明确的标准，难以满足实时快速混沌识别要求。而定量的混沌识别方法虽然原则上都可以应用于实时混沌识别场合，但是它们也有其缺点。主要表现在对时间序列样本数的要求高，一般情况下，这些方法要求样本量至少要大于1500 个。另外，许多方法在较高精度的要求下，需要计算大量的样本，再加上有的方法本身也比较复杂，因此往往计算耗时较长，很难适应实时混沌识别的要求。因此通过减少识别混沌所需样本量和计算量尽量小以找到一种实时快速识别混沌的方法来指导交通控制是非常必要和有意义的。

5.3　基于 GM(1,1) 模型的交通流混沌的识别方法

交通流系统是复杂巨系统，组成系统的各要素之间存在着复杂的非线性关系导致其混沌现象的产生。近年来，交通流的混沌现象已经引起了交通流理论界的重视。如何利用交通流的混沌现象进行交通流的控制是当前该领域研究的前沿课题。但交通流控制的前提是对混沌现象进行实时快速地识别。现有的混沌识别方法共同的缺点是：对样本数的要求高，计算量较大。一般说来，要求时间序列的样本量大于1500个，而对于交通控制来说，交通控制信号的最大周期是 2.5～3min，交通流诱导的周期一般为 5min，受安全车头时距(约 2s)的限制，在一个单车道的检测点上，5min内最多只能采集到 150 个样本数据，于是控制周期中的样本量受到限制，能提供的数据量较少，已有的混沌识别方法都无法应用。

因此，研究实时快速识别混沌的方法，即采用只需少量时间序列观察值样本且计算简便的方法以识别交通流不仅在混沌理论上填补实时快速识别混沌方法的空白，具有重要的学术意义，而且具有很高的实用价值，为实现交通流混沌控制提供基础。目前，针对这两个缺点，国内外学者作出了很多努力。

在减少时间序列观察值样本方面，文献[128]介绍了一种对离散和连续非线性系统的时间序列进行建模并实施混沌判定的方法，该方法以时间序列中的噪声可以描述成一系列独立、同分布的随机变量为前提条件，对原始的时间序列进行确定性的非线性自回归模型的构建，然后再利用 Lyapunov 指数进行混沌的判定，实验分析中最少只应用了 500 个样本数据即实现了混沌判定。文献[129]在各个演化点都是在同一确定性机制作用的前提下，提出了一种与传统 Lyapunov 指数定义不同的时空 Lyapunov 指数的定义及计算方法，阐述了空间中不同点得到的多个短时间序列所包含的信息同一个长时间序列所包含的信息是相同的，应用此方法对生态学系统的时间序列进行了混沌判定，只需用几百个样本点。文献[130]介绍了一种定性的混沌判定的方法，这种方法是利用观察均方差柱状图（MEan SquAred error Histogram，MESAH）来判定时间序列是否存在混沌特性。这种方法在某种情况下最少只需用 200 多个样本点的数据。文献[131]介绍了一种通过对 Lyapunov 指数的估计值进行统计假设检验来直接判定混沌的方法，该方法源于在噪声系统中应用渐近分布非参数神经网络对 Lyapunov 指数进行估计的方法，在对经济数据的分析中，二次抽样点数只有 100 多个。文献[132]介绍了一种实用、简单、快速的计算最大 Lyapunov 指数的方法。它在原有计算 Lyapunov 指数方法（如沃尔夫（Wolf）法等）的基础上，对最邻近点距离的计算过程和最大 Lyapunov 指数最终计算公式进行改进，使得对某些系统最少只需 100 多个点。文献[133]在研究生态序列中提出一种基于统计的方法，检验邻近的初始距离和其距离变化间是否有正的相关性来检验混沌的存在。该方法用很少的样本数据就能够以很高的显著性检测到混沌。在一定条件和置信度下，最少只需要 100 个点即可判定混沌。文献[134]提出用一种反复迭代优化法，通过从混沌时间序列的演化轨迹中获取的小段标量序列找出混沌初始状态。该算法只需少量的观测数据就可以用于识别而且收敛性好。文献[135]依据对混沌、非混沌交通流序高频系数部分存在明显结构上的差异提出了一种基于系统历史信息的在线快速判定交通流混沌的方法。该混沌判定方法比传统的混沌判定方法需要的样本数少，至少需要 150 个数据。文献[136] 提出一种在线实时快速地判定交通流混沌的组合算法。该算法先用关联积分法（C-C 方法）确定重构相空间的两个重要参数——嵌入维和延迟时间，再用小数据量方法计算时间序列的最大 Lyapunov 指数。结果表明该混沌判定方法比传统的混沌判定方法需要的样本数少，至少需要 150 个数据。

在使得算法计算简单方面，文献[137]提出了确定无标度区间的准则和数学模型，建立了求取该区间端点的算法，改进了 G-P 算法，使得计算变得简单易行。文献[138]为了识别混沌信号和随机信号，针对 G-P 算法及其改进算法的不足，提出了一种新的改进算法。该算法不仅能简化无标度区的确定过程，而且能客观地判断系统的关联维数是否饱和。文献[139]提出了一种改进的相空间重构方法。为了揭示非线性时间序列中的非线性相关性，采用了一种基于关联积分的统计量，并研究了不同参数对它的影响。结果表明该方法能够很简便地从时间序列有效地重构原系统的相空间。

从目前的文献来看，在某些限定条件下最少也需要 100 多个样本。考虑到一个实际的交通信号控制周期中最多只能得到 75 个时间序列样本，因此距离在交通流系统上的实时应用还有相当大的距离，有必要在现有的研究成果基础之上进一步研究减少样本需求量的新方法，同时在降低样本量的前提下再尝试减少计算量。

考虑到灰色理论具有小样本性，且计算简单，故而利用灰色 GM(1,1) 模型来识别混沌比传统的混沌识别方法所需的样本量少得多，可以在混沌形成之初检测到混沌，所以可以很好地满足检测实时性要求，可以尽快捕捉到产生混沌的时刻以便及时进行控制。

5.3.1 GM(1,1) 模型及其混沌特性

正如 1.3 节所指出的那样，在现实世界中，人们把信息分为三种：黑、白和灰。我们习惯用"黑"表示信息未知，用"白"表示信息完全已知，用"灰"表示部分信息已知、部分信息不明确。相应地，信息完全明确的系统称为白色系统，信息未知的系统称为黑色系统，部分信息已知、部分信息明确、部分信息不明确的系统称为灰色系统。灰色系统理论是一种研究少数据、贫信息不确定性问题的新方法。它以"部分信息已知，部分信息未知"的小样本、贫信息不确定性系统为研究对象，主要通过对部分已知信息的生成、开发和提取有价值的信息，实现对系统发展演化规律的描述与控制。而灰色系统理论中的灰色预测理论是其重要内容，它将系统看成一个随时间变化而变化的函数。在建模时，只需要少量的时间序列数据（四个数据）就能够取得较好的预测效果，达到较高的预测精度[140]。灰色预测模型最突出的特点是在"贫"信息的情况下能获得较好的控制预测效果。在灰色系统理论中，称抽象系统的逆过程为灰色模型，即 GM(Grey Model)。它是根据关联度、生成数灰导数、灰微分等观点和一系列数学方法建立起连续性微分方程。灰色 GM(1,1) 模型是灰色系统理论的预测模型，它是灰色系统理论应用中重要的内容。

应用灰色 GM(1,1) 模型可以对数据进行处理和预测，灰色预测系统使用的数据量可多可少，数据可以是线性的，也可以是非线性的。正如 1.3.3 节所叙述，灰色 GM(1,1) 模型具体的建模原理如下。

设有如下非负原始数据序列 $x^{(0)} = \{x^{(0)}(1), x^{(0)}(2), \cdots, x^{(0)}(n)\}$，对序列 $x^{(0)}$ 作一次累加 (1-AGO)，得到如下序列 $x^{(1)} = \{x^{(1)}(1), x^{(1)}(2), \cdots, x^{(1)}(n)\}$，其中 $x^{(1)}(k) = \sum_{i=1}^{k} x^{(0)}(i)$，

则 GM(1,1) 微分方程为 $\dfrac{\mathrm{d}x^{(1)}}{\mathrm{d}t} + ax^{(1)} = b$，GM(1,1) 模型白化方程也称为影子方程，公式如下：$x^{(0)}(k) + az^{(1)}(k) = b$，其中 $k = 2, 3, \cdots, n$，而 $-z^{(1)}(k)$ 为 $x^{(1)}$ 的紧邻均值生成序

列，也称为背景值，其计算方法为 $z^{(1)}(k+1)=\dfrac{1}{2}(x^{(1)}(k)+x^{(1)}(k+1))$，其中 $k=1,2,\cdots,n-1$。

具体来说：

(1) 符号 GM(1,1) 的含义，G(Grey) 灰色，M(Model) 模型，(1,1) 一元一阶方程。符号 GM(1,1) 完整的含义是只含一个变量的一阶灰色模型。

(2) 称模型中参数 $-a$ 为发展系数，$-a$ 反映了预测值 $\hat{x}^{(1)}$ 和 $\hat{x}^{(0)}$ 的发展态势。如果 a 为负数，那么态势发展是增长的；如果 a 为正数，那么态势发展是衰减的。

(3) b 称为灰色作用量。作为一个系统，它的作用量应是外加的或者预先定的。而 GM(1,1) 模型是单序列模型，只与系统的行为序列有关，而无外部作用序列。作用量 b 是从背景值挖掘的数据，它反映数据变化的关系，它的内容和确切内涵是灰的。

用矩阵形式也可将影子方程表示为

$$\begin{bmatrix} x^{(0)}(2) \\ x^{(0)}(3) \\ \vdots \\ x^{(0)}(n) \end{bmatrix} = \begin{bmatrix} -z_n^{(0)}(2),1 \\ -z_n^{(0)}(3),1 \\ \vdots \\ -z_n^{(0)}(n),1 \end{bmatrix}[a,b]^\top \tag{5.3.1}$$

设 $y_n=[x^{(0)}(2),x^{(0)}(3),\cdots,x^{(0)}(n)]^\top$，$\mu=[a,b]^\top$，且 $B=\begin{bmatrix} -z_n^{(0)}(2),1 \\ -z_n^{(0)}(3),1 \\ \vdots \\ -z_n^{(0)}(n),1 \end{bmatrix}$，其中，$\mu$ 是未辨识参数向量，a,b 为未辨识常数，即：$y_n=B\mu$，则未辨识参数向量由最小二乘法得到

$$\mu=(B^\top B)^{-1}B^\top y_n$$

模型的时间响应序列由下式得到 $\hat{x}^{(1)}(k+1)=\left(x^{(0)}(1)-\dfrac{b}{a}\right)e^{-ak}+\dfrac{b}{a}$。

原始数据 $x^{(0)}(k+1)$ 的预测值 $\hat{x}^{(0)}(k+1)$ 为 $\hat{x}^{(0)}(k+1)=\hat{x}^{(1)}(k+1)-\hat{x}^{(1)}(k)$。

最后，对得到的拟合预测值进行如下误差检验，令 $\varepsilon(k)$ 为残差，则

$$\varepsilon(k)=\frac{|\text{实际值}-\text{模型值}|}{\text{实际值}}\times100\%=\frac{|x^{(0)}(k)-\hat{x}^{(0)}(k)|}{x^{(0)}(k)}\times100\%$$

根据 GM(1,1) 模型的定义 $x^{(0)}(k)+az^{(1)}(k)=b,k=1,2,\cdots,n$，其背景值 $z^{(1)}(k)=0.5x^{(1)}(k)+0.5x^{(1)}(k-1),k=1,2,\cdots,n$，其中 $x^{(1)}(k)=x^{(1)}(k-1)+x^{(0)}(k)$。则存在以下递推关系

$$x^{(0)}(k)=b-a[0.5x^{(1)}(k)+0.5x^{(1)}(k-1)]=b-a[0.5x^{(0)}(k)+x^{(1)}(k-1)] \tag{5.3.2}$$

经整理得：$x^{(0)}(k) = (b - ax^{(1)}(k-1))/(1 + 0.5a)$，将采样点 $k = 2, 3, \cdots, j, \cdots, n$ 的取值分别代入式 (5.3.2)，有：$x^{(0)}(2) = (b - ax^{(1)}(1))/(1 + 0.5a), \cdots, x^{(0)}(n) = (b - ax^{(1)}(n-1))/(1 + 0.5a)$，那么 $x^{(0)}(j) - x^{(0)}(j-1) = (b - ax^{(1)}(j-1))/(1 + 0.5a) - (b - ax^{(1)}(j-2))/(1 + 0.5a) = \dfrac{-ax^{(0)}(j-1)}{1 + 0.5a}$ 并经整理可得：$x^{(0)}(j) = \dfrac{1 - 0.5a}{1 + 0.5a} x^{(0)}(j-1)$，进而有

$$x^{(0)}(2) = \frac{1 - 0.5a}{1 + 0.5a} x^{(0)}(1), x^{(0)}(3) = \frac{1 - 0.5a}{1 + 0.5a} x^{(0)}(2), \cdots, x^{(0)}(k) = \frac{1 - 0.5a}{1 + 0.5a} x^{(0)}(k-1)$$

则：$x^{(0)}(k) = \dfrac{1 - 0.5a}{1 + 0.5a} x^{(0)}(k-1) = \left(\dfrac{1 - 0.5a}{1 + 0.5a}\right)^2 x^{(0)}(k-2) = \cdots = \left(\dfrac{1 - 0.5a}{1 + 0.5a}\right)^{k-2} \dfrac{b - ax^{(0)}(1)}{1 + 0.5a}$。

由于交通流数据的信息中包含许多干扰因素，因此不妨假定原始交通流数据序列的各元素包含有二阶非线性干扰项 $b'x_n^2$，其中 $b' > 0$。消除或减弱这些二阶非线性干扰项对灰色模型预测结果的影响具有重要意义。

令 $\dfrac{1 - 0.5a}{1 + 0.5a} x_n = x_{n+1}$，在 x_{n+1} 中引入干扰项 $b'x_n^2$，则有关系式

$$x_{n+1} = \frac{1 - 0.5a}{1 + 0.5a} x_n - b'x_n^2 = \frac{1 - 0.5a}{1 + 0.5a} x_n \left(1 - \frac{1 + 0.5a}{1 - 0.5a} b'x_n\right)$$

不妨假设 $x_n' = \dfrac{1 + 0.5a}{1 - 0.5a} b'x_n$，则有 $x_{n+1}' = \dfrac{1 + 0.5a}{1 - 0.5a} b'x_{n+1} = \dfrac{1 - 0.5a}{1 + 0.5a} x_n'(1 - x_n')$。若令 $\lambda = \dfrac{1 - 0.5a}{1 + 0.5a}$，则上式符合 $x_{n+1} = \lambda x_n(1 - x_n)$ 形式的罗基斯蒂克 (Logistic) 映射，其迭代收敛的过程形成了虫口模型的混沌特性。引入罗基斯蒂克映射已有的混沌特性研究成果[141]有

当 $\lambda = \dfrac{1 - 0.5a}{1 + 0.5a} > 3.5699\cdots$ 时，GM (1,1) 模型行为周期趋于 ∞，出现混沌。

5.3.2　基于 GM (1,1) 模型的交通流混沌的识别方法的基本原理

假设交通流满足 Logistic 规律，则由 GM (1,1) 模型的混沌特性知：当 $\lambda = \dfrac{1 - 0.5a}{1 + 0.5a} > 3.5699\cdots$ 时，系统将进入混沌状态。于是我们得到了交通流混沌实时快速识别方法的基本原理如下：

将获得的交通流数据按照 5.3.1 节中的估计方法求出发展系数 a，代入 $\lambda = \dfrac{1 - 0.5a}{1 + 0.5a}$ 并判断是否进入混沌状态。具体的流程图见图 5.3.1。

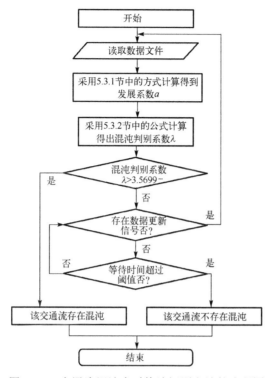

图 5.3.1　交通流混沌实时快速识别方法的流程图

5.3.3　交通流时间序列混沌识别的实证分析

采用 Logistic 模型来产生理论交通流时间序列 $x_{n+1} = \lambda x_n (1-x_n)$。很显然,该模型在 $\lambda > 3.5699\cdots$ 时会出现混沌。实证分析时,由于实际的交通干扰,所以选择 $\lambda = 4$ 产生的数据加入适当的随机误差得如图 5.3.2 所示序列共 100 个数据。

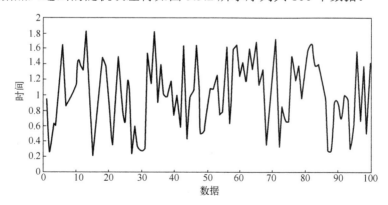

图 5.3.2　采用 Logistic 模型来产生的含有随机误差的 100 个理论交通流数据

经本节的混沌实时快速识别方法采用 MATLAB 7.0.1 软件编程可以得到从第 5、6、8、14 个数据处就可以判断将出现混沌。

利用 MATLAB 7.0.1 软件对实测交通流时间序列进行仿真。所用交通流数据来自江苏省常熟市无红绿灯的某路口。由于没有管控的影响，所得流量数据更能反映自然交通流的本性。采样时间为一个控制周期，间隔为 5min，选择没有出现失效情况的共 95 个数据如图 5.3.3 所示。

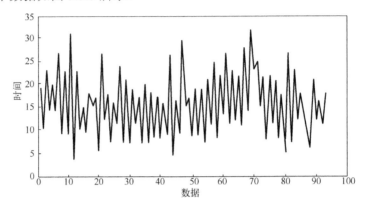

图 5.3.3　没有出现失效情况的 95 个实测交通流数据

对其采用本节的混沌实时快速识别方法可以得到从第 5、8、9、10、13、14、16、20、21、43、47 个数据处就可以判断将出现混沌。

显然，采用基于 GM(1,1) 模型混沌特性提出的一种新的识别交通流混沌的方法和传统的混沌识别方法相比具有所需的样本量可以很少，算法简单等优点，可以检测到混沌，然而，该模型并未充分利用数据流提供的特征向量，并且计算的事件复杂度较高，不能很好地满足检测实时性要求。为此，要在混沌形成之初就识别混沌，对该方法在这两个方面进行改进是必要的。

首先，在交通流混沌识别过程中，样本数量是不断增加的，因此数据所反映的特征也是变化的，实际上所对应的特征向量并未充分利用使得计算复杂度很高而不能满足实时快速识别的要求。其次，原始灰色 GM(1,1) 模型在发展系数 a 绝对值较小、数据序列平缓时，GM(1,1) 模型模拟预测精度较高；但当 a 的绝对值较大时，偏差可能导致模型无法适用于中长期预测，甚至不宜作短期预测。最后，由于在灰色 GM(1,1) 模型的求解发展系数的过程中需要对矩阵求逆矩阵，矩阵求逆的时间复杂度为 $o(n^3)$，如果 n 很大同样也不能满足实时快速的要求。因此，下面围绕这三点进行改进。

5.4　基于蚁群算法的最佳聚类方法在特征向量提取中的应用

所谓特征向量的提取就是指原始特征的数量可能很大，或者说是样本处于一个高维空间中，通过映射(或变换)的方法可以用低维空间来表示样本的过程。特征向量的提取方法有很多，常用的方法主要有欧氏距离法、概率距离法、统计直方图法、散度准则法以及基于 K-L 展开式的方法等[142]。一般情况下，在数据集中，某些特征可能总是同时出现，那么这些特征在类别区分能力上是非常相似的。为了提高识别率，总是最大限度地提取特征信息，结果不仅使特征维数增大，而且其中可能存在较大的相关性和冗余，因而选择合适的特征来描述模式对模式识别的精度、需要的训练时间和需要的实例等许多方面都影响很大，并且对分类器的构造也起着非常重要的作用。而用聚类分析方法来进行特征向量的提取可以很好地解决这些问题，所以本节采用聚类分析方法进行特征提取。

5.4.1　聚类分析方法

"物以类聚，人以群分"，聚类是人类一项最基本的认识活动。通过适当聚类，事物才能便于研究，事物的内部规律才可能为人类所了解掌握。聚类是一个将数据集划分为若干组或若干类的过程，并使得同一个组内的数据对象具有较高的相似度，而不同组之间的数据对象相似却很小。相似或不相似的度量是基于数据对象描述的取值来确定的。通常就是利用各对象间的距离来进行描述。将一群物理的或抽象的对象，根据它们之间的相似程度，分为若干组，其中相似的对象构成一组，这一过程就称为聚类过程，一个聚类，又称簇，就是由彼此相似的一组对象所构成的集合，不同聚类中的对象通常是不相似的。

聚类分析是按照不同对象之间的差异，根据每个样本对象的各种特征，通过无监督训练将样本按类似性分类，把相似性大的样本归为一类，并占据特征空间的一个局部区域，每个局部区域的聚合中心又起着相应类型代表的作用。

聚类算法是否能产生高质量的聚类取决于下面两个条件：类内数据对象的相似性最强，以紧致度描述；类间数据对象的相似性最弱，以分离度描述。聚类效果的好坏取决于该聚类算法能否发现隐藏在数据对象中的模式，同时也取决于聚类算法所采用的数据对象间相似性的度量方法及其实现。聚类分析的数据对象往往呈现多样性，每个数据对象都由不同的属性构成，对于不同类型的数据对象，它们之间的相似度有着不同的度量方法，文献[143]中给出了关于相似性度量方法的详细介绍。

属性的相似性测量大多直接或间接依赖对象间的距离。对于 p 维样本空间中的任意两个数值属性的数据对象 X 和 Y，在标准化处理后，或在无需标准化的特定应用中，对象间的相似性(或相似度)是基于对象间的距离来计算的。实际应用中经常使用的距离度量方法有明氏距离(Minkowski Distance)、余弦距离(Cosine Distance)和马氏距离(Mahalanobis Distance)等。

1) 明氏距离

$$d_{ij}(q) = \left(\sum_{k=1}^{p} \left| x_{ik} - x_{jk} \right|^q \right)^{1/q}$$，其中，$q > 0$，$d_{ij}(q)$ 为对象 i 和对象 j 之间的距离，

常用于欧氏空间中。当 $q=1$ 时，明氏距离即为绝对值距离：$d_{ij}(q) = \sum_{k=1}^{p} \left| x_{ik} - x_{jk} \right|$；当

$q=2$ 时，明氏距离即为欧氏距离：$d_{ij} = \sqrt{\sum_{k=1}^{p}(x_{ik} - x_{jk})^2}$。

2) 余弦距离

在聚类分析中，将每个对象可以看作 p 维空间中的向量，则其相似系数可用两个向量间的夹角余弦来表示，于是第 i 个与第 j 个对象的相似系数表示为：

$$q_{ij} = \cos(\theta_{ij}) = \frac{\sum\limits_{k=1}^{p} x_{ik} x_{jk}}{\sqrt{\sum\limits_{k=1}^{p} x_{ik}^2 \sum\limits_{k=1}^{p} x_{jk}^2}}$$

其中，θ_{ij} 为第 i 个与第 j 个对象的夹角。

3) 马氏距离

考虑到对象的各变量的观测值往往为随机值，因此第 i 个对象的 p 个分量的观测值为 p 维随机向量。由于随机向量有一定的分布规律，各分量之间又具有一定的相关性，因此两个对象作为两个随机向量的本体，则第 i 个与第 j 个对象间的马氏距离表示为：

$$d(i, j) = \sqrt{(x_i - x_j)^T \sum{}^{-1} (x_i - x_j)}$$

其中，$\sum{}^{-1}$ 是随机变量的协方差矩阵。

基于以上各种相似度的描述，聚类分析中常用的方法可以分为几大类：分裂法、层次法、基于密度的方法、基于网格的方法和基于模型的方法等。

(1) 分裂法。分裂法又称划分法，其目的是将给定的数据对象集通过划分操作分成若干分组，每一个分组表示一个聚类。对于给定的划分数目，划分的方法首先给出一个初始的分组，然后通过迭代重新定位技术来改变初始分组，并且同时满足以下要求：每个分组至少包括一个数据对象，并且每个数据对象必须属于且只属于一个组。并尝试通过在这些划分间移动数据对象来改进划分，使每一次改进后的分组方案比前一次分组方案好。算法这样经过反复迭代，最终实现聚类。实际应用中比较常见的划分聚类分析算法有：K-MEANS 算法、K-MEDOIDS 算法、CLARANS

算法以及 CLARA 算法等[144,145]。

(2)层次方法。层次方法是将数据对象集分解成几级逐级进行聚类,递归地对给定的数据对象集进行合并或分解,直到满足限制条件为止,其聚类结果最终以类别树的形式显示,树中的节点为数据对象子集。根据层次分解是自底向上还是自顶向下形成,层次聚类的方法可以进一步分为凝聚的和分裂的。层次算法不需要预先指定聚类的数目,但是在凝聚或分裂的层次聚类算法中,用户可以预先定义希望得到的聚类数目作为算法的结束条件,当该条件达到满足时,算法将终止。层次聚类方法的缺陷在于一旦一个步骤(合并或分裂)完成,它就不能被撤销,因此而不能更正错误的决定。实际应用中比较常见的层次聚类分析算法有:BIRCH 算法[146]、CURE 算法[147]等。

(3)基于密度的方法。绝大多数划分方法基于对象之间的距离进行聚类,这样的方法只能发现球状的分组。基于密度的方法与其他方法的根本区别是:它不是基于各种各样的距离的,而是基于密度的。这样就能克服基于距离的算法只能发现“球形”聚类的缺点。这个方法的指导思想是,只要一个区域中点的密度大过某个阈值,就把它加到与之相近的聚类中去,继续进行聚类。实际应用中比较常见的基于密度方法的聚类分析算法有:DBSCAN 算法、OPTICS 算法、DENCLUE 算法[148]等。

4)基于网格的方法

基于网格的方法采用一个多分辨率网格数据结构,通过这个数据结构可以将对数据对象的处理转化为对网格空间的处理。该方法首先把数据对象空间划分为有限数目的单元,形成一个空间网格结构;然后通过算法对网格空间进行分割进而实现聚类的目的。这样处理的突出的优点就是处理速度很快,其处理时间与目标数据库中记录个数无关,它只与量化空间中某一维的单元数目有关。实际中比较常见的基于网格方法的聚类分析算法有:STING 算法、CLIQUE 算法以及 WAVE-CLUSTER 算法[149]等。

5)基于模型的方法

基于模型的方法给每一个聚类假定一个模型,然后去寻找能很好满足这个模型的数据集。这个模型可能是数据点在空间中的密度分布函数或者其他,也可能是基于标准的统计数字自动决定聚类的数目,考虑“噪声”数据或者孤立点,从而产生健壮的聚类方法。实际中比较常见的基于模型方法的聚类分析算法有:基于神经网络模型的 SOM 算法[150]等。

这些聚类方法都具有各自的优点,有些易于实现、执行效率高;有些能够识别任意大小和形状的簇,可以很好处理孤立点;有些可扩展性好,能够处理高维、动态、大规模的数据集。然而,很多聚类算法对输入参数的取值十分敏感,而且参数的取值没有成熟的理论依据,只能依靠用户的经验来确定。一般说来,在进行聚类分析的时候,往往事先假设已知数据将分为 K 组或者聚类半径或者聚类中心已经给定，然后通过聚类算法进行分组，使得一组中的成员彼此相似，而与其他组的成员尽可能不同。事实上，如何在给定的数据集上得到最佳聚类个数是目前聚类算法本身没有回答的问题，于是需要引入一个指标来刻画聚类数的有效性，并以此来确定最佳聚类数。

5.4.2　最佳聚类数的确定

目前，刻画聚类数的有效性的指标很少，设 c 为聚类中心数 $(1 < c < n)$，$m > 1$ 为权系数，$d_{ij} = \| x_i - v_j \|$ 为样本点 x_i 和聚类中心 v_j 的欧氏距离，u_{ij} 为第 i 个样本点属于第 j 个聚类中心的隶属度，常见的聚类有效性函数有：

(1)福克雅玛(Fukayama-Sugeno)[151]提出的聚类有效性函数为：

$$v_{FS,m}(U,V;X) = \sum_{i=1}^{c} \sum_{k=1}^{n} u_{ik}^m (\| x_k - v_i \|_A^2 - \| v_i - \bar{x} \|_A^2) \tag{5.4.1}$$

其中 $\bar{x}$ 为所有样本数据的平均值，而右边括号中第一项是数据集在一个聚类中的方差，第二项则是聚类本身的方差。因此，理想的聚类数应该是使每一个聚类的方差达到最小，而聚类间的方差达到最大，从而使得 $v_{FS,m}(U,V;X)$ 最小。

(2)李双虎[152]提出的聚类有效性函数为：

$$v_{cm}(c) = \mathrm{Intra}(c) + \mathrm{Inter}(c) / \mathrm{Inter}(c_{\max}) \tag{5.4.2}$$

其中，$c_{\max}$ 是可聚类的最大数目，$\mathrm{Intra}(c) = \dfrac{c \sum\limits_{i=1}^{c} \| \sigma(v_i) \|}{\| \sigma(X) \|}$，$\sigma(\cdot)$ 为欧氏距离。$\mathrm{Intra}(c)$

表示类内紧密性；$\mathrm{Inter}(c) = \dfrac{D_{\max}^2}{D_{\min}^2} \sum\limits_{i=1}^{c} \left(\sum\limits_{i=1}^{c} \| v_i - v_j \|^2 \right)^{-1}$，$D_{\max} = \max\limits_{i \neq j} \| v_i - v_j \|$，

$D_{\min} = \min\limits_{i \neq j} \| v_i - v_j \|$，$\mathrm{Inter}(c)$ 表示类间的总距离。使 $v_{cm}(c)$ 达到最小的 c 值就是最佳聚类数目。

(3)吴成茂[153]提出的聚类有效性函数为：

$$v_{FP}(U;c) = F(U;c) - P(U;c) = \frac{1}{n} \sum_{i=1}^{n} \sum_{j=1}^{c} u_{ij}^2 - \frac{1}{c} \sum_{j=1}^{c} \left(\sum_{i=1}^{n} u_{ij}^2 / \sum_{i=1}^{n} u_{ij} \right) \tag{5.4.3}$$

其中，将 $F(U;c)$ 定义为划分系数，而将 $P(U;c)$ 定义为可能划分系数，若 v_{FP} 最小，则 c 即为最佳聚类数目。

(4)谢-贝尼(Xie-Beni)[154]提出的聚类有效性函数为：

$$v_{XB}(U,V;X) = \frac{\sum\limits_{i=1}^{c} \sum\limits_{c=1}^{n} u_{ic}^2 \| x_c - v_i \|^2}{c \left(\min\limits_{i \neq j} \| v_i - v_j \|^2 \right)} = \frac{(\sigma / c)}{\mathrm{Sep}(p_c)} \tag{5.4.4}$$

其中，σ 为全变差，$\text{Sep}(P_c)$ 是分散度，它们的比值 $\dfrac{\sigma}{\text{Sep}(P_c)}$ 构成了有效性指标。在 σ 取较小值而 $\text{Sep}(P_c)$ 取较大值，即 v_{XB} 最小时，有效性指标将会得出最合理的划分。

考虑到 Xie-Beni 提出的有效性函数应用更加广泛，故而将其稍加修改后用作本节聚类算法的聚类有效性判别函数。

5.4.3　蚁群算法原理

蚁群系统是最早建立的蚁群算法模型，其模型的建立来源于对蚂蚁寻找食物行为的研究。根据仿生学家的长期研究发现，蚂蚁觅食时，从蚁巢到食物源有很多条道路，开始的时候不同的蚂蚁会选择不同的路径，而到了最后，几乎所有的蚂蚁都会找到同一条最短的路线。究其原因，是由于蚂蚁寻找最短路径的过程是一个的交互式的过程，在这些协作的蚂蚁个体之间采用的通信方式是一种被称为信息激素或外激素（pheromone）的挥发性的化学物质，觅食蚂蚁寻找食物时在其走过的路径上留下外激素，同时又根据环境中存在的外激素量来决定行走的方向。当蚂蚁碰到一个其他蚂蚁还没有走过的路口时，就随机选择一条路径前行，同时释放出与路径长度有关的外激素，当后来的蚂蚁再次碰到这个路口的时候，蚂蚁就能够感知这种激素的存在以及其数量并且选择激素最多的那条路径。因此，这些激素既会随着通过该条路径的蚂蚁数量的变化而变化，也会随着时间的流逝而按照一定的函数关系消逝。由于最短路径上通过的蚂蚁数量较多，所以其上激素的积累速度也比其他路径快。因此，蚁群之间通过外激素来不断地交流反馈信息，最终找到一条从蚁巢到食物源的最短路径。

下面我们引用 M.Dorigo[155] 所举的例子来具体说明蚁群算法的原理。如图 5.4.1 所示，设 A 是巢穴，E 是食物源，HC 为一障碍物。因障碍物存在，蚂蚁只能经过 H 或 C 由 A 到达 E，或由 E 到达 A，各点之间的距离如图 5.4.1 所示。设每个时间单位有 30 只蚂蚁由 A 到达 B，有 30 只蚂蚁由 E 到达 D 点，蚂蚁过后留下的激素物质量（以下我们称之为信息）为 1。为方便，设该物质停留时间为 1。在初始时刻，由于路径 BH，BC，DH，DC 上均无信息存在，位于 B 和 D 的蚂蚁可以随机选择路径。从统计的角度可以认为它们以相同的概率选择 BH，BC，DH，DC。经过一个时间单位后，在路径 BCD 上的信息量是路径 BHD 上信息量的 2 倍。$t=1$ 时刻，将有 20 只蚂蚁由 B 和 D 到达 C，有 10 只蚂蚁由 B 和 D 到达 H。随着时间的推移，蚂蚁将会以越来越大的概率选择路径 BCD，最终完全选择路径 BCD。从而找到蚁巢到食物源的最短路径。

不难看出，由大量蚂蚁组成的蚁群的集体行为表现出了一种信息正反馈现象：某一路径上走过的蚂蚁越多，则后来者选择该路径的概率就越大，蚂蚁个体之间就是通过这种信息的交流搜索食物，并最终沿着最短路径行进。

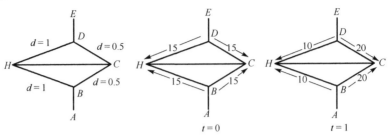

图 5.4.1　蚁群算法的原理

5.4.4　最佳聚类数目的蚁群聚类算法原理

蚁群聚类算法是根据蚂蚁在走过路径上留下的信息素来进行聚类的，其基本原理是将数据对象看作是具有不同属性的蚂蚁，聚类中心则是蚂蚁所要寻找的"食物源"，进而数据对象的聚类过程就可以看作是蚂蚁寻找食物源的过程。

在这种模型中，蚂蚁分布在若干个食物源中，并在不同食物源之间"移动"，与此同时，食物源本身的特征由于内部所含蚂蚁发生变化也跟着发生变化。这样通过蚁群与食物源之间的互动，实现蚂蚁在不同食物源中的分布，并且使得同一食物源内部的蚂蚁之间相异度最小。假设待分析的数据对象有 n 个，每个数据对象有 m 个属性，则数据对象定义为：$X = \{X_i | \ X_i = (x_{i1}, x_{i2}, \cdots, x_{im}), i = 1, 2, \cdots, n\}$，不同对象之间所存在的相异度用彼此之间的欧几里得距离 $d_{ij} = \sqrt{\sum_{k=1}^{m} p_k (x_{ik} - x_{jk})^2}$（$p_k$ 为权重）来度量，距离越小，相异度就越小。

在最佳聚类数目的蚁群聚类算法的初始化阶段，需要指定聚类分析过程中聚类的初始半径，假设为 $r = r_0$ 为任意大于零的实数。另外，采用最佳聚类数目的蚁群算法进行聚类分析，初始化阶段还需要设置各个蚂蚁之间信息素的量。在这种模型中，将蚂蚁视为具有不同属性的数据，而数据的属性对应着蚂蚁当前所在的位置。显然，聚类分析过程中数据不会发生变化，这对应着蚂蚁的位置是固定不变的。故在初始化的过程中还可以计算各个蚂蚁之间的距离，而这些距离在聚类分析过程中是恒定不变的量。

在初始化的基础上，依据彼此之间的距离决定各个蚂蚁之间信息素的量，如下式所示：$\tau_{ij} = \begin{cases} 1, & d_{ij} \leqslant r \\ 0, & d_{ij} > r \end{cases}$，只有彼此之间距离小于给定半径 r 的蚂蚁（只有这类蚂蚁方才可能归并到同一个类之中）之间方才有信息素的存在。在已知各个蚂蚁之间的距离以及相互之间信息素的基础上，蚂蚁就能在彼此所在的食物源之间"移动"，这里的"移动"并不是蚂蚁本身的位置移动，而是蚂蚁改变自己所属的食物源。如：蚂蚁 X_i 向蚂蚁 X_j 移动说明 X_i 和 X_j 应该聚为一类。这同时也说明某个（蚂蚁）数据可能同时属于多个类，但是具体聚类于哪个类由蚂蚁的移动不断地发生改变。依据蚁群算法的定义，不同蚂蚁之间采用随机的方式进行移动，蚂蚁 X_i 向蚂蚁 X_j 所在的食物源移动的概率由下式给出

$$p_{ij}(t) = \begin{cases} \dfrac{\tau_{ij}^{\alpha}(t)\eta_{ij}^{\beta}(t)}{\sum\limits_{s \in S} \tau_{ij}^{\alpha}(t)\eta_{ij}^{\beta}(t)}, & j \in S \\ 0, & j \notin S \end{cases} \tag{5.4.5}$$

其中 $S = \{s \mid d_{sj} \leqslant r, s = 1, 2, \cdots, N\}$ 表示蚂蚁 X_i 所有可能选择路径的集合；$\tau_{ij}(t)$ 为 t 时刻蚂蚁 X_i 到蚂蚁 X_j 路径上残留的信息量；α 称为信息启发因子，反映蚂蚁在运动过程中残余信息量的相对重要程度；η_{ij} 为能见度函数，反映蚂蚁在运动过程中的一种先验性、启发性因素，一般定义为两者之间距离的倒数，即为 $\eta_{ij} = \dfrac{1}{d_{ij}}$；$\beta$ 称为期望启发因子，反映蚂蚁在运动过程中启发信息的相对重要程度。值得注意的是这种模型中并不会发生信息素的更新操作，不同蚂蚁之间信息素的量是恒定的。

当所有的蚂蚁都经过"移动"操作之后，相当于每个类中所包含的数据对象发生了变化，最后只需要将含有相同蚂蚁的类重新归并成新的类即可。可以通过如下公式计算各个类的聚类中心点：$v_j = \dfrac{1}{c}\sum\limits_{k=1}^{c} X_k$，$j = 1, 2, \cdots, c$。这只是在初始聚类半径 $r = r_0$ 下的聚类结果，调节聚类半径并选择合适的聚类有效性函数可以得到最佳聚类半径和聚类数目。显然，当数据集被分成若干类后，其聚类中心从一定程度上就能反映这一类的特征，于是特征向量即可用聚类中心表示。

5.4.5　最佳聚类数目的蚁群聚类算法步骤

通过以上分析，可以得到最佳聚类数目的蚁群聚类算法步骤如下。

第一步：初始化。设定 $\alpha, \beta, \eta_{ij}, p_k, \tau_{ij}(0)$ 以及初始聚类半径 $r = r_0$ 及半径调节步长 h。

第二步：根据公式 $d_{ij} = \sqrt{\sum\limits_{k=1}^{m} p_k(x_{ik} - x_{jk})^2}$ 计算任意的两只蚂蚁间的距离，形成距离矩阵，并求最大距离 d。

第三步：如果 $r \leqslant d$，依据彼此之间的距离并根据公式 $\tau_{ij} = \begin{cases} 1, & d_{ij} \leqslant r \\ 0, & d_{ij} > r \end{cases}$ 决定各个蚂蚁之间信息素的量。如果对蚂蚁 X_i 而言，所有的其他蚂蚁 X_j 到其的距离 $d_{ij} > r$，

那么蚂蚁 X_i 单独形成一类。否则，根据公式 $p_{ij}(t)=\begin{cases}\dfrac{\tau_{ij}^{\alpha}(t)\eta_{ij}^{\beta}(t)}{\sum\limits_{s\in S}\tau_{ij}^{\alpha}(t)\eta_{ij}^{\beta}(t)}, & j\in S\\[4mm] 0, & j\notin S\end{cases}$ 计算蚂蚁

X_i 和蚂蚁 X_j 归为一类的概率。如果 $r>d$，转到第九步。

第四步：对每个蚂蚁 X_i，通过公式 $p_{ik}(t)=\max\limits_{\substack{j=1,2,\cdots,n\\ j\neq i}}\{p_{ij}(t)\}$ 求得 k，即：由于蚂蚁

X_i 和蚂蚁 X_k 归为一类的可能性最大，故而将其归为临时类 $C_{\text{temp}_i}^{(1)}$。

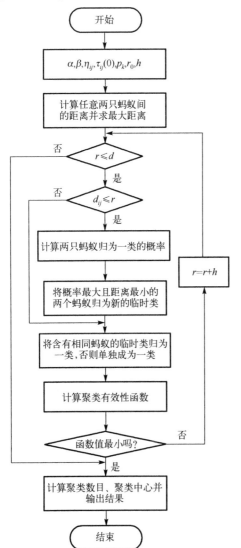

图 5.4.2　最佳聚类数目的蚁群聚类算法流程图

第五步：检查每一只蚂蚁 X_i，当且仅当只属于唯一的一个临时类 $C_{\text{temp}_i}^{(1)}$，那么将蚂蚁 X_i 和蚂蚁 X_k 归为新的临时类 $C_{\text{temp}_i}^{(2)}$，并转到第六步。否则，根据公式 $d_{in}=\min\limits_{X_s\in C_{\text{temp}_j}^{(1)}}\{d_{is}\}$ 计算得到满足条件的第一个 n，并将蚂蚁 X_i 和蚂蚁 X_n 归为新的临时类 $C_{\text{temp}_n}^{(2)}$。

第六步：比较任意两个新的临时类 $C_{\text{temp}_i}^{(2)}$ 和 $C_{\text{temp}_j}^{(2)}$，$i,j=1,2,\cdots,c,i\neq j$，如果含有相同的蚂蚁就将它们归为同一类 C_i，否则新的临时类本身就形成一类 C_i。

第七步：根据公式 $v_j=\dfrac{1}{c}\sum\limits_{k=1}^{c}X_k$ 计算每一类的聚类中心，并计算聚类有效性函数 $v(c)=\dfrac{\sum\limits_{i=1}^{c}\sum\limits_{c=1}^{n}\|x_c-v_i\|^2}{c\left(\min\limits_{i\neq j}\|v_i-v_j\|^2\right)}$ 的值，并与前一个有效值比较选择较小者对应的聚类结果。

第八步：修改聚类半径 $r=r+h$，转到第三步。

第九步：计算聚类半径、聚类数目以及输出聚类中心。

具体的流程图如图 5.4.2 所示。

5.4.6 最佳聚类数目的蚁群聚类算法数值实验

为了说明最佳聚类数目的蚁群聚类算法的可行性，选择适当的数据集进行了数值实验。来自于文献[156]的十字路口安全指标数据集如表 5.4.1 所示。其中 TC 表示交通冲突数而 MPCU 则表示混合当量交通量。

表 5.4.1 16 个路口三个时段的 TC 和 MPCU 比率

序号	早高峰	晚高峰	普通高峰	序号	早高峰	晚高峰	普通高峰
1	0.0085	0.0131	0.0064	9	0.0043	0.0049	0.0033
2	0.0156	0.0213	0.0115	10	0.0104	0.0222	0.0079
3	0.0235	0.0311	0.0165	11	0.0099	0.0101	0.0072
4	0.0081	0.0091	0.0062	12	0.0174	0.0217	0.012
5	0.0078	0.0083	0.0059	13	0.0099	0.0136	0.0071
6	0.0075	0.0079	0.0054	14	0.0056	0.0064	0.0039
7	0.0049	0.0054	0.0034	15	0.0089	0.0099	0.0063
8	0.004	0.0053	0.0031	16	0.0156	0.0185	0.0113

按照最佳聚类数目的蚁群聚类算法的步骤，通过 MATLAB 软件编程得到：最优的聚类数目为 4 类，此时聚类半径为 0.0074，而聚类有效性函数的值为 0.4597。具体的分类见表 5.4.2。

表 5.4.2 聚类结果及聚类中心

类别序号	聚类结果	聚类中心	聚类误差
1	1,4,5,6,11,13,15	(0.0087,0.0103,0.0064)	0.0148
2	2,10,12,16	(0.0147,0.0209,0.0107)	0.0800
3	7,8,9,14	(0.0038,0.0055,0.0034)	0.0031
4	3	(0.0235,0.0311,0.0165)	0

从表 5.4.2 可以看出，总的聚类误差为 0.0979，而文献[156]同样也分为了 4 类，但其聚类总误差为 0.12。故而，最佳聚类数目的蚁群聚类算法更加精确。

事实上，原有的聚类算法首先要求用户在运行算法之前给定要生成的簇的数目，这也是算法的一个缺点，因为对于一组给定的样本，由于缺乏经验或其他的原因可能事先并不知道生成多少个簇比较合适。簇的数目的选择需人为指定且具有随机性，为了得到较好的聚类效果，通常需要试探不同的值。而最佳聚类数目的蚁群聚类算法在给定聚类有效性函数的前提下，通过搜索聚类半径的方法得到自由聚类数解决了这一问题，不仅如此，还可以得到在给定聚类的数目的前提下得到聚类半径的取值范围，为研究聚类半径和聚类数目的关系以及找到更加合适的聚类有效性函数打下一定的基础。

5.5　改进的灰色 GM(1,1) 模型及其应用

5.5.1　传统灰色 GM(1,1) 模型的缺点

灰色预测具有要求样本数据少、原理简单、运算方便、短期预测精度高、可检验等优点，因此得到了广泛的应用，并取得了令人满意的效果。但是，它和其他预测方法一样，也存在一定的局限性，主要有如下几个方面：

(1) 在建模过程中用实际值 $x^{(0)}(1)$ 作为预测模型的初始条件 $\hat{x}^{(0)}(1)$，造成了 $x^{(0)}(k)(k>1)$ 与原始数据序列的初始值 $x^{(0)}(1)$ 无关性，即 GM(1,1) 预测模型实际上是丢弃了实际值 $x^{(0)}(1)$ 的作用。尽管它使得预测序列第一点误差最小，但这样做既不能保证整个预测序列误差和最小，而且还浪费原始序列的第一点信息。

(2) 在建模过程中，$X^{(1)}$ 处导数并不存在，而采用微分函数 $\dfrac{\mathrm{d}X^{(1)}}{\mathrm{d}t}=x^{(1)}(k+1)-x^{(1)}(k)$ 来代替。事实上，当数据变化急剧时，导数信号的背景值并不好，因此找到另外一种背景值来获得比较好的结果是必要的。

(3) GM(1,1) 模型的模拟与预测精度取决于常数 a，b，而 a，b 的值依赖于原始序列和背景值的构造形式。即背景值 $z^{(1)}(k+1)=\dfrac{1}{2}(x^{(1)}(k)+x^{(1)}(k+1))$ 的构造公式是导致模拟误差及 GM(1,1) 模型适应性的关键因素之一。

5.5.2　改进的 GM(1,1) 模型的原理

从模型的时间响应序列和预测值的计算公式可以看出，模型的拟合和预测精度依赖于发展系数 a 和灰色作用量 b，但是 a 和 b 既依赖于 $X^{(1)}$ 处导数又依赖于背景值 $z^{(1)}(k)$ 的结构形式。因此，$X^{(1)}$ 处导数值和背景值 $z^{(1)}(k)$ 能有效地提高 GM(1,1) 模型的拟合和预测精度。

如图 5.5.1 所示，作为传统的 GM(1,1) 模型，大多数情况下，由于 $X^{(1)}$ 处导数不存在，故直线 AD 的斜率 $x^{(1)}(k+1)-x^{(1)}(k)$ 经常被用来代替在 k 点处的 $x^{(1)}(t)$ 的导数，并且梯形的中位线 CD 被用来表示曲边多边形的面积。显然，采用 $x^{(1)}(t)$ 在 $k+\dfrac{1}{2}$ 点处而不是 k 点处的导数值表示直线 AD 的斜率更加合理些。

另一方面，通过灰色 GM(1,1) 模型拟合的曲线呈现指数增长。于是，曲边多边形的面积比梯形的中位线要小，而实际曲线的中点值 $x^{(1)}\left(k+\dfrac{1}{2}\right)$ 总是小于梯形的中位线长度值。因此，选择 $x^{(1)}\left(k+\dfrac{1}{2}\right)$ 作为曲边多边形的面积比梯形的中位线值要合理些。

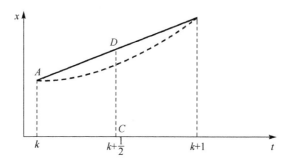

图 5.5.1　改进的 GM(1,1) 模型的背景值描述

假定一个真实的系统 $x(t) = ae^{bt}$ ，那么有

$$\frac{x^{(1)}(k+1)}{x^{(1)}(k)} = e^b, \qquad x^{(1)}(k+1) - x^{(1)}(k) = ae^{kb}(1 - e^b)$$

进一步地有 $x^{(1)}\left(k + \frac{1}{2}\right) = ae^{b\left(k+\frac{1}{2}\right)}$ 和 $z^{(1)}(k+1) = \frac{1}{2}(ae^{bk} + ae^{b(k+1)})$ ，于是可以得到：

$$b = \ln x^{(1)}(k+1) - \ln x^{(1)}(k) \tag{5.5.1}$$

然而，$\left.\dfrac{dX^{(1)}}{dt}\right|_{x=k+\frac{1}{2}} = abe^{b\left(k+\frac{1}{2}\right)}$ ，当 $b \to 0$ 时，这意味着当 $x^{(1)}(t)$ 改变不大时，

$x^{(1)}(k+1) - x^{(1)}(k)$ 能被用来代替 $x^{(1)}(t)$ 在 $k + \dfrac{1}{2}$ 点处导数而 $z^{(1)}(k+1)$ 能被 $x^{(1)}(t)$ 在

$k + \dfrac{1}{2}$ 处的值代替。显然，从式 (5.5.1) 中可知

$$\left.\frac{dX^{(1)}}{dt}\right|_{x=k+\frac{1}{2}} = abe^{b\left(k+\frac{1}{2}\right)} = (\ln x^{(1)}(k+1) - \ln x^{(1)}(k))\sqrt{x^{(1)}(k)x^{(1)}(k+1)} \tag{5.5.2}$$

而且有：$z^{(1)}(k+1) = x^{(1)}\left(k + \dfrac{1}{2}\right) = ae^{b\left(k+\frac{1}{2}\right)} = \sqrt{x^{(1)}(k)x^{(1)}(k+1)}$

于是建立新的改进的 GM(1,1) 模型的具体过程如下。

(1) 输入非负原始数据序列 $x^{(0)} = \{x^{(0)}(1), x^{(0)}(2), \cdots, x^{(0)}(n)\}$ ，对序列 $x^{(0)}$ 作一次累

加，得到一次累加序列 $x^{(1)} = \{x^{(1)}(1), x^{(1)}(2), \cdots, x^{(1)}(n)\}$ ，其中 $x^{(1)}(k) = \sum_{i=1}^{k} x^{(0)}(i)$ ；

(2) 计算背景值 $z^{(1)}(k+1) = x^{(1)}\left(k + \dfrac{1}{2}\right) = \sqrt{x^{(1)}(k)x^{(1)}(k+1)}$ ；

$$(3) 建立\ y_n = \begin{bmatrix} (\ln x^{(1)}(2) - \ln x^{(1)}(1))\sqrt{x^{(1)}(1)x^{(1)}(2)} \\ (\ln x^{(1)}(3) - \ln x^{(1)}(2))\sqrt{x^{(1)}(2)x^{(1)}(3)} \\ \vdots \\ (\ln x^{(1)}(n) - \ln x^{(1)}(n-1))\sqrt{x^{(1)}(n-1)x^{(1)}(n)} \end{bmatrix}, \quad B = \begin{bmatrix} -z^{(1)}(2) & 1 \\ -z^{(1)}(3) & 1 \\ \vdots & \vdots \\ -z^{(1)}(n) & 1 \end{bmatrix}, \quad 根据$$

$\mu = (B^\top B)^{-1} B^\top y_n$ 计算未辨识参数 a，b；

(4) 将 a，b 代入计算模型的时间响应序列 $\hat{x}^{(1)}(k+1) = \left(x^{(0)}(1) - \dfrac{b}{a} \right)e^{-ak} + \dfrac{b}{a}$，得到

原始数据的预测值 $\hat{x}^{(0)}(k+1)$ 为 $\hat{x}^{(0)}(k+1) = \hat{x}^{(1)}(k+1) - \hat{x}^{(1)}(k)$；

(5) 使用相对误差计算模型的误差。

5.5.3 改进的 GM(1,1) 模型的应用实例

为了检验新的改进的 GM(1,1) 模型的有效性与优越性，选择从 2000 年到 2004 年的乘客交通量来进行计算。2000~2004 年的道路交通量数据[157]如表 5.5.1 所示。

表 5.5.1   2000~2004 年的道路交通量数据   单位：亿人

	2000 年	2001 年	2002 年	2003 年	2004 年
交通量	134.74	140.28	147.53	146.43	162.45

根据改进的 GM(1,1) 模型的原理结合 MATLAB 软件编程，可以得到参数：$[a,b]^\top = [-0.049, 127.51]^\top$，乘客交通量预测方程为：$\hat{x}^{(1)}(k+1) = 2741.2e^{-ak} - 2606.5$，还原的原始数据方程为 $\hat{x}^{(0)}(k+1) = 130.87e^{0.049k}$。

为了比较的目的，也将该组数据采用传统 GM(1,1) 模型进行了预测。当 $k = 1,2,\cdots,5$ 时，原始数据以及分别采用传统和改进 GM(1,1) 模型得到的预测数据分析如表 5.5.2。

表 5.5.2   拟合误差分析

	2000 年	2001 年	2002 年	2003 年	2004 年
真实值	137.74	140.28	147.53	146.43	162.45
传统 GM(1,1) 模型预测值	137.43	144.32	151.56	159.16	164.14
误差 1(%)	0.0199	0.0288	0.0273	0.0869	0.0104
改进 GM(1,1) 模型预测值	139.37	145.69	152.3	159.21	166.43
误差 2(%)	0.0344	0.0386	0.0323	0.0873	0.0245

很显然，结果的预测精度在很大程度上得到了改善，远远超过了传统方法。这表明改进后的方法是有效的。特别是平均相对误差都远低于传统的 GM(1,1) 模型。

5.6　GM(1,1)模型参数向量的递推计算

5.6.1　GM(1,1)模型参数向量的递推计算原理

不管是原始的 GM(1,1)模型还是改进的 GM(1,1)模型，在求解参数 a，b 时都必须采用最小二乘法，其结果变成了求解参数向量 $\mu = (B^\top B)^{-1}B^\top y_n$，然而，随着 B 的规模变大，$(B^\top B)^{-1}$ 求解的时间复杂度增加，特别是在有实时需求时，数据往往是循序测得的，若直接计算，则每一个中间参数都要去重新计算，数据增加次数越多，计算工作量也就越大，可以发现，其中很多计算是重复性的，所以数据累积越多实时性越差。因此，采用递推算法可以 $(B^\top B)^{-1}$ 至少保证时间复杂度不显著增加。递推算法的基本思想是：首先根据初始值计算出参数向量的初始值；新增加一组数据后，计算新增数据带来的参数向量增量进而得到新的参数向量；再增加新数据时，以此类推即可得到实时的参数向量。由于每次计算只需关注参数向量的增量而不必每次重新求矩阵的逆，所以计算量较小且无重复计算，大大提高了计算速度。

为了说明递推的过程，对灰色 GM(1,1)模型采用与原始序列长度对应的符号。设原始序列的长度为 n，则对应的参数向量为 $\mu_n = (B_n^\top B_n)^{-1}B_n^\top y_n$，为了方便起见，将式中 $(B_n^\top B_n)^{-1}$ 记为 C_n，将 $B_n^\top y_n$ 记为 D_n。当新增加一个数据 $y = x^{(0)}(n+1)$ 后，$y_{n+1} = \begin{bmatrix} y_n \\ y \end{bmatrix}$，

$B_{n+1} = \begin{bmatrix} B_n \\ Z^\top \end{bmatrix}$，其中 $Z^\top = (-z^{(1)}(n+1) \quad 1)$，那么新的参数向量为 $\mu_{n+1} = C_{n+1}D_{n+1}$。进一

步有，$C_{n+1} = \left[\begin{bmatrix} B_n \\ Z^\top \end{bmatrix}^\top \begin{bmatrix} B_n \\ Z^\top \end{bmatrix} \right]^{-1} = (B_n^\top B_n + ZZ^\top)^{-1} = (C_n^{-1} + ZZ^\top)^{-1}$。

从文献[158]、[159]可知：

定理 5.6.1　假设矩阵 A，C 和 $A+BCD$ 为可逆方阵，则 $A+BCD$ 可逆，且逆矩阵为

$$(A+BCD)^{-1} = A^{-1} - A^{-1}B(C^{-1}+DA^{-1}B)^{-1}DA^{-1}$$

对照定理 5.6.1 的结论 $(A+BCD)^{-1} = A^{-1} - A^{-1}B(C^{-1}+DA^{-1}B)^{-1}DA^{-1}$ 不难发现，只需令 $A = C_n^{-1}, B = Z, C = 1, D = Z^\top$，则 $C_{n+1} = C_n - C_nZ(1+Z^\top C_nZ)^{-1}Z^\top C_n$。同样，对 D_{n+1} 有 $D_{n+1} = \begin{bmatrix} B_n \\ Z^\top \end{bmatrix}^\top \begin{bmatrix} y_n \\ y \end{bmatrix} = B_n^\top y_n + Zy$，代入整理得 $\mu_{n+1} = \mu_n + C_nZ(1+Z^\top C_nZ)^{-1}(y - Z^\top \mu_n)$。

最终可以得到发展系数的递推公式为

$$k_{n+1} = C_n Z (1 + Z^\top C_n Z)^{-1}; \mu_{n+1} = \mu_n + k_{n+1}(y - Z^\top \mu_n); C_{n+1} = C_n - k_{n+1} Z^\top C_n$$

由于式中 $(1 + Z^\top C_n Z)^{-1}$ 和 $(y - Z^\top \mu_n)$ 是两个实数，因而不需计算逆矩阵从而大大提高计算效率。

5.6.2 GM(1,1) 模型参数向量的递推计算步骤

第一步：计算初始值 $C_n = (B_n^\top B_n)^{-1}, D_n = B_n^\top y_n$ 得到初始参数向量 $\mu_n = C_n D_n$；

第二步：计算 $k_{n+1} = C_n Z (1 + Z^\top C_n Z)^{-1}$；

第三步：计算 C_n 的增量 $\Delta C = -k_{n+1} Z^\top C_n$ 及 $C_{n+1} = C_n + \Delta C$；

第四步：计算参数向量的增量 $\Delta\mu = k_{n+1}(y - Z^\top \mu_n)$ 及参数向量 $\mu_{n+1} = \mu_n + \Delta\mu$；

第五步：重复第二、三、四步直到数据结束，这样就把每增加一组数据后的参数向量计算出来。

5.7 一种交通流混沌的实时快速识别方法

5.7.1 交通流混沌的实时快速识别方法原理

由于在交通流混沌识别过程中，样本数量是不断增加的，因此数据所反映的特征也是变化的，故而可以采用最佳聚类数目的蚁群聚类算法得到的聚类中心作为该组实时样本数据的特征向量。另外，通过改进的 GM(1,1) 模型及参数向量的递推算法可以更加精确、更加快速地得到所要的发展系数的值。又由 5.3.1 节所导出的 GM(1,1) 模型的混沌特性知：当 $\lambda = \dfrac{1-0.5a}{1+0.5a} > 3.5699\cdots$ 时，系统将进入混沌状态。于是我们得到了交通流混沌实时快速识别方法的基本原理如下：

将获得的交通流数据采用最佳聚类数目的蚁群聚类算法进行聚类，从而得到有效的特征向量，然后按照参数向量的递推算法对改进的 GM(1,1) 模型的参数向量进行实时求解得到发展系数 a，代入 $\lambda = \dfrac{1-0.5a}{1+0.5a}$ 并判断是否进入混沌状态。具体的流程图如图 5.7.1 所示。

5.7.2 实测交通流时间序列实时快速混沌识别的实证分析

为了说明算法的优越性，依然采用 5.3.3 节中的数据进行验证。

1. 理论交通流时间序列的实证分析

采用 Logistic 模型来产生理论交通流时间序列 $x_{n+1} = \lambda x_n (1 - x_n)$。很显然，该模型在 $\lambda > 3.5699\cdots$ 时会出现混沌。实证分析时，由于实际的交通干扰，所以选择 $\lambda = 4$ 产生的数据加入适当的随机误差得如图 5.3.2 所示序列共 100 个数据。经本节的混

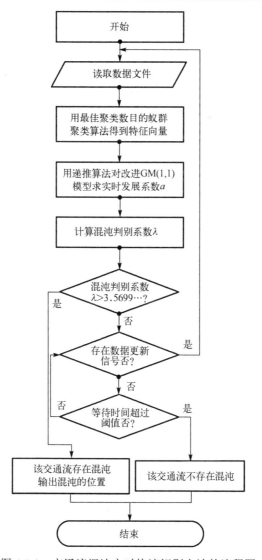

图 5.7.1　交通流混沌实时快速识别方法的流程图

沌实时快速识别方法采用 MATLAB 7.0.1 软件编程可以得到从第 4、5、6、7、10、32、36、37、38、39、40、42、44、45、51、52、56、84 个数据处就可以判断将出现混沌。

2. 实测交通流时间序列的实证分析

利用 MATLAB 7.0.1 软件对实测交通流时间序列进行仿真。所用交通流数据来自江苏省常熟市无红绿灯的某路口。由于没有管控的影响，所得流量数据更能反映自然交通流的本性。采样时间为一个控制周期，间隔为 5min，选择没有出现失效情况的共 95 个数据如图 5.3.3 所示。对其采用本节的混沌实时快速识别方法可以得到从第 7、10、19、40、43、56、61、73 个数据处就可以判断将出现混沌。

总而言之，该种实时快速识别交通流混沌的方法和传统的混沌识别方法相比所需的样本量可以很少，而传统的算法最少需要 36 个样本数据，所以具有很好的效果，且算法简单，充分利用了数据流提供的特征向量，可以在混沌形成之初检测到混沌，所以此法可以很好地满足检测实时性要求，可以尽快捕捉到产生混沌的时刻以便及时进行控制。

5.8　小　　结

本章基于目前许多混沌识别方法在较高精度的要求下，需要大量的样本作依据这一缺点，考虑到灰色 GM(1,1) 模型的小样本性，提出了一种识别混沌的小样本量方法。研究表明该方法也存在缺点：由于随着样本量的增加计算量也增大，不能满足实时快速识别的要求。于是对该模型进行了三个方面的改进得到一种实时快速识别混沌的有效方法：

(1) 采用最佳聚类数目的蚁群聚类算法得到的聚类中心作为该组数据的特征向量，从而使得样本的信息得到充分利用；

(2) 通过对原始灰色 GM(1,1) 模型的改进，求得待估参数 a, b，使得模型的精确度更高，混沌识别得更准确。

(3) 通过递推的算法对 GM(1,1) 模型的参数进行估计，能够充分利用已计算得到的数据从而使得计算简便且无须重复计算，很好地满足了实时快速的需要。

结果证明，不管是混沌识别模型还是实时快速识别混沌模型都能具有识别所需样本量很少 (有些时间序列甚至只需要四个数据即可)、计算速度快、算法简单等优点，可以在混沌形成之初检测到混沌。所以该方法可以很好地满足检测实时性的要求，可以尽快地捕捉到产生混沌的时刻，有利于在混沌产生之初对混沌及时进行控制，是一种值得研究和推广的方法。

第6章 宏观交通运输系统竞争合作模型研究

本章主要讨论宏观交通运输系统自组织演化机理与演化过程，然后借助研究的结果建立了基于时不变和时变综合系数的公路和铁路运输两种子系统的动力学演化模型，最后对模型稳定性、演化势态进行了分析以及数值模拟仿真。

6.1 宏观交通运输系统自组织性演化过程与模型

交通运输系统是与环境有物质、能量、信息交换的开放系统，它是非线性特性的远离平衡态的耗散结构，具有自组织系统的特征，因而是一个动态的不断演变的系统，随着时间的推移，其结构、状态、特征、行为、功能等会发生转换或升级。交通运输系统的开放性、非平衡性、非线性和随机"涨落"是产业经济现象复杂性和多样性产生的源泉，是系统产生自组织的条件和动因。

交通运输系统个体演化的轨迹类似于生物种群的进化过程，可将其描述为四阶段模型：初始形成阶段、成长阶段、成熟阶段以及更新或衰落阶段，具体如图6.1.1所示。

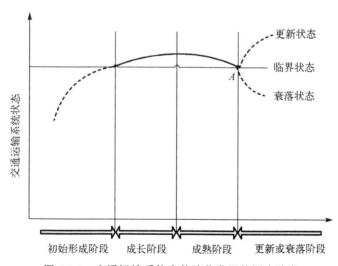

图 6.1.1 交通运输系统个体演化发展的四个阶段

1)初始形成阶段
交通运输系统的形成受自然地理、历史条件、经济活动模式、人口分布密度、生产力布局、人为规划以及政治等多种因素的影响，但与交通流的形成与发展有更直接的关联。两地域间有了大量的交通流后，在两地域之间将形成狭长的客货密集地带。为了承担两地域间达到一定规模的交通流，交通基础设施将形成连接两个地域之间束状的交通运输线路的集合，在几何特性上一般呈带状分布。事实上，线状交通模式就是交通运输系统的初始状态[160]。此阶段的交通运输系统，一般表现为运输子系统单一，线路较少，主要发挥其输送交通流的基本功能。

2）成长阶段

此阶段交通运输系统的运输子系统和运输线路增多，以"量"的发展为主要特征，开始发挥其输送大量交通流的核心功能。

3）成熟阶段

此阶段交通运输系统不断完善自身结构功能，各子系统间不断协调发展，以"质"的提高为主要特征。交通运输系统处于渐变过程，系统总体均衡格局不会发生变迁，并且逐步形成其输送交通流以外的扩展功能，即发挥其基础设施发展轴、经济发展轴和城市化发展轴的功能[161]。成长和成熟阶段是交通运输系统生命周期中较长的相对稳定时期。当然，这种稳定不是静止不变的终极状态，而是系统动态非均衡演化过程某一层次的中间状态。

4）更新或衰落阶段

当某交通运输系统发展到一定阶段，原有结构功能不能满足不断发展变化的客货运输需求，或由于其他新兴的交通运输系统的崛起，原有交通运输系统受到冲击，处于不稳定的临界状态（对应图 6.1.1 中成熟阶段与更新或衰落阶段的连接处），一旦条件成熟，交通运输系统将出现突变。有两种突变类型：一是旧的交通运输系统逐渐衰亡，其他新型的交通运输系统出现；二是相对落后的交通运输系统出现更新，发展转变为更先进和完善的交通运输系统。

交通运输系统遵循这样的规律：在演化的初期和后期，成长速度较低；中期成长速度较高；演化的总体过程呈现 S 形曲线，于是可以借助美国生物学家和人口统计学家雷蒙·比尔在 19 世纪首先提出的 S 形曲线所描述的罗基斯蒂克（Logistic）方程来描述。该方程的标准形式为：$x_{n+1} = \mu x_n (1 - x_n)$，在文献[162]、[163]中，就使用了一种形如 $\dfrac{\mathrm{d}x}{\mathrm{d}t} = \mu x \left(1 - \dfrac{x}{a}\right)$ 的 Logistic 方程来描述交通系统的动态演化。

设 $x = x(t)$ 是交通运输系统运载量演化过程的状态变量。假定系统的成长速度与其演化过程中的状态变量 x 成正比，但随着其演化接近增长的极限，成长速度又会减弱，并趋于零。借鉴叶金国[164]在《技术创新自组织论》一书中研究技术创新系统时提出的系统演化 Logistic 方程，认为交通运输系统运载量自组织演化的内在动因是系统内各要素、子系统的非线性作用，演化过程存在正负反馈的双向机制。

不妨记交通运输系统运载量的变化率为 $\dot{x} = \dfrac{\mathrm{d}x}{\mathrm{d}t}$，如果交通运输系统的发展过程不受任何因素及系统边界的限制，则有 $\dot{x} = \dfrac{\mathrm{d}x}{\mathrm{d}t} = \mu t$，$\mu$ 表示交通运输系统发展需要的增长率，但是对于交通运输系统发展所要求的环境资源而言，其容量是有限的，系统发展是有边界的，而且发展速度越快，环境资源的稀缺性表现得就越突出。也就是说，只考虑系统本身的发展是不够的。因此，用 μx 表示交通运输系统运载量演化的正反馈作用，$\left(1 - \dfrac{x}{N}\right)$ 表示外部动力等引发各因素耦合形成的正负反馈机制作用，它的量随时间的推移而减少，其中 N 为交通运输系统运载量所能达到的增长的极限值。交通运输系统运载量的变化率所受到的非线性作用为以上二者之乘积 $\mu x \left(1 - \dfrac{x}{N}\right)$，即交通运输系统运载量变化对于外部因素的作用来说能够产生一定作用。显然这里 $\mu > 0, N > 0$。

于是非线性自组织演化 Logistic 增长曲线方程就被表示为 $\dfrac{\mathrm{d}x}{\mathrm{d}t} = \mu x \left(1 - \dfrac{x}{N}\right)$，该方程的解为：$x = \dfrac{N}{1 + c\mathrm{e}^{-\mu t}}$，其中 $c = \dfrac{N - x(0)}{x(0)} > 0$ 称为微积分常数，$x(0)$ 为交通运输系统运载量的初始状态。

不失一般性，Logistic 增长曲线方程 $\dfrac{\mathrm{d}x}{\mathrm{d}t} = \mu x \left(1 - \dfrac{x}{N}\right)$ 表示的是交通运输系统的运载量在任一时刻的增长速度，称之为交通运输系统的成长速度方程。由于 $\mu > 0$，故而 $\dfrac{\mathrm{d}x}{\mathrm{d}t} > 0$。方程的解 $x = \dfrac{N}{1 + c\mathrm{e}^{-\mu t}}$ 是描述交通运输系统运载量在任一时刻的状态变化，称之为交通运输系统的成长曲线。当 $t \to +\infty$ 时，$x(t)$ 达到极限值 N。

对成长速度方程继续求导可以得到交通运输系统运载量增长的加速度：

$$\frac{\mathrm{d}^2 x}{\mathrm{d}t^2} = \mu^2 x \left(1 - \frac{x}{N}\right)\left(1 - \frac{2x}{N}\right)$$

令 $\dfrac{\mathrm{d}x}{\mathrm{d}t} = \mu x \left(1 - \dfrac{x}{N}\right) = 0$ 可得状态演化曲线的驻点为：$x = 0, x = N$；令 $\dfrac{\mathrm{d}^2 x}{\mathrm{d}t^2} = 0$ 可得状态演化曲线的特征点为：$x = 0, x = N, x = \dfrac{N}{2}$。继续对交通运输系统运载量增长的加速度 $\dfrac{\mathrm{d}^2 x}{\mathrm{d}t^2}$ 求导可得：$\dfrac{\mathrm{d}^3 x}{\mathrm{d}t^3} = \dfrac{\mu^3}{N^2} x \left(1 - \dfrac{x}{N}\right)\left(x - \left(\dfrac{3+\sqrt{3}}{6}\right)N\right)\left(x - \left(\dfrac{3-\sqrt{3}}{6}\right)N\right)$，又因为

$0 < x < N$，所以当 $x = \dfrac{N}{2}$ 时，有 $\dfrac{d^3x}{dt^3} < 0$，所以 $x = \dfrac{N}{2}$ 为成长速度方程的极大值点的横坐标而为成长曲线方程的拐点，此时，将 $x = \dfrac{N}{2}$ 代入成长曲线方程可得对应的时间 $t_0 \dfrac{\ln c - \ln 2}{\mu}$，对应的成长速度为 $\dfrac{dx}{dt}\Big|_{t=t_0} = \dfrac{\mu N}{4}$。令 $\dfrac{d^3x}{dt^3} = 0$ 解得：$x_1 = \left(\dfrac{3+\sqrt{3}}{6}\right)N$，$x_2 = \left(\dfrac{3-\sqrt{3}}{6}\right)N$，代入方程的解 $x = \dfrac{N}{1+ce^{-\mu t}}$ 可得对应的时间为：

$$t_1 = \frac{\ln c - \ln(2-\sqrt{3})}{\mu}, \quad t_2 = \frac{\ln c - \ln(2+\sqrt{3})}{\mu}$$

此时，对应的成长速度为：$\dfrac{dx}{dt}\Big|_{t=t_1} = \dfrac{dx}{dt}\Big|_{t=t_2} = \dfrac{\mu N}{6}$。

综合上述推导结果，成长速度曲线有两个拐点 $\left(t_1, \dfrac{\mu N}{6}\right)$，$\left(t_2, \dfrac{\mu N}{6}\right)$ 和一个极大值点 $\left(t_0, \dfrac{\mu N}{4}\right)$，成长曲线有一个拐点 $\left(t_0, \dfrac{\mu N}{2}\right)$。根据这些特征点，将 $x(t)$ 分为四个阶段，即：$(0, t_1), (t_1, t_0), (t_0, t_2), (t_2, +\infty)$ 并列表如表 6.1.1 所示。

表 6.1.1　基于 Logistic 增长曲线的交通运输系统成长曲线趋势

t	$(0, t_1)$	t_1	(t_1, t_0)	t_0	(t_0, t_2)	t_2	$(t_2, +\infty)$
$\dfrac{dx}{dt}$	正号	正号	正号	正号	正号	正号	正号
$\dfrac{d^2x}{dt^2}$	正号	正号	正号	0	负号	负号	负号
$\dfrac{d^3x}{dt^3}$	正号	0	负号	负号	负号	0	正号
$x(t)$	↗	—	↗	拐点	↗	—	↗
$\dfrac{dx}{dt}$	↗	拐点	↗	极大值点	↘	拐点	↘

对照表 6.1.1 所表示的状态特征，可以分别作出交通运输系统成长曲线图和成长速度曲线图如图 6.1.2 和图 6.1.3 所示。

从图 6.1.2 和图 6.1.3 可以看出，交通运输系统的运载量是随着时间的推移按照 S 形曲线增长的，演化的过程分为四个阶段。

第一阶段 $(0 < t < t_1)$ 称为孕育期，交通运输系统处于起步期，由 $\dfrac{d^2x}{dt^2} > 0, \dfrac{d^3x}{dt^3} > 0$ 知

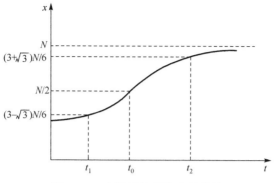

图 6.1.2　交通运输系统成长曲线

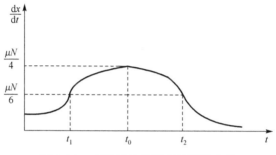

图 6.1.3　交通运输系统成长速度曲线

道交通运输系统的成长呈现增长趋势，且成长速度的加速度是递增的，直到成长速度曲线上升到拐点 $\left(t_1, \dfrac{\mu N}{6}\right)$ 时，成长速度的加速度才达到最大，也就是说，在这一时期，交通运输系统虽然有所发展，但由于各种因素的制约，发展速度缓慢。

第二阶段 $(t_1 < t < t_0)$ 称为成长期，由 $\dfrac{\mathrm{d}^2 x}{\mathrm{d}t^2} > 0, \dfrac{\mathrm{d}^3 x}{\mathrm{d}t^3} < 0$ 知道该阶段交通运输系统的成长的速度继续递增，但加速度减少。在这一时期，交通运输系统处于迅速发展阶段，具有较高的成长速度，由 $\dfrac{\mu N}{6}$ 迅速上升至 $\dfrac{\mu N}{4}$ 的最大值。

第三阶段 $(t_0 < t < t_2)$ 称为成熟期，由 $\dfrac{\mathrm{d}^2 x}{\mathrm{d}t^2} < 0, \dfrac{\mathrm{d}^3 x}{\mathrm{d}t^3} < 0$ 知道该阶段交通运输系统的成长呈现下降趋势，同时成长速度的加速度继续减少，直到下降至拐点 $\left(t_2, \dfrac{\mu N}{6}\right)$ 时，成长速度的加速度达到最小为零。在这一时期，虽然交通运输系统的增长的动力明显减弱，同时发展速度也逐渐下降，但是发展速度仍然保持较高，即大于 $\dfrac{\mu N}{6}$，因此成熟期是持续发展阶段。

第四阶段 $(t_2 < t < +\infty)$ 称为衰退期，由 $\dfrac{d^2x}{dt^2} < 0, \dfrac{d^3x}{dt^3} > 0$ 知道该阶段交通运输系统的成长呈现下降趋势，同时成长速度的加速度递增。在这一时期，即交通运输系统的成长速度受到城市交通系统边界的压力(如资源短缺、环境影响等)变得越来越慢，直到趋于零，因此，交通运输系统停止发展。

正是因为交通运输系统的发展是以 S 型的 Logistic 增长曲线形式发展的，但当交通运输系统完成一个持续、快速的增长阶段之后，就会进入衰退期，此时，交通运输系统发展的增长率接近于零，基本上处于停止发展的状况，即：交通运输系统的发展达到了一个临界点或者说是系统演化的分叉点，即如图 6.1.1 中的 A 点。到达 A 点后，交通运输系统的发展、演变将面临发展模式的选择，即选择可持续发展模式还是不可持续发展模式。可持续发展模式将使交通运输系统的发展进入一个新的、更高层次的 Logistic 发展曲线模式中，而不可持续发展模式将使交通运输系统的发展进入停滞发展直至灭亡。

6.2 基于时不变综合系数的交通运输系统的动力学演化模型

交通运输结构既包括交通运输系统与外部社会经济环境之间的结构关联，又包括构成综合运输系统的五种运输子系统(公路、铁路、水路、航空、管道)之间的结构比例关系。交通运输体系是一个复杂的大系统，系统结构协调配置至关重要。结构协调配置直接影响运输系统的平衡及通道内各运输项目的建设和经营管理决策。各种运输子系统具有各自不同的特点和优势，有不同的功能和适合的运输范围。只有各种运输子系统取长补短、有机结合才能使系统结构协调，从而使运输系统的整体功能达到最大。

研究交通运输结构，最大限度地利用有限道路供给，充分发挥各种运输子系统的优势，相互衔接配合，形成有序的综合交通体系是交通运输可持续发展的必然要求。

到目前为止，国内外对于通道结构配置的研究较少，一般来说，文献都主要从耗散结构论和城市经济学的角度来研究城市公共客运交通结构，进一步研究我国大城市公共客运交通的可持续发展和公共交通资源的合理利用与配置问题，以促进城市经济与公共交通、社会环境的协调发展[165]。另外，从复杂系统的非线性动力学演化的角度研究综合运输结构的文献更是匮乏。已有的研究主要考虑各种运输子系统之间的相互竞争，如文献[162]从技术扩散理论出发，用生物学中的洛特卡-伏泰拉(Lotka-Volterra)方程研究了运河、铁路、公路以及航空等几种主要运输子系统的生命周期，但它过于强调运输技术之间的替代而忽视了它们之间的互补，贬低了传统运输子系统的作用。文献[163]借用了文献[162]的方法，定性分析了运输子系统的涨落，仍然认为一种运输子系统的衰退是科技进步所不可避免的结果。文献[166]针对城市交通结构问题，通过车辆拥有量来近似交通发展规模，运用 Logistic 方程来描述公共交通和私人交通的竞争演化过程，认为竞争强度和竞争能力是调节竞争、维持较优结构的主要参数，同样忽视了协调合作的机制，而且也没有从整个综合运输系统角度开展研究，只是从单一的竞争角度进行研究。文献[167]从各种运输子系统所具有的相对比较优势出发，通过研究它们之间可能的协作、互利共生机制来分析综合运输结构的非线性动力学演化，片面地强调各种子系统的协作而忽视了竞争。因此，本章以上述模型为基础，既考虑合作又考虑竞争，从生物力学的角度建立了竞争合作 Lotka-Volterra 模型，并对模型进行了稳定性分析及演化势态分析。

6.2.1　时不变综合系数竞争合作模型的建立

假设构成运输体系的运输子系统有 n 种，假设每种运输子系统在独立发展时都服从 Logistic 规律，并以选择采用运输子系统的人群的规模作为该种运输子系统的发展规模，依次记为 $x_i, i=1,2,\cdots,n$，其是时间 t 的函数，即随 t 的变化，并随着子系统自身各种资源、信息利用能力、技术水平、创新能力等变化而不断改变。假设在资源的相对稀缺性限制条件下，每种运输子系统的发展阈值分别记为 $k_i, i=1,2,\cdots,n$。那么有

$$\frac{\mathrm{d}x_i}{\mathrm{d}t} = r_i x_i \left(1 - \frac{x_i}{k_i}\right), \quad i=1,2,\cdots,n$$

然而，随着各种交通子系统的发展，规模一定会发生改变，称导致这种规模改变的影响为竞争合作能力(也称为综合能力)。显然，每种运输子系统的增长率除了本身的规模对其自身的继续发展的阻滞作用外，还有其他运输子系统对它的反馈作用。假设各种子系统的综合能力与其规模呈线性关系，则可建立如下的洛特卡-伏泰拉(Lotka-Volterra)模型

$$\frac{\mathrm{d}x_i}{\mathrm{d}t} = r_i x_i \left(1 - \frac{x_i}{k_i} - \sum_{j=1, j\neq i}^{n} \alpha_{ij} x_j\right) \tag{6.2.1}$$

其中，r_i 表示第 i 种运输子系统在一定环境下仅靠自身能力所能达到的固有增长率，且只考虑 $r_i > 0$，即只考虑该运输子系统正在发展而不是倒退或停滞不前；α_{ij} 表示综合竞争系数(也称为综合系数)，由于假设 α_{ij} 为常数，所以称该系数为时不变综合系数。如果 $\alpha_{ij} > 0$，则表示第 j 种运输子系统对第 i 种运输子系统体现出竞争性；如果 $\alpha_{ij} < 0$，则表示第 j 种运输子系统对第 i 种运输子系统体现出合作性。

鉴于当前的交通运输系统的完善程度，为了分析方便起见，只考虑两种运输子系统(公路运输子系统和铁路运输子系统)的情形，也即考虑如下模型：

$$\begin{cases} \dfrac{\mathrm{d}x_1}{\mathrm{d}t} = r_1 x_1 \left(1 - \dfrac{x_1}{k_1} - \alpha_{12}x_2\right) = P(x_1,x_2) \\ \dfrac{\mathrm{d}x_2}{\mathrm{d}t} = r_2 x_2 \left(1 - \dfrac{x_2}{k_2} - \alpha_{21}x_1\right) = Q(x_1,x_2) \end{cases} \qquad (6.2.2)$$

其中，x_1 表示公路运输子系统的发展规模，x_2 表示铁路运输子系统的发展规模，x_1/k_1 和 x_2/k_2 分别为公路运输子系统和铁路运输子系统规模与其规模发展的阈值的比例，称为自然增长饱和度。$1-x_1/k_1$ 和 $1-x_2/k_2$ 分别为公路运输子系统和铁路运输子系统的发展规模尚未实现部分在阈值中所占比例，反映在既定约束条件下自然增长饱和度对子系统自身规模增长的阻滞作用。α_{12} 为单位数量铁路运输子系统消耗的供养公路运输子系统的资源量与单位数量公路运输子系统消耗的供养铁路运输子系统的资源的比值；同理，α_{12} 为单位数量公路运输子系统消耗的供养铁路运输子系统的资源量与单位数量铁路运输子系统消耗的供养公路运输子系统的资源的比值。$\alpha_{12}x_2$ 和 $\alpha_{21}x_1$ 分别为存在竞争合作时，铁路运输子系统对公路运输子系统的影响和存在竞争合作时，公路运输子系统对铁路运输子系统的影响。这里，α_{12},α_{21} 为常数，所以模型为时不变综合系数动力学演化模型。

6.2.2　时不变综合系数竞争合作模型的稳定性分析

为了研究宏观交通运输中公路和铁路运输两个子系统相互竞争的结果，即 $t \to +\infty$ 时 $x_1(t),x_2(t)$ 的趋向，不必求解模型，只需对该非线性动力学模型的平衡点进行稳定性分析即可。

不失一般性，只需令 $\begin{cases} P(x_1,x_2)=0 \\ Q(x_1,x_2)=0 \end{cases}$ 便可求得模型的不动点 $A_1(0,0), A_2(k_1,0)$，

$A_3(0,k_2)$ 和 $A_4\left(\dfrac{(1-\alpha_{12})k_1}{1-\alpha_{12}\alpha_{21}}, \dfrac{(1-\alpha_{21})k_2}{1-\alpha_{12}\alpha_{21}}\right)$，相应的雅可比矩阵为

$$J = \begin{bmatrix} \dfrac{\partial P}{\partial x_1} & \dfrac{\partial P}{\partial x_2} \\ \dfrac{\partial Q}{\partial x_1} & \dfrac{\partial Q}{\partial x_2} \end{bmatrix}_{(x_1^*,x_2^*)} = \begin{bmatrix} r_1 - \dfrac{2r_1x_1^*}{k_1} - \dfrac{r_1\alpha_{12}x_2^*}{k_2} & -\dfrac{\alpha_{12}r_1x_1^*}{k_2} \\ -\dfrac{\alpha_{21}r_2x_2^*}{k_1} & r_2 - \dfrac{2r_2x_2^*}{k_2} - \dfrac{r_2\alpha_{21}x_1^*}{k_1} \end{bmatrix}$$

采用 1.1.2 节关于动力学理论的结论，记 $T = \left(\dfrac{\partial P}{\partial x_1} + \dfrac{\partial Q}{\partial x_2}\right)\bigg|_{(x_1^*,x_2^*)}$ 为雅可比矩阵 J 的

迹，$D = |J|$ 为雅可比矩阵 J 的行列式，则有：

1) 若 $(x_1^*, x_2^*) = (0,0)$，则 $T = r_1 + r_2, D = r_1 r_2$，显然 $D > 0, T^2 - 4D = (r_1 - r_2)^2 \geqslant 0$ 且 $T > 0$，故而 $A_1(0,0)$ 为不稳定结点。

2) 若 $(x_1^*, x_2^*) = (k_1, 0)$，则 $T = -r_1 + r_2(1 - \alpha_{21}), T^2 - 4D = (r_1 + r_2(1 - \alpha_{21}))^2 > 0$，$D = -r_1 r_2 (1 - \alpha_{21})$

(1) 若 $1 - \alpha_{21} > 0$，即 $\alpha_{21} < 1$，则 $D < 0$，那么 $A_2(k_1, 0)$ 为鞍点；

(2) 若 $1 - \alpha_{21} < 0$，即 $\alpha_{21} > 1$，则 $D > 0$，此时 $T^2 - 4D > 0, T < 0$，故而 $A_2(k_1, 0)$ 为稳定结点。

3) 若 $(x_1^*, x_2^*) = (0, k_2)$，情况与 2) 类似，有：

(1) 若 $\alpha_{12} < 1$，那么 $A_3(0, k_2)$ 为鞍点；

(2) 若 $\alpha_{12} > 1$，那么 $A_3(0, k_2)$ 为稳定结点。

4) 若 $(x_1^*, x_2^*) = \left(\dfrac{(1-\alpha_{12})k_1}{1-\alpha_{12}\alpha_{21}}, \dfrac{(1-\alpha_{21})k_2}{1-\alpha_{12}\alpha_{21}} \right)$，则 $T = \dfrac{-r_1(1-\alpha_{12}) - r_2(1-\alpha_{21})}{1-\alpha_{12}\alpha_{21}}$，

$$D = \frac{r_1 r_2 (1-\alpha_{12})(1-\alpha_{21})}{1-\alpha_{12}\alpha_{21}}, T^2 - 4D = \frac{(r_1(1-\alpha_{12}) + r_2(1-\alpha_{21}))^2 - 4r_1 r_2(1-\alpha_{12})(1-\alpha_{21})(1-\alpha_{12}\alpha_{21})}{(1-\alpha_{12}\alpha_{21})^2}$$

(1) 若 $\alpha_{12} > 1, \alpha_{21} > 1$，则 $D < 0$，那么 $A_4\left(\dfrac{(1-\alpha_{12})k_1}{1-\alpha_{12}\alpha_{21}}, \dfrac{(1-\alpha_{21})k_2}{1-\alpha_{12}\alpha_{21}} \right)$ 为鞍点；

(2) 若 $\alpha_{12} < 1, \alpha_{21} < 1$，则有：

① 如果 $1 - \alpha_{12}\alpha_{21} > 0$，那么 $D > 0, T < 0$，进一步，如果 $T^2 - 4D > 0$，则 $A_4\left(\dfrac{(1-\alpha_{12})k_1}{1-\alpha_{12}\alpha_{21}}, \dfrac{(1-\alpha_{21})k_2}{1-\alpha_{12}\alpha_{21}} \right)$ 为稳定结点，否则它为稳定焦点；

② 如果 $1 - \alpha_{12}\alpha_{21} < 0$，那么 $D < 0$，则 $A_4\left(\dfrac{(1-\alpha_{12})k_1}{1-\alpha_{12}\alpha_{21}}, \dfrac{(1-\alpha_{21})k_2}{1-\alpha_{12}\alpha_{21}} \right)$ 为鞍点。

(3) 若 $\alpha_{12} < 1, \alpha_{21} > 1$ 或者 $\alpha_{12} > 1, \alpha_{21} < 1$，则有：

① 如果 $1 - \alpha_{12}\alpha_{21} > 0$，则 $D < 0$，故 $A_4\left(\dfrac{(1-\alpha_{12})k_1}{1-\alpha_{12}\alpha_{21}}, \dfrac{(1-\alpha_{21})k_2}{1-\alpha_{12}\alpha_{21}} \right)$ 为鞍点；

② 如果 $1 - \alpha_{12}\alpha_{21} < 0$，则 $D > 0$，如果 $T < 0$ 且若 $T^2 - 4D > 0$，则 $A_4\left(\dfrac{(1-\alpha_{12})k_1}{1-\alpha_{12}\alpha_{21}}, \dfrac{(1-\alpha_{21})k_2}{1-\alpha_{12}\alpha_{21}} \right)$ 为稳定结点，若 $T^2 - 4D < 0$，则 $A_4\left(\dfrac{(1-\alpha_{12})k_1}{1-\alpha_{12}\alpha_{21}}, \dfrac{(1-\alpha_{21})k_2}{1-\alpha_{12}\alpha_{21}} \right)$ 为稳定焦点；如果 $T > 0$ 且若 $T^2 - 4D > 0$，则 $A_4\left(\dfrac{(1-\alpha_{12})k_1}{1-\alpha_{12}\alpha_{21}}, \dfrac{(1-\alpha_{21})k_2}{1-\alpha_{12}\alpha_{21}} \right)$ 为不稳定结点，若 $T^2 - 4D < 0$，则 $A_4\left(\dfrac{(1-\alpha_{12})k_1}{1-\alpha_{12}\alpha_{21}}, \dfrac{(1-\alpha_{21})k_2}{1-\alpha_{12}\alpha_{21}} \right)$ 为不稳定焦点。

6.2.3　时不变综合系数竞争合作模型的演化势态分析

耗散结构理论告诉我们，对于给定的微分方程，由于方程的非线性，很难求解。为此，下面利用平衡点来讨论公路运输和铁路运输这两种运输子系统经过长时间竞争合作以后的变化趋势。对于 α_{12} 和 α_{21} 不同的取值范围予以讨论。

1.　两种运输子系统均表现为竞争

假设公路运输和铁路运输这两种运输子系统均表现为竞争，那么可以分为三种情况来讨论：两种运输子系统的竞争很激烈；两种运输子系统的竞争较平缓；一种运输子系统很激烈而另一种较平缓。

两种运输子系统的竞争很激烈的情形，也即 $\alpha_{12}>1,\alpha_{21}>1$，此时，不动点 A_4 位于第一象限中的有效区域 $[0,k_1]\times[0,k_2]$ 内，将第一象限的有效区域划分为四个区域：

$$S_1:\frac{\mathrm{d}x_1}{\mathrm{d}t}>0,\frac{\mathrm{d}x_2}{\mathrm{d}t}>0;\quad S_2:\frac{\mathrm{d}x_1}{\mathrm{d}t}>0,\frac{\mathrm{d}x_2}{\mathrm{d}t}<0;\quad S_3:\frac{\mathrm{d}x_1}{\mathrm{d}t}<0,\frac{\mathrm{d}x_2}{\mathrm{d}t}>0;\quad S_4:\frac{\mathrm{d}x_1}{\mathrm{d}t}<0,\frac{\mathrm{d}x_2}{\mathrm{d}t}<0$$

不论轨线从哪个区域出发，在 $t\to+\infty$ 时必将或者趋向于稳定点 A_2 或者趋向于稳定点 A_3。如图 6.2.1 所示，若轨线从 S_1 出发，随着时间 t 的增加，轨线向右方移动，必然进入 S_2 或 S_3；若轨线从 S_2 出发，随着时间 t 的增加，轨线向右下方移动，最终趋向于稳定结点 A_2；若轨线从 S_3 出发，随着时间 t 的增加，轨线向左上方移动，最终趋向于稳定结点 A_3；若轨线从 S_4 出发，随着时间 t 的增加，轨线向左下方移动，必然进入 S_2 或 S_3，最终或者趋向于稳定点 A_2 或者趋向于稳定点 A_3。

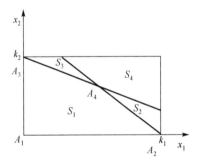

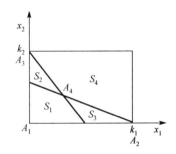

图 6.2.1　两种运输子系统的竞争很激烈　　图 6.2.2　两种运输子系统的竞争很平缓

也就是说，当公路运输和铁路运输这两种运输子系统体现出来的竞争较为激烈时，必然会导致一种竞争能力较弱的运输子系统被淘汰，而另一种较强的运输子系统则逐渐壮大，直到达到其阈值。

两种运输子系统的竞争很平缓时，也即 $0<\alpha_{12}<1,0<\alpha_{21}<1$，此时不动点 A_4 仍然位于第一象限中的有效区域 $[0,k_1]\times[0,k_2]$ 内，所不同的是将有效区域划分为了如图 6.2.2 所示的四个区域。采用类似上文的讨论方法不难知道：不论轨线从哪个区域

出发，在 $t \to +\infty$ 时必将趋向于稳定点 A_4。

也就是说，当公路运输和铁路运输这两种运输子系统体现出来的竞争较为平缓时，两种运输子系统的竞争会达到动态平衡状态。这是一种运输子系统的合理结构，能够促进交通运输结构可持续发展。

一种交通运输子系统竞争很激烈而另一种交通运输子系统竞争较平缓，也即 $\alpha_{12} > 1, 0 < \alpha_{21} < 1$ 或者 $0 < \alpha_{12} < 1, \alpha_{21} > 1$，则有：

当 $\alpha_{12} > 1, 0 < \alpha_{21} < 1$，即公路运输子系统体现出的竞争力很强，而铁路运输子系统的竞争力较弱时有：

(1) 若 $\alpha_{12}\alpha_{21} < 1$，则此时 A_4 位于第二象限内，所不同的是将有效区域划分成了如图 6.2.3 所示的三个区域。类似有：不论轨线从哪个区域出发，在 $t \to +\infty$ 时必将趋向于稳定点 A_3。

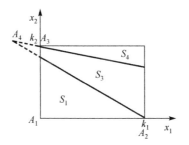

图 6.2.3　一种运输子系统竞争很激烈而另一种运输子系统竞争较平缓（Ⅰ）

(2) 若 $\alpha_{12}\alpha_{21} > 1$，则此时 A_4 位于第四象限内，所不同的是将有效区域划分成了如 6.2.4 所示的三个区域。其他与 (1) 相同。

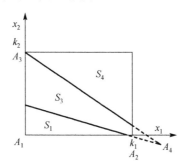

图 6.2.4　一种运输子系统竞争很激烈而另一种运输子系统竞争较平缓（Ⅱ）

也就是说，由于公路运输子系统的竞争力强，吸引了大量的运输，造成了铁路运输子系统的逐渐减少从而退出竞争；同理，当 $0 < \alpha_{12} < 1, \alpha_{21} > 1$，即铁路运输子系统体现出的竞争力很强，而公路运输子系统的竞争力较弱时，由于铁路运输子系统的竞争力强，吸引了大量的运输，造成了公路运输子系统的逐渐减少从而退出市场。

2. 两种运输子系统均表现为合作

假设公路运输和铁路运输这两种交通运输子系统均表现为合作,那么可以分为三种情况来讨论:两种运输子系统的合作很积极;两种运输子系统的合作较平缓;一种运输子系统很积极而另一种较平缓。

(1)两种运输子系统的合作很积极,也即 $\alpha_{12} < -1, \alpha_{21} < -1$,此时, A_4 位于第三象限,如图 6.2.5 所示,有效区域即为 S_1。显然随着时间 t 的增加,必将达到 (k_1, k_2) 。

(2)两种运输子系统的合作较平缓,也即 $-1 < \alpha_{12} < 0, -1 < \alpha_{21} < 0$ 此时, A_4 位于第一象限,如图 6.2.6 所示,有效区域即为 S_1。同理,随着时间 t 的增加,也将达到 (k_1, k_2) 。

(3)一种运输子系统很积极而另一种较平缓, 也即 $\alpha_{12} < -1, -1 < \alpha_{21} < 0$ 或者 $-1 < \alpha_{12} < 0, \alpha_{21} < -1$, 情况同(1)。

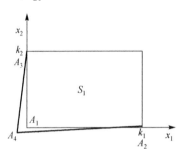

图 6.2.5　两种运输子系统的合作很积极　　　图 6.2.6　两种运输子系统的合作较平缓

总的来说,当公路运输子系统和铁路运输子系统都体现出积极的合作,则一定可达到各自的发展阈值。

3. 一种运输子系统体现为竞争,而另一种运输子系统体现为合作

假设公路运输和铁路运输这两种运输子系统中一种运输子系统体现为竞争,而另一种运输子系统体现为合作,那么可以分为两种情况来讨论:一方始终合作而另一方竞争很激烈;一方始终合作而另一方竞争较平缓。

(1)一方始终合作而另一方竞争很激烈,也即 $\alpha_{12} > 1, \alpha_{21} < 0$ 或者 $\alpha_{12} < 0, \alpha_{21} > 1$,此时, A_4 位于第二象限,有效区域被分成了如图 6.2.7 所示的两个区域。显然随着时间 t 的增加,最终必将趋向于稳定点 A_3 。

也就是说,竞争一方能一直到达自己的发展阈值,而合作一方必定会逐渐减少从而退出市场。

(2)一方始终合作而另一方竞争较平缓, 也即 $0 < \alpha_{12} < 1, \alpha_{21} < 0$ 或者 $\alpha_{12} < 0,$ $0 < \alpha_{21} < 1$,此时, A_4 位于第一象限,有效区域被分成了如图 6.2.8 所示的两个区域,同样随着时间 t 的增加,轨线的移动直到一方到达发展阈值为止。

也就是说,竞争一方能一直到达自己的发展阈值,而合作一方能够适当地存在并发展。

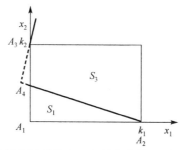

图 6.2.7　两种运输子系统中一方始终合作而另一方竞争很激烈

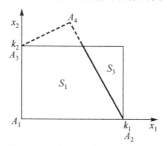

图 6.2.8　两种运输子系统中一方始终合作而另一方竞争较平缓

6.2.4　时不变综合系数竞争合作模型的数值仿真

为了定量研究两种运输子系统的竞争合作动力系统所描述的作用机理，这里利用 MATLAB 程序语言来模拟参数变化时系统的演化轨迹。假设部分参数的取值如下：$r_1 = r_2 = 0.10$，而两种运输子系统的初始值选自南京市 2006 年统计年鉴，公路运输子系统和铁路运输子系统分别为 $x_{10} = 18.66, x_{20} = 1.367$（单位为：亿人次）。

（1）两种运输子系统的竞争很激烈的情形。此时通过选择不同的参数利用软件进行模拟的结果如图 6.2.9 所示：

运行结果表明：当两种运输子系统的竞争很激烈时，虽然对应模拟了不同发展规模阈值和不同竞争合作系数，可以看出，发展规模阈值的影响和竞争合作系数的影响作用效果不明显，结果和初始规模关系较密切。初始规模较大的公路运输子系统将会达到其发展阈值，而规模较小的铁路运输子系统将由于竞争而走向解体。即：不论何种情况，初始规模较大的一方生存，而初始规模较小的一方将灭亡。

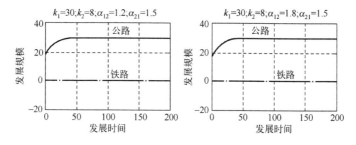

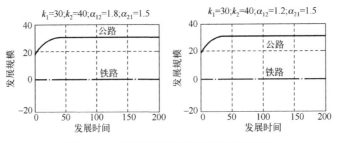

图 6.2.9　两种运输子系统的竞争很激烈

(2)两种运输子系统的竞争很平缓,此时通过选择不同的参数利用软件进行模拟的结果如图 6.2.10 所示:

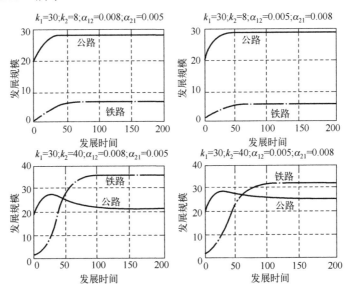

图 6.2.10　两种运输子系统的竞争很缓和

运行结果表明:当两种运输子系统的竞争很平缓时,当对应模拟了不同发展规模阈值和不同竞争合作系数,可以发现发展规模阈值的影响比竞争合作系数的影响作用效果要显著。然而,两种交通运输子系统相比较而言,一方既不能优越到足以统治一切而消灭另一方,又不会差到被另一方完全抑制,故而这时两种交通运输子系统都保存下来。也就是说,两种运输子系统的竞争会达到动态平衡状态。交通运输子系统在不断竞争中的共存也是一种交通服务优化的重要手段和表现形式。

(3)一种运输子系统竞争很激烈而另一种运输子系统竞争较平缓,此时通过选择不同的参数利用软件进行模拟的结果如图 6.2.11 所示。

运行结果表明:当一种运输子系统很激烈而另一种较平缓时,当对应模拟了不同发展规模阈值和不同竞争合作系数,可以发现竞争合作系数的影响比发展规模阈

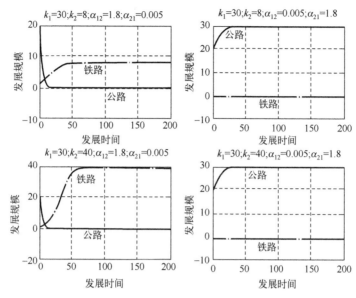

图 6.2.11　一种运输子系统竞争很激烈而另一种运输子系统竞争较缓和

值的影响作用效果要显著。然而,两种交通运输子系统相比较而言,一方优越到足以统治一切而消灭另一方,故而竞争很激烈的运输子系统保存下来并发展壮大直到其发展阈值,而竞争较平缓的运输子系统逐渐减少从而退出市场。

(4)两种运输子系统的合作很积极,此时通过选择不同的参数利用软件进行模拟的结果如图 6.2.12 所示:

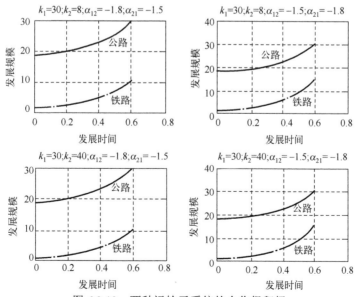

图 6.2.12　两种运输子系统的合作很积极

运行结果表明：只要两种运输子系统采用的都是合作的态度，当对应模拟了不同发展规模阈值和不同竞争合作系数，可以发现竞争合作系数的影响和发展规模阈值的影响对结果无任何作用效果，则两种运输子系统最终均能达到最好的发展，即达到各自的发展阈值。

(5) 两种运输子系统的合作较平缓或者一种运输子系统很积极而另一种较平缓的情形与(4)的结果一致。

(6) 一方始终合作而另一方竞争很激烈，此时模拟的结果与(3)类似。

(7) 一方始终合作而另一方竞争较平缓，此时模拟的结果如图 6.2.13 所示：

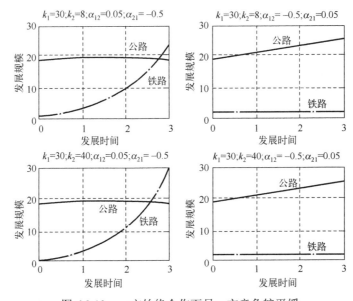

图 6.2.13　一方始终合作而另一方竞争较平缓

运行结果表明：当一方始终合作而另一方竞争较平缓时，对应模拟了不同发展规模阈值和不同竞争合作系数，可以发现竞争合作系数的影响比发展规模阈值的影响作用效果要显著。两种交通运输子系统相比较而言，竞争一方能一直到达自己的发展阈值，而合作一方能够适当地存在并发展。

6.3　基于时变综合系数的交通运输系统的动力学演化模型

6.3.1　时变综合系数竞争合作模型的建立

虽然时不变综合系数的两种交通运输子系统的动力学演化模型从一定意义上反映了公路运输子系统和铁路运输子系统的竞争合作的内在联系及演变趋向，但是在模型的建模机理中，忽略了公路运输子系统和铁路运输子系统的竞争合作系统本身也是一种协同进化系统，即在进化过程中，两种子系统通过不断合理利用自身各种资源、改进技术水平以及增强创新能力等来提高竞争力。因此，两种交通运输子系统竞争合作系统并非像时不变综合系数所对应的动力学系统那样，每一个 $x_i, i=1,2,\cdots,n$ 以恒定的作用效率产生促进或抑制作用。随着生存环境的改变、外界诸多因素的外力作用以及每种子系统规模的改变，使得 $x_i, i=1,2,\cdots,n$ 的作用效率随时间而变化。故而，借助时不变综合系数的两种交通运输子系统的动力学演化模型建立时变综合系数的两种交通运输子系统的动力学演化模型如下

$$\frac{\mathrm{d}x_i}{\mathrm{d}t} = r_i x_i \left(1 - \frac{x_i}{k_i} - \sum_{j=1, j\neq i}^{n} \alpha_{ij}(x_1, x_2, \cdots, x_n) x_j \right) \tag{6.3.1}$$

其中，$\alpha_{ij}(x_1, x_2, \cdots, x_n)$ 表示综合竞争系数（也称为综合系数），由于假设 α_{ij} 为与每一个子系统的规模 $x_1, x_2, \cdots, x_n$ 有关，$x_1, x_2, \cdots, x_n$ 又是时间 t 的函数，所以称该系数为时变综合系数。同理，如果 $\alpha_{ij}(x_1, x_2, \cdots, x_n) > 0$，则表示第 j 种运输子系统对第 i 种运输子系统体现出竞争性；如果 $\alpha_{ij}(x_1, x_2, \cdots, x_n) < 0$，则表示第 j 种运输子系统对第 i 种运输子系统体现出合作性。其余符号的意义与 6.2 节相同。

特殊情况下，根据生态系统共生模型理论[168,169]，现考虑各子系统正负相互作用模型，并假定子系统 i 对子系统 $j, i, j=1,2,\cdots,n$ 的作用既可以是负的，此时体现出合作效果，也可以是正的，此时体现出竞争效果，其作用的大小取决于对方的规模。因此选择子系统 i 对子系统 j 的综合影响作用系数为 $\alpha_{ij}(x_1, x_2, \cdots, x_n) = \alpha_j x_j$，子系统 j 对子系统 i 的综合影响作用系数为 $\alpha_{ji}(x_1, x_2, \cdots, x_n) = \beta_i x_i$，这里，$\alpha_j, \beta_i$ 为常数，当 $\alpha_j, \beta_i > 0$ 时系统呈现竞争作用，当 $\alpha_j, \beta_i < 0$ 时系统呈现合作作用，故而称常数 α_j, β_i 为控制系数。那么模型就变为

$$\frac{\mathrm{d}x_i}{\mathrm{d}t} = r_i x_i \left(1 - \frac{x_i}{k_i} - \sum_{j=1, j\neq i}^{n} \alpha_j x_j^2 \right) \tag{6.3.2}$$

为了验证模型的可行性，依然选择两种运输子系统（公路运输子系统和铁路运输子系统）下的情形，即

$$\begin{cases} \dfrac{\mathrm{d}x_1}{\mathrm{d}t} = r_1 x_1 \left(1 - \dfrac{x_1}{k_1} - \alpha_{12}(x_1, x_2) x_2 \right) = P(x_1, x_2) \\ \dfrac{\mathrm{d}x_2}{\mathrm{d}t} = r_2 x_2 \left(1 - \dfrac{x_2}{k_2} - \alpha_{21}(x_1, x_2) x_1 \right) = Q(x_1, x_2) \end{cases} \tag{6.3.3}$$

这里，$\alpha_{12}(x_1, x_2), \alpha_{21}(x_1, x_2)$ 为时间 t 的函数，所以模型为时变综合系数动力学演化模型。将 $\alpha_{12}(x_1, x_2), \alpha_{21}(x_1, x_2)$ 的取值代入，模型变为

$$\begin{cases} \dfrac{\mathrm{d}x_1}{\mathrm{d}t} = r_1 x_1 \left(1 - \dfrac{x_1}{k_1} - \alpha_{12} x_2^2 \right) = P(x_1, x_2) \\[3mm] \dfrac{\mathrm{d}x_2}{\mathrm{d}t} = r_2 x_2 \left(1 - \dfrac{x_2}{k_2} - \alpha_{21} x_1^2 \right) = Q(x_1, x_2) \end{cases} \tag{6.3.4}$$

为了方便讨论，α_{12} 记为 α，α_{21} 记为 β。

6.3.2　时变综合系数竞争合作模型的稳定性分析

令 $\begin{cases} P(x_1, x_2) = 0 \\ Q(x_1, x_2) = 0 \end{cases}$，则该时变综合系数模型的平凡不动点为 $A_1(0,0), A_2(k_1, 0)$，

$A_3(0, k_2)$，进一步可由 $\begin{cases} 1 - \dfrac{x_1}{k_1} - \alpha x_2^2 = 0 \\[2mm] 1 - \dfrac{x_2}{k_2} - \beta x_1^2 = 0 \end{cases}$　解得非平凡的不动点设为 $A_4(x_{10}, x_{20})$。则有：

$$\frac{\partial P}{\partial x_1} = r_1 \left(1 - \frac{2x_1}{k_1} - \alpha x_2^2 \right), \frac{\partial P}{\partial x_2} = -2\alpha r_1 x_1 x_2, \frac{\partial Q}{\partial x_1} = -2\beta r_2 x_1 x_2, \frac{\partial Q}{\partial x_2} = r_2 \left(1 - \frac{2x_2}{k_2} - \beta x_1^2 \right)$$

采用第 1.1.2 节关于动力学理论的结论，相应的雅可比矩阵为：

$J = \begin{bmatrix} \dfrac{\partial P}{\partial x_1} & \dfrac{\partial P}{\partial x_2} \\[3mm] \dfrac{\partial Q}{\partial x_1} & \dfrac{\partial Q}{\partial x_2} \end{bmatrix}\Bigg|_{(x_1^* x_2^*)}$。记 $T = \left(\dfrac{\partial P}{\partial x_1} + \dfrac{\partial Q}{\partial x_2} \right)\Bigg|_{(x_i^*, x_2^*)}$ 为雅可比矩阵 J 的迹，$D = |J|$ 为雅可比

矩阵 J 的行列式。则有：

(1) 若 $(x_1^*, x_2^*) = (0,0)$，则 $T = r_1 + r_2 > 0, D = r_1 r_2 > 0$，显然 $T^2 - 4D = (r_1 - r_2)^2 \geq 0$，故而 $A_1(0,0)$ 为不稳定结点。

(2) 若 $(x_1^*, x_2^*) = (k_1, 0)$，则 $T = -\dfrac{r_1}{k_1} + r_2(1 - \beta k_1^2), D = -\dfrac{r_1 r_2}{k_1}(1 - \beta k_1^2)$

① 若 $1 - \beta k_1^2 > 0$，即 $\beta < \dfrac{1}{k_1^2}$，则 $D < 0$，那么 $A_2(k_1, 0)$ 为鞍点，从而是不稳定结点；

② 若 $1 - \beta k_1^2 < 0$，即 $\beta > \dfrac{1}{k_1^2}$，则 $T < 0, D > 0$，此时 $T^2 - 4D > 0$，故而 $A_2(k_1, 0)$ 为稳定结点。

(3) 若 $(x_1^*, x_2^*) = (0, k_2)$，情况与 (2) 类似，有：

① 若 $\alpha < \dfrac{1}{k_2^2}$，那么 $A_3(0, k_2)$ 为鞍点，是不稳定结点；

②若 $\alpha > \dfrac{1}{k_2^2}$，那么 $A_3(0,k_2)$ 为稳定结点。

(4)若 $(x_1^*,x_2^*)=(x_{10},x_{20})$，则 $T=-\dfrac{r_1 x_{10}}{k_1}-\dfrac{r_2 x_{20}}{k_2}<0,D=\dfrac{r_1 r_2 x_{10} x_{20}}{k_1 k_2}(1-4\alpha\beta k_1 k_2 x_{10} x_{20})$，

而 $T^2-4D=\left(\dfrac{r_1 x_{10}}{k_1}\right)^2+2\dfrac{r_1 r_2 x_{10} x_{20}}{k_1 k_2}(8\alpha\beta k_1 k_2 x_{10} x_{20}-1)+\left(\dfrac{r_2 x_{20}}{k_2}\right)^2$，则：

①若 α,β 异号，此时 $T<0,D>0$，如果 $T^2-4D>0$，那么 (x_{10},x_{20}) 为稳定结点，否则即为不稳定结点。

②若 α,β 同号，且如果 $1-4\alpha\beta k_1 k_2 x_{10} x_{20}>0$，即：$0<\alpha\beta k_1 k_2 x_{10} x_{20}<\dfrac{1}{4}$，此时有 $T<0,D>0$，进一步可以得到 $-1<8\alpha\beta k_1 k_2 x_{10} x_{20}-1<1$，则 $T^2-4D>0$，从而 (x_{10},x_{20}) 为稳定结点。如果 $1-4\alpha\beta k_1 k_2 x_{10} x_{20}<0$，即：$\alpha\beta k_1 k_2 x_{10} x_{20}>\dfrac{1}{4}$，则 $D<0$，故而 (x_{10},x_{20}) 为不稳定结点。

6.3.3　时变综合系数竞争合作模型的演化势态分析

根据交通运输子系统的时变综合系数竞争合作模型可知其零增长等斜线为两条抛物线：$\begin{cases}-k_1\alpha x_2^2+k_1=x_1\\-k_2\beta x_1^2+k_2=x_2\end{cases}$，显然，抛物线的形状不一样对应的相轨线也不尽相同，但是 $-k_1\alpha x_2^2+k_1=x_1$ 恒过点 $A_2(k_1,0)$，$-k_2\beta x_1^2+k_2=x_2$ 恒过点 $A_3(0,k_2)$，而抛物线的形状决定于控制系数 α,β，因此，必须对其进行讨论。

1. $\alpha > \dfrac{1}{k_2^2},\beta > \dfrac{1}{k_1^2}$

此时，α,β 同为正号，故而模型表现为竞争系统，由于 α,β 的取值无上限，所以表现为竞争很激烈，对应的相轨线如图 6.3.1 所示。

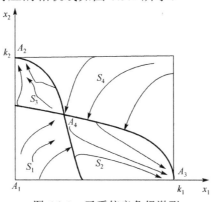

图 6.3.1　子系统竞争很激烈

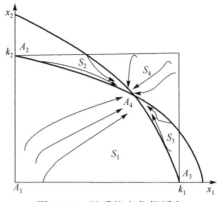

图 6.3.2　子系统竞争很缓和

两条零增长等斜线将第一象限分成四个相位,对于零增长等斜线 $x_1 = -k_1\alpha x_2^2 + k_1$ 与两轴所围区域的外面,有 $\dfrac{\mathrm{d}x_1}{\mathrm{d}t} < 0$,对应的与两轴所围区域内部有 $\dfrac{\mathrm{d}x_1}{\mathrm{d}t} > 0$。同理,对零增长等斜线 $x_2 = -k_2\beta x_1^2 + k_2$ 与两轴所围区域的外面,有 $\dfrac{\mathrm{d}x_2}{\mathrm{d}t} < 0$,对应的与两轴所围区域内部有 $\dfrac{\mathrm{d}x_2}{\mathrm{d}t} > 0$,不妨将第一象限的有效区域划分为四个区域:

$$s_1 : \frac{\mathrm{d}x_1}{\mathrm{d}t} > 0, \frac{\mathrm{d}x_2}{\mathrm{d}t} > 0; \quad s_2 : \frac{\mathrm{d}x_1}{\mathrm{d}t} > 0, \frac{\mathrm{d}x_2}{\mathrm{d}t} < 0; \quad s_3 : \frac{\mathrm{d}x_1}{\mathrm{d}t} < 0, \frac{\mathrm{d}x_2}{\mathrm{d}t} > 0; \quad s_4 : \frac{\mathrm{d}x_1}{\mathrm{d}t} < 0, \frac{\mathrm{d}x_2}{\mathrm{d}t} < 0$$

当 $\alpha > \dfrac{1}{k_2^2}, \beta > \dfrac{1}{k_1^2}$,由 6.3.2 节知道此时 $A_2(k_1, 0)$ 和 $A_3(0, k_2)$ 为稳定点。事实上,如图 6.3.1 箭头所示方向,不论轨线从哪个区域出发,在 $t \to +\infty$ 时必将或者趋向于稳定点 A_2 或者趋向于稳定点 A_3。特别地,当发展阈值满足 $k_1 > k_2$ 时,系统将趋于稳定点 A_3;而当 $k_1 < k_2$ 时系统将趋于稳定点 A_2。

也就是说,当公路运输和铁路运输这两种运输子系统体现出来的竞争较为激烈时,必然会导致发展空间(即发展阈值)较小的一种运输子系统被淘汰,而发展空间(即发展阈值)较大的一种运输子系统则逐渐壮大,直到达到其阈值。

2. $0 < \alpha < \dfrac{1}{k_2^2}, 0 < \beta < \dfrac{1}{k_1^2}$

此时,α, β 同为正号,故而模型依然表现为竞争系统,由于 α, β 的取值有上限,所以表现为竞争很平缓,对应的相轨线如图 6.3.2 所示。当 $0 < \alpha < \dfrac{1}{k_2^2}, 0 < \beta < \dfrac{1}{k_1^2}$,由 6.3.2 节知道此时 $A_2(k_1, 0)$ 和 $A_3(0, k_2)$ 为不稳定点,而 $A_4(x_{10}, x_{20})$ 为稳定点。事实上,在满足 $\begin{cases} P(x_1, x_2) = 0 \\ Q(x_1, x_2) = 0 \end{cases}$ 的条件下,由拉格朗日乘子因式法可以算得 $x_1 x_2$ 的最大值在

$\left(\dfrac{k_1}{2}, \dfrac{k_2}{2}\right)$ 处取得，且最大值为 $(x_1 x_2)_{\max} = \dfrac{k_1 k_2}{4}$。故而 $0 < \alpha\beta k_1 k_2 x_{10} x_{20} < \dfrac{1}{4}$，所以 $A_4(x_{10}, x_{20})$ 为稳定点。如图 6.3.2 所示箭头方向，不论轨线从哪个区域出发，在 $t \to +\infty$ 时必将趋向于稳定点 A_4。

也就是说，当公路运输和铁路运输这两种运输子系统体现出来的竞争较为平缓时，系统将达到动态平衡，且平衡点的偏向取决于发展阈值和综合系数的数值，但这是一种交通运输系统的合理结构。

3. $\alpha > \dfrac{1}{k_2^2}, 0 < \beta < \dfrac{1}{k_1^2}$ 或 $0 < \alpha < \dfrac{1}{k_2^2}, \beta > \dfrac{1}{k_1^2}$

此时，α, β 同为正号，故而模型依然表现为竞争系统，由于 α, β 其中之一取值有上限而另者取值无上限，所以系统表现为一种子系统竞争很激烈而另一种竞争很平缓，对应的相轨线如图 6.3.3、图 6.3.4 所示。

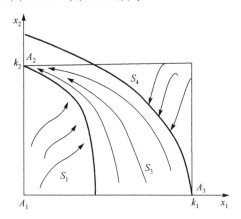

图 6.3.3　一种子系统竞争很激烈而另一种竞争很平缓（Ⅰ）

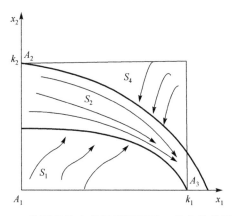

图 6.3.4　一种子系统竞争很激烈而另一种竞争很平缓（Ⅱ）

由 6.3.2 节知道，只要当 $\alpha > \dfrac{1}{k_2^2}$，则 $A_3(0, k_2)$ 为稳定点，当 $\beta > \dfrac{1}{k_1^2}$，则 $A_2(k_1, 0)$ 为稳定点。事实上，如图 6.3.3 和图 6.3.4 所示箭头方向，不论轨线从哪个区域出发，在 $t \to +\infty$ 时，当 $\alpha > \dfrac{1}{k_2^2}$，则系统趋向于稳定点 A_3；当 $\beta > \dfrac{1}{k_1^2}$，则系统趋向于稳定点 A_2。

也就是说，由于只要有一种子系统的综合竞争力强，必定会导致另一种竞争较平缓的子系统逐渐减少从而退出竞争。

4．$\alpha < 0, \beta < 0$

此时，α, β 同为负号，故而模型表现为合作系统。对应的两条零增长抛物线开口向上，且无交点，故而系统可以一直发展到各自的发展阈值。事实上，若令 $\dfrac{\partial P}{\partial x_1} = 0, \dfrac{\partial P}{\partial x_2} = 0$，则存在解 $x_1^1 = \dfrac{k_1}{2}, x_2^1 = 0$，进一步求得 $\dfrac{\partial^2 P}{\partial x_1^2} = -\dfrac{2r_1}{k_1}, \dfrac{\partial^2 P}{\partial x_1 \partial x_2} = -2\alpha r_1 x_2$，$\dfrac{\partial^2 P}{\partial x_2^2} = -2ar_1 x_1$，分别记为 A, B, C，于是 $B^2 - AC = 4\alpha^2 r_1^2 x_2^2 - \dfrac{4\alpha r_1^2 x_1}{k_1}$。当 $x_1^1 = \dfrac{k_1}{2}, x_2^1 = 0$ 时，则 $B^2 - AC = -2ar_1^2 > 0$，故而 $x_1^1 = \dfrac{k_1}{2}, x_2^1 = 0$ 为极大值点，此时，子系统的增长速度为最快，增长速度为 $\dfrac{r_1 k_1}{4}$。同理可以得到，当 $\beta < 0$ 时，可以达到极大值 $\dfrac{r_2 k_2}{4}$。因此，当两个子系统合作时才能达到各自发展速率的极值，从而达到各自最大限度的发展。

5．$\alpha < 0, \beta > \dfrac{1}{k_1^2}$ 或 $\alpha > \dfrac{1}{k_2^2}, \beta < 0$

此时，α, β 异号，故而模型表现为一个子系统合作而另一个子系统竞争，又由于竞争子系统的综合系数无上限，所以竞争很激烈，对应的相轨线如图 6.3.5 所示。

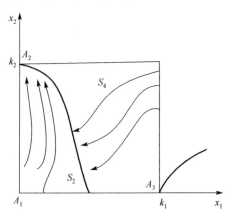

图 6.3.5　一个子系统合作而另一个子系统竞争很激烈

由 6.3.2 节知道，由于 $\alpha > \dfrac{1}{k_2^2}$ 或 $\beta > \dfrac{1}{k_1^2}$，则 A_3 或 A_2 为稳定点。事实上，如图 6.3.5

所示箭头方向，不论轨线从哪个区域出发，在 $t \to +\infty$ 时，当 $\alpha > \dfrac{1}{k_2^2}$，则系统趋向于

稳定点 A_3；当 $\beta > \dfrac{1}{k_1^2}$，则系统趋向于稳定点 A_2。

也就是说，竞争子系统到达自己的发展阈值，另一种合作子系统逐渐减少从而退出系统。

6.　$\alpha < 0, 0 < \beta < \dfrac{1}{k_1^2}$ 或 $0 < \alpha < \dfrac{1}{k_2^2}, \beta < 0$

此时，α, β 异号，故而模型表现为一个子系统合作而另一个子系统竞争，又由于竞争子系统的综合系数有上限，所以竞争很平缓，对应的相轨线如图 6.3.6 所示。同样，系统趋向于稳定点 A_3 或者 A_2。即：竞争子系统到达自己的发展阈值，另一种合作子系统逐渐减少从而退出系统。

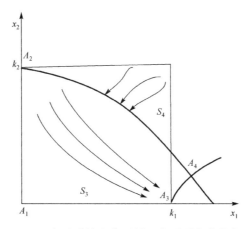

图 6.3.6　一个子系统合作而另一个子系统竞争很平缓

6.3.4　时变综合系数竞争合作模型的数值仿真

在前述交通运输子系统的时变综合系数竞争合作模型中，着重对时间 t 趋近于无穷时，交通运输子系统各自的演化趋势进行了总体分析。虽然有了演化轨迹，就可以了解系统的各种性质，能够看到系统的变化趋势，了解系统在相变过程中的随时间变化的具体情况，但是只给出系统的一条演化轨迹是不够的，要讨论在不同参数下系统演化过程的改变情况对系统演化的影响。而时变综合系数竞争合作模型演化过程取决于发展阈值 k_1, k_2 和控制系数 α, β。

下面通过对模型中各参数值进行变化，并结合 MATLAB 程序语言进行计算机

编程来模拟这些参数变化时系统演化轨迹或演化趋势情况。根据南京市 2006 年统计年鉴，选用初始数据为：$r_1 = r_2 = 0.10$，公路运输子系统和铁路运输子系统分别为 $x_{10} = 18.66, x_{20} = 1.367$（单位为：亿人次）。

1. 两种运输子系统的竞争很激烈的情形

选择的相关参数如表 6.3.1 所示。

表 6.3.1　模拟输入参数 1

发展阈值		控制系数	
公路运输子系统 k_1	铁路运输子系统 k_2	α	β
30	8	1	1.2
30	8	1	1.1
30	8	1	0.9
30	8	1	0.8
30	40	1	1.2
30	40	1	1.1
30	40	1	0.9
30	40	1	0.8

具体的模拟结果如图 6.3.7 所示。

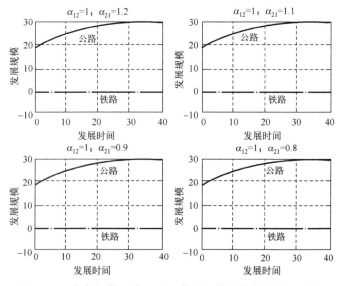

图 6.3.7　竞争很激烈情况下，发展阈值和控制系数均变化

运行结果表明：当两种运输子系统的竞争很激烈时，虽然发展阈值和控制系数均发生了相应的变化，但是可以看出，它们的作用效果不明显。反映在图上就是同

一发展阈值下和同一控制系数下，图像几乎完全重合。进一步，控制系数只能延长灭亡的时间，但并不能改变趋势，而发展阈值对结果的影响几乎不存在。即：不论何种情况，初始规模较大的一方生存并达到发展阈值，而初始规模较小的一方将灭亡。

2. 两种运输子系统的竞争很平缓的情形

选择的相关参数如表 6.3.2 所示。

表 6.3.2　模拟输入参数 2

发展阈值		控制系数	
公路运输子系统 k_1	铁路运输子系统 k_2	α	β
30	8	0.0005	0.0003
30	8	0.0005	0.0004
30	8	0.0005	0.00055
30	8	0.0005	0.0006
30	40	0.0005	0.0003
30	40	0.0005	0.0004
30	40	0.0005	0.00055
30	40	0.0005	0.0006

具体的模拟结果如图 6.3.8 所示。图中细线表示公路运输子系统的发展规模 $x_1(t)$ 的轨线，粗线表示铁路运输子系统的发展规模 $x_2(t)$ 的轨线。发展阈值分别为 $k_1 = 30, k_2 = 8$ 的情况用黑色线作图，而发展阈值分别为 $k_1 = 30, k_2 = 40$ 的情况用灰色线作图，不作说明，以下表示方法相同。

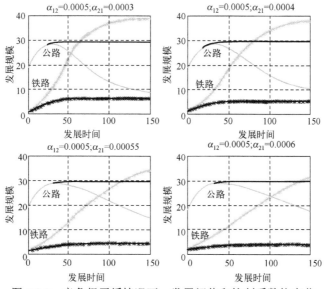

图 6.3.8　竞争很平缓情况下，发展阈值和控制系数均变化

运行结果表明：当两种运输子系统的竞争很平缓时，控制系数的影响作用效果较明显。随着控制系数越大，对应的子系统的规模有所增长而另一个子系统的规模有所下降。但两个子系统规模必将趋于某个稳定点。另一方面，发展阈值的影响作用效果也较明显。随着发展阈值增大，对应的子系统的规模均有所增长。同样，两个子系统规模必将趋于某个稳定点。即：最终的状态与初始规模无关，只与发展阈值和控制系数相关。此时，两种运输子系统的竞争会达到动态平衡状态。

3. 一种运输子系统竞争很激烈而另一种运输子系统竞争较平缓

选择的相关参数如表 6.3.3 所示。

表 6.3.3　模拟输入参数 3

发展阈值		控制系数	
公路运输子系统 k_1	铁路运输子系统 k_2	α	β
30	8	0.01	0.0005
30	8	0.05	0.0005
30	8	0.10	0.0005
30	8	0.50	0.0005
30	40	0.01	0.0005
30	40	0.05	0.0005
30	40	0.10	0.0005
30	40	0.50	0.0005

具体的模拟结果如图 6.3.9 所示。

运行结果表明：当一种运输子系统很激烈而另一种较平缓时，控制系数的影响比发展规模阈值和初始规模的影响作用效果要显著得多。事实上，从图 6.3.9 中图 (a) 中可以看出，虽然初始规模和发展阈值公路运输子系统都比铁路运输子系统大，然而，当铁路子系统的控制系数远远大于公路运输子系统对应的控制系数后，最终铁路运输子系统达到发展阈值而公路运输子系统退出市场。

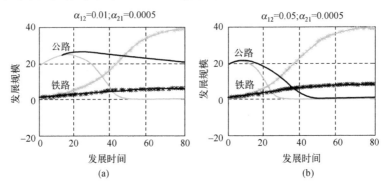

(a)　　　　　　　　　　(b)

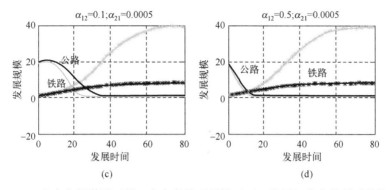

图 6.3.9　一方竞争很激烈而另一方竞争较平缓情况下，发展阈值和控制系数均变化

4. 两种运输子系统的合作很平缓的情形

选择的相关参数如表 6.3.4 所示。

表 6.3.4　模拟输入参数 4

发展阈值		控制系数	
公路运输子系统 k_1	铁路运输子系统 k_2	α	β
30	8	−0.0005	−0.0003
30	8	−0.0005	−0.0004
30	8	−0.0005	−0.00055
30	8	−0.0005	−0.0006
30	40	−0.0005	−0.0003
30	40	−0.0005	−0.0004
30	40	−0.0005	−0.00055
30	40	−0.0005	−0.0006

具体的模拟结果如图 6.3.10 所示。

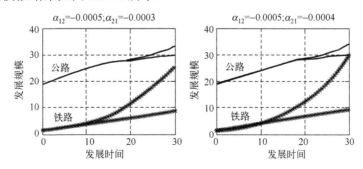

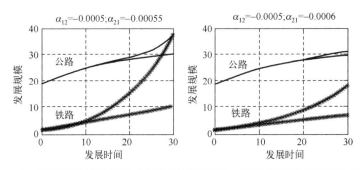

图 6.3.10 两种运输子系统的合作很平缓情况下，发展阈值和控制系数均变化

运行结果表明：两种运输子系统采用的都是合作的态度时，控制系数和初始规模的影响几乎无作用效果。事实上，两种运输子系统最终均能达到最好的发展，即达到各自的发展阈值。

5. 两种运输子系统的合作很积极

其结论与两种运输子系统的合作很平缓时相似，所不同的就是子系统达到各自阈值的速度更快、时间更短。

6.3.5 实证研究

以客运量为研究子系统发展规模的对象，采集了1980年、1985年以及1990～2004年间中国交通运输系统中铁路、公路两个运输子系统的数据[170]如表6.3.5所示。

表 6.3.5 铁路、公路运输子系统的客运量 单位为：亿人

年份	铁路	年份	铁路	年份	公路	年份	公路
1980	9.2204	1997	9.3308	1980	22.2799	1997	120.4583
1985	11.2110	1998	9.5085	1985	47.6486	1998	125.7332
1990	9.5712	1999	10.0164	1990	64.8085	1999	126.9004
1991	9.5080	2000	10.5073	1991	68.2681	2000	134.7392
1992	9.9693	2001	10.5155	1992	73.1774	2001	140.2798
1993	10.5458	2002	10.5606	1993	86.0719	2002	147.5257
1994	10.8738	2003	9.7260	1994	95.3940	2003	146.4335
1995	10.2745	2004	11.1764	1995	104.0810	2004	162.4526
1996	9.4796			1996	112.2110		

将年份分别对应 $t=1,2,\cdots,17$ ，每年的数据看作为离散序列 $x_1(t), x_2(t)$, $t=1,2,\cdots,17$ ，并对模型进行参数估计如下。

不妨取 $\dfrac{\mathrm{d}x}{\mathrm{d}t} = x(t+1) - x(t)$，那么有

$$
\begin{cases}
x_1(t+1) - x_1(t) = r_1 x_1(t) - \dfrac{r_1}{k_1} x_1^2(t) - r_1 \alpha x_1^2(t) x_2(t) \\
x_2(t+1) - x_2(t) = r_2 x_2(t) - \dfrac{r_2}{k_2} x_2^2(t) - r_2 \beta x_2^2(t) x_1(t)
\end{cases}, \quad t = 1, 2, \cdots, 16 \quad (6.3.5)
$$

记：

$$
Y_1 = \begin{pmatrix} x_1(2) - x_1(1) \\ x_1(3) - x_1(3) \\ \vdots \\ x_1(17) - x_1(16) \end{pmatrix}, \quad
B_1 = \begin{pmatrix} x_1(1) & x_1^2(1) & x_1^2(1)x_2(1) \\ x_1(2) & x_1^2(2) & x_1^2(2)x_2(2) \\ \vdots & \vdots & \vdots \\ x_1(16) & x_1^2(16) & x_1^2(16)x_2(16) \end{pmatrix}, \quad
u_1 = \begin{pmatrix} r_1 \\ -\dfrac{r_1}{k_1} \\ -r_1 \alpha \end{pmatrix}
$$

$$
Y_2 = \begin{pmatrix} x_2(2) - x_2(1) \\ x_2(3) - x_2(3) \\ \vdots \\ x_2(17) - x_2(16) \end{pmatrix}, \quad
B_2 = \begin{pmatrix} x_2(1) & x_2^2(1) & x_2^2(1)x_1(1) \\ x_2(2) & x_2^2(2) & x_2^2(2)x_1(2) \\ \vdots & \vdots & \vdots \\ x_2(16) & x_2^2(16) & x_2^2(16)x_1(16) \end{pmatrix}, \quad
u_2 = \begin{pmatrix} r_2 \\ -\dfrac{r_2}{k_2} \\ -r_2 \beta \end{pmatrix}
$$

则将上述模型写成矩阵形式为：$\begin{cases} Y_1 = B_1 u_1 \\ Y_2 = B_2 u_2 \end{cases}$，用最小二乘法解此非线性方程组得：

$u_1 = (B_1^\top B_1)^{-1} B_1^\top Y_1$，$u_2 = (B_2^\top B_2)^{-1} B_2^\top Y_2$，从而得到各参数 $r_1, r_2, \alpha, \beta, k_1, k_2$。

将表 6.3.5 的数据代入模型中并利用 MATLAB 软件编程计算得到：

$$r_1 = 1.0340, r_2 = 0.2579, k_1 = 10.22, k_2 = 186.39, \alpha = 0.0000009, \beta = 0.00008$$

即子系统竞争合作非线性动力学模型为

$$
\begin{cases}
\dfrac{\mathrm{d}x_1}{\mathrm{d}t} = 1.034 x_1 (1 - 0.0979 x_1 - 0.0000009 x_2^2) \\
\dfrac{\mathrm{d}x_2}{\mathrm{d}t} = 0.2579 x_2 (1 - 0.0054 x_2 - 0.0008 x_1^2)
\end{cases}
\quad (6.3.6)
$$

作出各自的发展规模轨迹分别对应图 6.3.11。

模型的参数估计值 α, β 的取值均大于零，表明目前两种运输子系统处于竞争状态，且竞争程度比较平缓。铁路运输系统的发展阈值为 10.22 亿人，公路运输系统的发展阈值为 186.39 亿人。具体的运行结果表明：虽然公路运输子系统的初始规模较大，但是由于其控制系数非常小，所以，铁路运输子系统在前一阶段有达到发展阈值的趋势，然而，随着公路运输子系统的规模不断增大，从而受到的影响也越来越大，故而在后一阶段发展规模有所下降，但最终稳定在 9.9 亿人左右。而公路运输子系统初始发展规模大，铁路运输子系统初始规模小，控制系数也不大，所以没

有对公路运输子系统的发展规模有太大影响，因此公路运输子系统最终趋于其发展阈值 186.39 亿人左右。

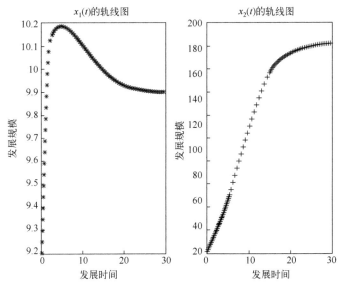

图 6.3.11　子系统竞争合作非线性动力学模型数值解轨线图

6.4　小　　结

首先本章将交通运输系统个体演化描述为四阶段模型：初始形成阶段、成长阶段、成熟阶段以及更新或衰落阶段，当交通运输系统的发展突破某一阶段的阈值限制而发生阶段性跃迁时，交通运输系统就从原来的较低水平跃迁到较高水平，进入新一阶段的演化过程。交通运输系统正是通过这种连续的阶段性演化，不断向更高层次发展。

其次本章将动力系统理论应用到宏观交通运输系统中，首先建立了公路运输子系统和铁路运输子系统综合系数时不变竞争合作自组织演化 Lotka-Volterra 动力学模型，并进行稳定性分析和演化势态分析及数值模拟仿真。结果表明：只要一方体现出的竞争很激烈，那么最终必然会导致一种竞争能力较弱的运输子系统被淘汰，而另一种较强的运输子系统则逐渐壮大，直到达到其阈值；只有两方均体现出合作，那么一定可达到各自的发展阈值；只要有一方体现出的竞争较平缓，那么两种运输子系统的竞争要么达到动态平衡状态，要么一方达到发展阈值而另一方也能稳定地有所发展。

上述模型忽略了随着两种子系统规模的不断变化，其竞争力有所提高或有所降低。因此，两种交通运输子系统的发展规模并不是以恒定的作用效率产生促进或抑制作用，它随着时间的变化，发展规模会不断变化，从而综合系数应该是时变的。故而，运用发展规模为时变参数建立了公路运输子系统和铁路运输子系统综合系数时变竞争合作自组织演化 Lotka-Volterra 动力学模型，同样进行了稳定性分析和演化势态分析及数值模拟仿真。结果表明：当控制系数使得综合系数表现为竞争很激烈时，最终状态取决于初始规模而与发展阈值，和控制系数的变化关系不显著。即：不论何种情况，初始规模较大的一方生存并达到发展阈值，而初始规模较小的一方将灭亡。当控制系数使得综合系数表现为竞争很平缓时，最终的状态取决于发展阈值和控制系数而与初始规模无关。此时，两种运输子系统的竞争会达到动态平衡状态。当控制系数使得综合系数表现为合作时，最终状态取决于发展阈值而与控制系数和初始规模无关。此时，两种运输子系统最终均能达到各自的发展阈值。

最后本章进行了实证研究。针对中国交通运输系统中铁路、公路两个运输子系统的数据，运用最小二乘法对时变综合系数竞争合作自组织演化 Lotka-Volterra 动力学模型的参数进行了估计，并得到具体的演化动力学模型。模型模拟的结果表明：铁路运输系统的发展阈值为 10.22 亿人，公路运输系统的发展阈值为 186.39 亿人。而两种运输子系统的控制系数均为正数，这说明处于竞争状态，即两个子系统具有相互制约、相互竞争影响的性质，且竞争程度比较平缓。此时，系统将达到动态平衡。

综上所述，两种运输子系统的竞争合作系统的演化方向存在多种可能，演化结果与竞争合作效应紧密相关。努力强化系统中的合作效应，使有益的运行模式逐渐占据优势可以引导系统向正确的方向不断发展。

参 考 文 献

[1] Lachowicz M, Laurencot P, Wrzosek D. On the Oort-Hulst-Safronow coagulation equation and its relation to the Smoluchowski equation[J]. Siam J. Math. Anal. , 2003, 34(6): 1399-1421.

[2] Walker C. Coalescence and breakage processes[J]. Math. Meth. Appl. Sci. , 2002, 25: 729-748.

[3] Banasiak J. On a non-uniqueness in fragmentation model[J]. Math. Meth. Appl. Sci. , 2002, 25: 541-556.

[4] Laurencot P, Wrzosek D. The discrete coagulation equations with collisional breakage[J]. J. Statist. Phys. , 2001, 104: 193-220.

[5] Aldous D J. Deterministic and stochastic models for coalescence (aggregation, coagulation): A review of the mean-field theory for probabilists[J]. Bernoulli, 1999, 5: 3-48.

[6] Laurencot P , Mischler S. The continuous coagulation-fragmentation equations with diffusion[J]. Arch. Rational Mech. Anal. , 2002, 162: 45-99.

[7] Wrzosek D. Mass-conserving solutions to the discrete coagulation-fragmentation model with diffusion[J]. Nonlinear Analysis, 2002, 49: 297-314.

[8] Ball J M, Carr J. The discrete coagulation-fragmentation equations: Existence, uniqueness, and density conservation[J]. J. Statist. Phys. , 1990, 61: 203-234.

[9] Wilkins D. A geometrical interpretation of the coagulation equation[J]. J. Phys. A. , 1982, 15: 1175-1178.

[10] Cheng Z, Redner S. Scaling theory of fragmentation[J]. Phys. Rev. Lett. , 1988, 60: 2450-2453.

[11] Cheng Z, Redner S. Kinetics of fragmentation[J]. J. Phys. A, 1990, 23: 1233-1258.

[12] Kostoglou M, Karabelas A J. A study of the nonlinear breakage equation: Analytical and asymptotic solutions[J]. J. Phys. A, 2000, 33: 1221-1232.

[13] Ball J M, Carr J, Penrose O. The Becker-Döring cluster equations: Basic properties and asymptotic behavior of solutions[J]. Commun. Math. Phys. , 1986, 104: 657-692.

[14] Wrzosek D. Existence of solutions for the discrete coagulation-fragmentation model with diffusion[J]. Topol. Methods Nonlinear Anal. , 1997, 9: 279-296.

[15] Lachowicz M, Wrzosek D. Nonlocal bilinear equations: Equilibrium solutions and diffusive limit[J]. Math. Models Methods Appl. Sci. , 2001, 8: 1393-1409.

[16] 夏道行, 吴卓人, 严绍宗, 等. 实变函数论与泛函分析(下册)[M]. 北京: 人民教育出版社, 1979.

[17] 尤秉礼. 常微分方程补充教程[M]. 北京: 人民教育出版社, 1982.

[18] Mcleod J B. On an infinite set of non-linear differential equations（Ⅰ）[J]. Quart. J. Math. Oxford Ser. , 1962, 13 (2): 119-128.

[19] Mcleod J B. On an infinite set of non-linear differential equations（Ⅱ）[J]. Quart. J. Math. Oxford Ser. , 1962, 13 (2): 190-205.

[20] Mcleod J B. On a recurrence formual in differential equations[J]. Quart. J. Math. Oxford Ser. , 1962, 13 (2): 283-284.

[21] White W H. A global existence theorem for Smoluchowski's coagulation equations[J]. Proc. Amer. Math. Soc. , 1980, 80: 273-276.

[22] Heilmann O J. Analytical solutions of Smoluchowski's coagulation equation[J]. J. Phys. A, 1992, 25: 3763-3771.

[23] Legvraz F, Tschudi H R. Singularities in the kinetics of coagulation equations[J]. J . Phys. A, 1981, 14: 3389-3405.

[24] Laurensot P. Global solutions to the discrete coagulation equations[J]. Mathmatika, 1999, 46: 433-442.

[25] Benilan P, Wrzosek D. On an infinite system of reaction-diffusion equations[J]. Adv. Math. Sci. Appl. , 1997, 7: 349-364.

[26] 郑列. 带有弹性碰撞的离散的凝结方程[J]. 数学理论与应用, 2004 (3): 97-101.

[27] Laurencot P. The discrete coagulation with multiple fragmentation[J]. Proc. Edinburg Math. Soc. , 2002, 45: 67-82.

[28] Smoluchowski M. Drei vorträge über diffusion, brownsche molekularbewgung und koagulation von kolloidteilchen[J]. Physik. Zeitschr, 1916, 17: 557-599.

[29] Smoluchowski. Versuch einer mathemtischen theorie der koagulationskinetik kolloider losungen[J]. Zeitschrift f. Physik. Chemie. , 1917, 92: 129-168.

[30] 程其襄, 张奠宙, 魏国强, 等. 实变函数与泛函分析基础[M]. 北京: 高等教育出版社, 1982.

[31] Srivastava R C. A simple model of particle coalescence and breakup [J]. J. Atmos. Sci. , 1982, 39: 1317-1322.

[32] Costa F P D. Existence and uniqueness of density conserving solutions to the coagulation-fragmentation equations with strong fragmentation[J]. Math. Anal. Appl. , 1995, 192: 892-914.

[33] Jeon I. Existence of gelling solutions for coagulation-fragmentation equations[J]. Comm. Math. Phy. , 1998, 194: 541-576.

[34] Dubovskii P B. Mathematical theory of coagulation[R]. Lecture Notes Ser. 23, Seoul Nat. Univ. , 1994.

[35] Galina H, Szustalewicz A. A kinetic theory of stepwise cross-linking polymerization with substitution effect[J]. Macromolecules, 1989, 22: 3124-3129.

[36] Galina H. A kinetic model of stepwise alternating polymerization for two bi-functional monomers[J]. Macromol. Theory Simul. , 1995, 4: 801-809.

[37] Cohen R J, Benedek G B. Equilibrium and kinetic theory of polymerization and the sol-gel transition[J]. J. Phys. Chem. , 1986, 86: 3696-3714.

[38] Ziff R M. Kinetics of polymerization[J]. J. Statist. Phys. , 1980, 23: 801-809.

[39] Hendriks E M, Ernst M H, Ziff R M. Coagulation equations with gelation[J]. J. Statist. Phys. , 1983, 31: 519-563.

[40] Lachowicz M, Wrzosek D. A nonlocal coagulation-fragmentation model[J]. Appl. Math. , 2001, 22: 189-199.

[41] Collet J F, Poupaudand F. Existence of solutions to coagulation-fragmentation systems with diffusion[J]. Transport Theory Statist. Phys. , 1996, 25: 503-513.

[42] Costa F da. A finite dimensional dynamical model for gelation in coagulation processes[J]. J. Nonlinear Sci. , 1998, 8: 619-653.

[43] Guias F. Coagulation-fragmentation processes: Relations between finite particles models and differential equations[J]. J. Statist. phys. , 1995, 78: 87-121.

[44] Amann H. Coagulation-fragmentation processes[J]. Nonlinearity, 2001, 13: 228-238.

[45] Melzak Z A. A scalar transport equation[J]. Trans. Amer. Math. Soc. , 1957, 85: 547-560.

[46] Eibeck A, Wagner W. Approximative solution of the coagulation-fragmentation equation by stochastic particle systems[J]. Nonlinearity, 2001, 14: 220-230.

[47] Norris J R. Smoluchowski's coagulation equation: uniqueness, non-uniqueness and a hydrodynamic limit for the stochastic coalescent[J]. Ann. Appl. Probab. , 2002, 15: 189-209.

[48] Laurencot Ph. Singular behaviour of finite approximations to the addition model[J]. Nonlinearity, 1999, 12: 229-239.

[49] Laurencot P, Wrzosek D. The Becker-Döring model with diffusion. Ⅰ. Basic properties of solutions[J]. Colloq. Math. , 1998, 75: 245-269.

[50] Laurencot P, Wrzosek D. Coagulation model with partial diffusion[J]. Z. Angew. Math. Phys. , 1998, 12: 510-536.

[51] Herrero M A, Velázquez J J L, Wrzosek D. Sol-gel transition in a coagulation-diffusion model[J]. Nonlinearity, 2002, 15: 218-228.

[52] Laurencot P, Wrzosek D. Fragmentation-diffusion model. Existence of solutions and asymptotic behaviour[J]. Proc. Roy. Soc. Edinburgh Sect. A, 1998, 128: 759-774.

[53] Collet J F, Poupaud F. Asymptotic behavior of solutions to the diffusion coagulation-fragmentation system[J]. Phys. D, 1998, 114: 123-146.

[54] Laurencot Ph, Wrzosek D. The Becker-Döring model with diffusion. Ⅱ. Long time behaviour[J]. J. Differential Equations, 1998, 148: 268-291.

[55] Slemrod M. Trend to equilibrium in the Becker-Döring cluster equations[J]. Nonlinearity, 1989, 2: 429-443.

[56] Carr J. Asymptotic behavior of solutions to the coagulation-fragmentation equations. Ⅰ. The strong fragmentation case[J]. Proc. Roy. Soc. Edinburgh Sect. A, 1992, 121: 231-244.

[57] Carr J, Costa F P D. Asymptotic behavior of solutions to the coagulation-fragmentation equations. Ⅱ. Weak fragmentation[J]. J. Statist. Phys. , 1994, 77: 89-123.

[58] Carr J, Dunwell R M. Asymptotic behavior of solutions to the Becker-Döring equations[J]. Proc. Edinburgh Math. Soc. (2), 1993, 122: 131-144.

[59] Leyvraz F. Existence and properties of post-gel solutions for the kinetic equations of coagulation[J]. J. Phys. A , 1983, 16: 2861-2873.

[60] Bak T A, Heilmann O. A finite version of Smoluchowski's coagulation equation[J]. J. Phys. A, 1991, 24: 4889-4893.

[61] Laurencot P. On a class of continuous coagulation-fragmentation equations[J]. Nonlinearity, 2003, 16: 258-2763.

[62] Wrzosek D. On an infinite system of reaction-diffusion equations in the theory of polymerization and sol-gel transition, in Free boundary problems, theory and applications [J]. Inverse Problem, 1999, 15: 155-173.

[63] Ziabicki A. Generalized theory of nucleation kinetics. Ⅳ. Nucleation as diffusion in the space of cluster dimensions, positions, orientations, and internal structure[J]. J. Chem. Phys. , 1986, 85: 3042-3057.

[64] Sheldon M, Ross. Introduction to Probability Models[M]. Tenth ed. Singapore: Elsevier Pte Ltd, 2011.

[65] 姜启源. 数学建模[M]. 北京: 高等教育出版社, 2011.

[66] 陈理荣. 数学建模导论[M]. 北京: 北京邮电大学出版社, 1999.

[67] 费培之. 数学模型实用教程[M]. 成都: 四川大学出版社, 2004.

[68] 韩中庚. 数学建模方法及其应用[M]. 北京: 高等教育出版社, 2005.

[69] 董臻圃. 数学建模方法与实践[M]. 北京: 国防工业出版社, 2006.

[70] 王涛, 常思浩. 数学模型与实验[M]. 北京: 清华大学出版社, 2015.

[71] 郭真真. 随机微分方程的几类数值方法[D]. 武汉: 华中科技大学, 2013.

[72] Voit J . The Statistical Mechanics of Financial Markets[M]. Berlin: Springer, 2005.

[73] Revuz, Daniel, Yor, Marc. Continuous Martingales and Brownian Motion[M]. Berlin: Springer-Verlag, 1999.

[74] Kiyosi Itô. Multiple Wiener integral[J]. J. Math. Soc. Japan, 1951, 3: 157-169.

[75] Kiyosi Itô, McKean, Henry P. Diffusion Processes and Their Sample Paths[M]. Berlin: Springer-Verlag, 1965.

[76] Kiyosi Itô. Stochastic integral[J]. P. Jpn. Acad. A - Math. , 1944, 20: 519–524.

[77] Bernt ksendal. Stochastic Differential Equations[M]. sixth ed. Berlin: Springer, 2011.

[78] 姜树海, 范子武. 水库防洪预报调度的风险分析[J]. 水利学报, 2004, 11: 102-106.

[79] 姜树海. 随机微分方程在泄洪风险分析中的应用[J]. 水利学报, 1994, 3: 1-9.

[80] 徐敏, 胡良剑, 丁永生, 等. 随机微分方程数值解在泄洪风险分析中的应用[J]. 数学的实践与认识, 2006, 36(9): 153-157.

[81] Mao X. Stochastic Differential Equations and Their Applications[M]. Chichester: Harwood Publication, 1997.

[82] Platen E, Bruti-Liberati N. Numerical Solution of Stochastic Differential Equations with Jumps in Finance[M]. Berlin: Springer, 2010.

[83] Bodo B A, Mary E Thompson, Unny T E. A review on stochastic differential equations for application in hydrology[J]. Stoch. Hydrol. and Hydraul. , 1987, 1: 81-100.

[84] VAN Kampen N G. Stochastic Processes in Physics and Chemistry[M]. Netherlands: Elsevier Sciences, 1992.

[85] 龚光鲁. 随机微分方程引论[M]. 北京: 北京大学出版社, 1995.

[86] 泽夫司曲斯. 随机微分方程理论及其应用[M]. 上海: 上海科学技术文献出版社, 1984.

[87] A. 弗里德曼. 随机微分方程及其应用[M]. 北京: 科学出版社, 1983.

[88] Xuerong Mao. Stochastic Differential Equations and Their Application[M]. Scotland: University of Strathclyde, 1997.

[89] 田波平, 吴玉东, 张兴华. 应用随机过程[M]. 哈尔滨: 哈尔滨工业大学出版社, 2012.

[90] 赵希人, 彭秀艳. 随机过程基础及其应用[M]. 哈尔滨: 哈尔滨工程大学出版社, 2008.

[91] 郭柏灵, 浦学科. 随机无穷维动力系统[M]. 北京: 北京航空航天大学出版社, 2009.

[92] 王力. 鞅与随机微分方程[M]. 北京: 科学出版社, 2015.

[93] 浦兴成, 张毅. 随机微分方程及其在数理金融中的应用[M]. 北京: 科学出版社, 2010.

[94] 高文森, 潘伟. 随机数学[M]. 北京: 高等教育出版社, 2004.

[95] 李腊生, 翟淑萍, 崔轶秋. 现代金融投资统计分析[M]. 北京: 中国统计出版社, 2004.

[96] 龚光鲁. 随机微分方程及其应用概要[M]. 北京: 清华大学出版社, 2008.

[97] Yamada T. On comparison theorem for solution of stochastic differential equations and its application[J]. Math. Kyoto Univ. , 1973, 13: 497-512.

[98] Le Gall J F. One-dimensional stochastic differential equations involving the local times of the unknown process[J]. Lect. Notes Math. , 1984, 10: 51-82.

[99] O'brien G L . A new comparison theorem for solution of stochastic differential equations[J]. Stochastics, 1980, 3: 245-249.

[100] Mao X. A note on comparison theorems for stochastic differential equations with respect to semimartingales[J]. Stoch. and Stoch. Res. , 1991, 37: 49-59.

[101]Huang Z. A comparison theorem for solution of stochastic differential equations and its applications[J]. J. Amer. Math. Soc. , 1984, 91: 612-617.

[102]丁晓东. 一维随机微分方程强解的比较定理[J]. 纺织高校基础科学学报, 1995, 8: 16-19.

[103]孙晓君. 多维随机微分方程解的比较定理[J]. 纺织高校基础科学学报, 1997, 10: 208-218.

[104]李庆杨, 王能超, 易大义. 数值分析(第四版)[M]. 武汉: 华中科技大学出版社, 2006.

[105]李炜. 几种随机微分方程数值方法与数值模拟[D]. 武汉: 武汉理工大学, 2006.

[106]Milstein G N, Tretyakov M V. Stochastic Numerics for Mathematical Physics[M]. Berlin: Springer, 2004.

[107]Tian T H, Burrage K. Implicit Taylor methods for stiff stochastic differential equations[J]. Appl. Numer. Math. , 2001, 38: 167-185.

[108]Kloeden P E, Platen E. Numerical Solution of Stochastic Differential Equations[M]. Berlin: Springer-Verlag, 1992.

[109]Kouritzin M A, Deli L. On explicit solution to stochastic differential[J]. Stoch. Anal. And Appl. , 2000, 18: 571-580.

[110]朱霞. 求解随机微分方程的欧拉法的收敛性[J]. 华中科技大学学报(自然科学版), 2003, 31: 114-116.

[111]胡适耕, 黄乘明, 吴付科. 随机微分方程[M]. 北京: 科学出版社, 2008.

[112]杨明, 刘先忠. 矩阵论[M]. 武汉: 华中科技大学出版社, 2005.

[113]张炳根, 赵玉芝. 科学与工程中的随机微分方程[M]. 北京: 海洋出版社, 1980.

[114] Lorenz E N. 混沌的本质[M]. 北京: 气象出版社, 1997.

[115]托马斯, 巴斯, 李尧, 等. 再创未来——世界杰出科学家访谈录[M]. 上海: 三联书店, 1997.

[116]郝柏林. 从抛物线谈起——混沌动力学引论[M]. 上海: 上海科技教育出版社, 1993.

[117]Li T Y, Yorke J A . Period three implies chaos[J]. Am. Math. Mon. , 1975, 82: 985-992.

[118]卢宇. 交通流混沌实时判定方法的研究[D]. 天津: 天津大学, 2006.

[119]Gao R, Tsoukalas L H. Neural-wavelet methodology for load forecasting[J]. J. Intell. Robot. Syst. , 2001, 31(1): 149-157.

[120]吕金虎, 陆君安, 陈士化. 混沌时间序列分析及其应用[M]. 武汉: 武汉大学出版社, 2002: 16-28.

[121]王东山, 贺国光. 交通混沌研究综述与展望[J]. 土木工程学报, 2003, 36(1): 68-74.

[122]Broomhead D S , King G P. Extracting qualitative dynamics from experimental data[J]. Phys. D Nonlinear Phenom. , 1986, 20(2): 217-236.

[123]黄润生, 黄浩. 混沌及其应用(第二版)[M]. 武汉: 武汉大学出版社, 2005.

[124]Grassberger P, Procaccia I. Measuring the strangeness of strange attractors[J]. Phys . Rev. Lett. , 1983, 31: 189-208.

[125]Grassberger P, Procaccia I. Estimation of the Kolmogorov entropy form a chaotic signal[J]. Phys.

Rev. A, 1983, 28(4): 2591-2593.

[126] Cohen A, Procaccia I. Computing the Kolmogorov entropy from time signals of dissipative and conservative dynamical system[J]. Phys. Rev. A, 1985, 31(3): 1872-1882.

[127] Theiler J. Statistic precision of dimension estimation[J]. Phys. Rev. A , 1990, 41: 30-38.

[128] Chon K H, Yip K P, Camino B M, et al. Modeling nonlinear determinismin short time series from noise driven discrete and continuous systems[J]. Int. J. Bifurcat. Chaos, 2000, 10: 2745-2766.

[129] Solé R V, Bascompte J. Measuring chaos from spatial information[J]. J. Theor. Biol. , 1995, 175(2): 139-147.

[130] Paul V, Mcdonough, Joseph P, et al. A new chaos detector[J]. Comput. Electr. Eng. , 1995, 21(6): 417-431.

[131] Shintani M, Linton O. Nonparametric neural network estimation of Lyapunov exponents and a direct test for chaos[J]. J. Econometrics, 2004, 120(1): 1-33.

[132] Rosenstein M T, Collins J J, Deluca C J. A practical method for calculating largest Lyapunov exponents from small data[J]. Phys. D Nonlinear Phenom. , 1993, 65: 117-134.

[133] Pueyo S. The study of chaotic dynamics by means of very short time series[J]. Phys. D Nonlinear Phenom. , 1997, 106(1-2): 57-65.

[134] Liu F F. Tracing initial condition, historical evolutionary path and parameters of chaotic processes from a short segment of scarlar time series[J]. Chaos Solition Fract. , 2005, 24: 265-271.

[135] 张勇, 贺国光. 一种在线快速判定交通流混沌的方法[J]. 长沙交通学院学报, 2007, 23(2): 36-40.

[136] 张旭涛, 贺国光. 一种在线实时快速地判定交通流混沌的组合算法[J]. 系统工程, 2005, 23(9): 42-45.

[137] 汪富泉, 罗朝盛. G-P 算法的改进及其应用[J]. 计算物理, 1993, 10(3): 345-351.

[138] 李擎, 郑德玲. 一种新的混沌识别方法[J]. 北京科技大学学报, 1999, 21(2): 198-201.

[139] 刘树勇, 朱石坚. 改进相空间重构方法在混沌识别中的应用研究[J]. 海军工程大学学报, 2006, 18(2): 69-82.

[140] 刘思峰, 党耀国, 方志耕, 等. 灰色系统理论及其应用 (第三版) [M]. 北京: 科学出版社, 2004: 125-158.

[141] 王亦兵, 韩曾晋, 史其信. 高速公路交通流建模[J]. 系统工程学报, 1998, 13(2): 83-89.

[142] 边肇祺, 张学工. 模式识别 (第二版) [M]. 北京: 清华大学出版社, 2001.

[143] Grabmeier J, Rudolph A. Techniques of cluster algorithms in data mining[J]. Data Min. Knowl. . Disc. , 2002, 6(4): 303-360.

[144] Kaufman L, Rousseeuw P J. Finding Groups in Data: An Introduction to Cluster Analysis[M]. New York, USA: John Wiley&Sons, 1990.

[145] Han J W, Kamber M . Data Mining Concepts and Techniques. 范明译. 数据挖掘概念和技术 [M]. 北京: 机械工业出版社, 2001: 65-125.

[146] Zhang T, Ramakrishnan R, Livny M. An effieient data clustering method for very large databases[C]. Proeeedings of the 1996 ACMSIGMOD Imitational Conference on Management of Data, New York: ACM Press, 1996, 25(2): 103-114.

[147] Guha S, Rastogi R, Shim K. An efficient clustering algorithm for large databases[C]. Proceedings of the 1998 ACMSIGMOD International Conference on Management of Data, New York: ACM Press, 1998: 73-84.

[148] Qian W N, Zhou A Y. Analyzing popular clustering algorithms from different viewpoints[J]. J. . Software, 2002, 13(8): 1383-1394.

[149] 严勇. 数据挖掘中聚类分析算法研究与应用[D]. 西安: 电子科技大学, 2007.

[150] 姜园, 张朝阳, 仇佩亮, 等. 用于数据挖掘的聚类算法[J]. 电子与信息学报, 2005, 7(4): 655-662.

[151] Fukayama Y, Sugeno M. A new method of choosing the number of clusters for the fuzzy c-means method[C]. 5th Fuzzy Syst, 1989: 247-250.

[152] 李双虎, 王铁洪. K-means 聚类分析算法中一个新的确定聚类个数有效性的指标[J]. 河北省 科学院学报, 2003, 20(4): 198-201.

[153] 吴成茂, 范九伦. 基于类内差和改进划分系数的聚类有效性函数[J]. 系统工程与电子技术, 2004, 26(8): 1090-1093.

[154] Xie X L, Beni G A. Validity measure for fuzzy clustering[J]. IEEE T. Pattern Anal. , 1982, 3(8): 357-363.

[155] Dorigo M, Maniezzo V. The ant system: Optimization by a colony of cooperating agents[J]. IEEE T. Syst. Man Cy-s, 1996, 26(1): 1-13.

[156] Tian J, Li J. Safety evaluation of city road intersection based on system clustering[J]. J. Wuhan Univ. of Tech. (Trans. Sci. Eng.), 2006, 6(30): 1038-1040.

[157] 国家统计局. 中国统计年鉴[M]. 北京: 中国统计出版社, 2005.

[158] 费业泰. 误差理论与数据处理[M]. 北京: 机械工业出版社, 2005: 152.

[159] 费业泰. 现代误差理论及其基本问题[J]. 宇航计测技术, 1996, 4(5): 2-5.

[160] 曹小曙, 阎小培. 20 世纪走廊及交通运输走廊研究进展[J]. 城市规划, 2003(1): 50-56.

[161] Priemus H, Zonneveld W. What are corridors and what are the issues? Introduction to special issue: the governance of corridors[J]. J. Trans. Geography, 2003, 11: 167-177.

[162] Grubler A. The Rise and Fall of Infrastructures[M]. Heidelberg: Physica-Verlag, 1990.

[163] 魏际刚, 邱成利, 胡吉平, 等. 运输方式涨落的系统动力学模型[J]. 数量经济技术经济研究, 2001, 4: 88-91.

[164] 叶金国. 技术创新自组织论[M]. 北京: 中国社会科学出版社, 2006.

[165]郜俊成. 区域综合运输系统在城市节点的设施布局研究竞合模型[J]. 系统工程, 2007, 25(7): 108-111.

[166]林震, 杨浩. 城市交通结构的优化模型分析[J]. 土木工程学报, 2005, 38(5): 100-104.

[167]邱玉琢, 陈森发. 运输方式互利共生的非线性动力学模型[J]. 系统工程, 2006, 7(24): 8-12.

[168]周浩. 企业集群的共生模型及稳定性分析[J]. 系统工程, 2003, 21(4): 32-37.

[169]张军. 城市交通系统可持续发展综合评价研究[D]. 成都: 西南科技大学, 2007.

[170]中华人民共和国国家统计局. 2008年中国统计年鉴[M]. 北京: 中国统计出版社, 2008.

附　录　1

```
clear,clc
x(1)=54000;y(1)=17916 ;
n=200;
h=200/n;
n=200;
h=200/n;
randn('state',2);
T=200;N=200;dt=T/N;
dw=zeros(1,N);
w=zeros(1,N);
dw(1)=sqrt(dt)*randn;
w(1)=dw(1);
for i=1:h:60;
if i>1&i<3
    u=6000
elseif i>3&i<5
    u=13000
else
    u=0
end
dw(i)=sqrt(dt)*randn;
w(i+1)=w(i)+dw(i)
x(i+1)=x(i)-0.0544*y(i)+u+0.1*x(i)*dw(i)    %随机拟合
y(i+1)=y(i)-0.0106*x(i)+0.3*y(i)*dw(i);
end
plot(x,'k')
hold on;
plot(y,'--')
hold off;
legend('甲','乙')
```

附 录 2

```
clear,clc
x(1)=18000;y(1)=8000 ;
n=200;
h=200/n;
n=200;
h=200/n;
randn('state',19);
T=200;N=200;dt=T/N;
dw=zeros(1,N);
w=zeros(1,N);
dw(1)=sqrt(dt)*randn;
w(1)=dw(1);
for i=1:h:50;
dw(i)=sqrt(dt)*randn;
w(i+1)=w(i)+dw(i)
x(i+1)=x(i)-0.00004*x(i)*y(i)+0.1*x(i)*dw(i)   %随机拟合
y(i+1)=y(i)-0.00002*y(i)*x(i)+0.3*y(i)*dw(i);
if y(i)<1
   y(i+1)=0
  x(i+1)=x(i)
end
if x(i)<1
   x(i+1)=0
   y(i+1)=y(i)
end
end
plot(x,'k')
hold on;
plot(y,'--')
hold off;
legend('甲','乙')
```

附　录　3

```
function [x,y]=hunhezhan(x0,y0,c,b,q1,q2)
x(1)=x0;y(1)=y0 ;
n=200;
h=200/n;
n=200;
h=200/n;
m(1)=x0;x(1)=x0;j(1)=y0;y(1)=y0;
randn('state',1);
T=200;N=200;dt=T/N;
dw=zeros(1,N);
w=zeros(1,N);
dw(1)=sqrt(dt)*randn;
w(1)=dw(1);
for i=1:h:50;
dw(i)=sqrt(dt)*randn;
w(i+1)=w(i)+dw(i)
x(i+1)=x(i)-c*x(i)*y(i)+q1*x(i)*dw(i)   %随机拟合
y(i+1)=y(i)-b*x(i)+q2*y(i)*dw(i);
if y(i)<1
   y(i+1)=0
  x(i+1)=x(i)
end
if x(i)<1
   x(i+1)=0
   y(i+1)=y(i)
end
end
plot(x,'k')
hold on;
plot(y,'--')
hold off;
legend('甲','乙')
```